陆战装备科学与技术·坦克装甲车辆系统丛书

装甲防护技术研究

Armor Protection Technology Research

曹贺全 孙葆森 徐龙堂 赵宝荣 孙素杰 编著

北京理工大学出版社
BEIJING INSTITUTE OF TECHNOLOGY PRESS

《陆战装备科学与技术·坦克装甲车辆系统丛书》
编写委员会

名誉主编：王哲荣　苏哲子

主　　编：项昌乐　李春明　曹贺全　丛　华

执行主编：闫清东　刘　勇

编　　委：(按姓氏笔画排序)

马　越　王伟达　王英胜　王钦钊　冯辅周

兰小平　刘　城　刘树林　刘　辉　刘瑞林

孙葆森　李玉兰　李宏才　李和言　李党武

李雪原　李惠彬　宋克岭　张相炎　陈　旺

陈　炜　郑长松　赵晓凡　胡纪滨　胡建军

徐保荣　董明明　韩立金　樊新海　魏　巍

编者序

坦克装甲车辆作为联合作战中基本的要素和重要的力量,是一个最具临场感、最实时、最基本的信息节点,其技术的先进性代表了陆军现代化程度。

装甲车辆涉及的技术领域宽广,经过几十年的探索实践,我国坦克装甲车辆技术领域的专家积累了丰富的研究和开发经验,实现了我国坦克装甲车辆从引进到仿研仿制再到自主设计的一次又一次跨越。在车辆总体设计、综合电子系统设计、武器控制系统设计、新型防护技术、电子电气系统设计及嵌入式软件设计、数字化与虚拟仿真设计、环境适应性设计、故障预测与健康管理、新型工艺等方面取得了重要进展,有些理论与技术已经处于世界领先水平。随着我国陆战装备系统的理论与技术所取得的重要进展,亟需通过一套系统全面的图书,来呈现这些成果,以适应坦克装甲车辆技术积淀与创新发展的需要,同时多年来我国坦克装甲车辆领域的研究人员一直缺乏一套具有系统性、学术性、先进性的丛书来指导科研实践。为了满足上述需求,《陆战装备科学与技术·坦克装甲车辆系统丛书》应运而生。

北京理工大学出版社联合中国北方车辆研究所、内蒙古金属材料研究所、北京理工大学、中国人民解放军陆军装甲兵学院、南京理工大学、中国人民解放军陆军军事交通学院和中国兵器科学研究院等单位一线的科研和工程领域专家及其团队,策划出版了本套反映坦克装甲车辆领域具有领先水平的学术著作。本套丛书结合国际坦克装甲车辆技术发展现状,凝聚了国内坦克装甲车辆技术领域的主要研究力量,立足于装甲车辆总体设计、底盘系统、火力防护、电气系统、电磁兼容、人机工程等方面,围绕装甲车辆"多功能、轻量化、网

络化、信息化、全电化、智能化"的发展方向,剖析了装甲车辆的研究热点和技术难点,既体现了作者团队原创性科研成果,又面向未来、布局长远。为确保其科学性、准确性、权威性,丛书由我国装甲车辆领域的多位领军科学家、总设计师负责校审,最后形成了由14分册构成的《陆战装备科学与技术·坦克装甲车辆系统丛书》(第一辑),具体名称如下:《装甲车辆行驶原理》《装甲车辆构造与原理》《装甲车辆制造工艺学》《装甲车辆悬挂系统设计》《装甲车辆武器系统设计》《装甲防护技术研究》《装甲车辆人机工程》《装甲车辆试验学》《装甲车辆环境适应性研究》《装甲车辆故障诊断技术》《现代坦克装甲车辆电子综合系统》《坦克装甲车辆电气系统设计》《装甲车辆嵌入式软件开发方法》《装甲车辆电磁兼容性设计与试验技术》。

《陆战装备科学与技术·坦克装甲车辆系统丛书》内容涵盖多项装甲车辆领域关键技术工程应用成果,并入选"'十三五'国家重点出版物出版规划"项目、"国之重器出版工程"和"国家出版基金"项目。相信这套丛书的出版必将承载广大陆战装备技术工作者孜孜探索的累累硕果,帮助读者更加系统全面地了解我国装甲车辆的发展现状和研究前沿,为推动我国陆战装备系统理论与技术的发展做出更大的贡献。

丛书编委会

前　言

　　进攻与防护是战争永恒的主题。装甲防护技术是随着反装甲弹药技术的发展而逐步发展起来的一项集材料、结构和先进制造技术于一体的技术。自第一辆装甲车辆诞生以来，近一个世纪装甲防护技术已由最初的均质钢技术发展到目前以先进装甲材料、复合装甲、反应装甲、主动防护以及特种装甲集成的综合防护技术，从而形成一门涉及材料科学、结构力学、爆炸力学、火炸药学、弹道学、探测传感、指挥控制技术等多学科的交叉学科。在国防技术领域已经形成了一支从事装甲防护科研、设计和生产的技术队伍。

　　装甲防护系统是坦克装甲车辆火力、动力、装甲防护、电子信息四大系统之一。随着新型反坦克弹药技术的发展，单一的装甲防护已不能满足坦克装甲车辆战场生存力的需求，于是如何使车辆"不被遭遇、不被发现、不被捕获、不被击中、不被击穿、不被击毁"的系统防护技术是未来陆军装甲车辆防护技术的发展方向。但是，如何做到"不被击穿和不被击毁"的装甲防护技术仍然是装甲车辆战场生存力的基础，它直接关系到坦克装甲车辆的生存力和轻量化，是综合防护技术中的关键技术。

　　张自强等装甲防护科研工作者曾经出版的《装甲防护技术基础》和曹贺全等出版的《装甲防护技术》，为我国装甲防护科研奠定了基础并指明了研究方向。随着国际上装甲与反装甲技术发展的日新月异，作战环境与过去有了较大变化。大规模野外作战减少，城市作战、复杂环境的反恐作战居多。在这样作战环境中，陆军坦克装甲车辆受到了全方位、立体化先进武器如先进穿甲弹、破甲弹、智能化弹药等的攻击。反装甲武器从品种、威力都有了长足的发

展,因此装甲防护技术已经有了质的飞跃。装甲材料由单一高性能防护材料向多种复合材料发展,结构由单一均质装甲向复合装甲、反应装甲以及更多的特种装甲发展。

先进装甲研究设计中高性能计算、模拟仿真逐渐代替了以往"画加打"的落后方法。此外,新的防护技术大量应用,尤其是特种防护技术如复合装甲、反应装甲和主动装甲使装甲防护技术水平有了本质的飞跃,装甲防护性能大幅度提高,满足了坦克装甲车辆轻量化以及战场生存力的要求。

本书根据作者多年来装甲防护科研工作经历,记载了几十年我国装甲防护技术的发展,着重论述了近年来装甲防护技术的发展和应用。全书共 9 章,介绍了典型反装甲弹药、装甲防护技术体系、装甲抗弹效应、现代装甲材料、复合装甲、反应装甲、主动防护系统技术、结构装甲,以及装甲抗弹性能测试技术及评定等内容。

本书可供从事装甲防护技术和反装甲技术研究的科研院所、设计部门、生产单位和相关管理人员参考,也可供高等院校坦克装甲车辆系统相关专业师生参考。

本书在编写过程中,参考了大量国内外的文献资料,在此对原文献作者表示谢意。

受作者水平和学科领域所限,书中难免有错误和不当之处,恳请读者批评指正。

作 者

目　录

第 1 章　典型反装甲弹药 …………………………………………………… 001
  1.1　概述 ………………………………………………………………… 002
  1.2　枪弹 ………………………………………………………………… 003
    1.2.1　普通枪弹 ……………………………………………………… 003
    1.2.2　钢芯弹 ………………………………………………………… 004
  1.3　单兵反坦克火箭弹 ………………………………………………… 005
  1.4　无坐力炮 …………………………………………………………… 008
  1.5　坦克炮弹和反坦克炮弹 …………………………………………… 008
    1.5.1　穿甲弹 ………………………………………………………… 009
    1.5.2　破甲弹 ………………………………………………………… 012
    1.5.3　榴弹 …………………………………………………………… 013
  1.6　反坦克导弹 ………………………………………………………… 017
  1.7　远程火箭弹 ………………………………………………………… 022
  1.8　战斗部侵彻过程 …………………………………………………… 026
    1.8.1　穿甲过程 ……………………………………………………… 026
    1.8.2　破甲过程 ……………………………………………………… 032
    1.8.3　爆炸成型战斗部侵彻过程 …………………………………… 035
  1.9　小结 ………………………………………………………………… 036

第2章 装甲防护技术体系 ……………………………………………… 039
2.1 概述 ………………………………………………………………… 040
2.2 装甲防护技术的发展 …………………………………………… 042
2.2.1 国外发展概况 ……………………………………………… 042
2.2.2 国内发展概况 ……………………………………………… 043
2.3 装甲防护技术体系 ……………………………………………… 044
2.3.1 装甲防护材料技术 ………………………………………… 046
2.3.2 装甲防护结构单元技术 …………………………………… 046
2.3.3 装甲防护集成技术 ………………………………………… 046
2.3.4 装甲防护的应用基础技术 ………………………………… 047

第3章 装甲抗弹效应 …………………………………………………… 049
3.1 概述 ………………………………………………………………… 050
3.2 复合装甲抗弹效应 ……………………………………………… 050
3.2.1 倾角效应 …………………………………………………… 050
3.2.2 间隙效应 …………………………………………………… 079
3.2.3 厚度效应 …………………………………………………… 091
3.2.4 尺寸效应 …………………………………………………… 101
3.2.5 形状效应 …………………………………………………… 105
3.2.6 方向效应 …………………………………………………… 107
3.3 反应装甲抗弹效应 ……………………………………………… 112
3.3.1 偏转效应 …………………………………………………… 112
3.3.2 角度效应 …………………………………………………… 117
3.3.3 间距效应 …………………………………………………… 118
3.3.4 动态板厚 …………………………………………………… 119

第4章 现代装甲材料 …………………………………………………… 121
4.1 概述 ………………………………………………………………… 122
4.2 装甲钢 ……………………………………………………………… 123
4.2.1 装甲钢的基本特点 ………………………………………… 124
4.2.2 装甲钢的分类 ……………………………………………… 125
4.2.3 装甲钢的成分与性能 ……………………………………… 125
4.2.4 装甲钢的应用 ……………………………………………… 129

4.3 装甲铝合金 … 130
4.3.1 装甲铝合金的基本特点 … 131
4.3.2 装甲铝合金的分类 … 132
4.3.3 装甲铝合金的成分与性能 … 135
4.3.4 装甲铝合金的应用 … 137

4.4 装甲钛合金 … 140
4.4.1 装甲钛合金的基本特点 … 140
4.4.2 装甲钛合金的分类 … 141
4.4.3 装甲钛合金的成分与性能 … 142
4.4.4 装甲钛合金的应用 … 144

4.5 装甲镁合金 … 145
4.5.1 装甲镁合金的基本特点 … 145
4.5.2 装甲镁合金的分类 … 146
4.5.3 装甲镁合金的成分与性能 … 147
4.5.4 装甲镁合金的应用 … 148

4.6 贫铀合金 … 151
4.6.1 贫铀合金的化学成分 … 151
4.6.2 贫铀合金的性能 … 152
4.6.3 贫铀合金的应用 … 153

4.7 抗弹陶瓷 … 154
4.7.1 抗弹陶瓷的基本特点 … 155
4.7.2 抗弹陶瓷的分类 … 155
4.7.3 抗弹陶瓷的成分与性能 … 157
4.7.4 抗弹陶瓷的应用 … 159

4.8 树脂基纤维复合材料 … 164
4.8.1 玻璃纤维复合材料 … 165
4.8.2 芳纶纤维复合材料 … 167
4.8.3 超高分子量聚乙烯纤维 … 169
4.8.4 PBO纤维抗弹复合材料 … 170
4.8.5 混杂纤维抗弹复合材料 … 171

4.9 透明装甲 … 172
4.9.1 有机透明材料 … 173
4.9.2 无机透明材料 … 174
4.9.3 夹层材料 … 177

4.9.4　透明装甲的应用 …… 177

第5章　复合装甲 …… 181

5.1　概述 …… 182
5.2　复合装甲的种类 …… 185
5.3　轻型金属复合装甲 …… 186
　　5.3.1　钢复合装甲及其抗弹性能 …… 186
　　5.3.2　铝复合装甲及其抗弹性能 …… 190
　　5.3.3　贫铀装甲 …… 191
5.4　陶瓷复合装甲 …… 192
　　5.4.1　基本结构 …… 193
　　5.4.2　抗弹机理 …… 194
　　5.4.3　设计基础 …… 203
5.5　重型复合装甲 …… 213
　　5.5.1　基本结构及抗弹性能 …… 213
　　5.5.2　抗弹机理 …… 216
　　5.5.3　设计基础 …… 218
5.6　复合装甲设计方法 …… 223
　　5.6.1　复合装甲抗弹能力的设计 …… 223
　　5.6.2　复合装甲抗弹能力的计算 …… 228
　　5.6.3　装甲材料结构的综合优化 …… 233
5.7　复合装甲装车应用研究的程序 …… 236
　　5.7.1　装车的结构方案设计 …… 236
　　5.7.2　缩比样车模型制作 …… 237
　　5.7.3　全尺寸样车模型制作 …… 237
　　5.7.4　样车用特种装甲结构的设计及制造 …… 237
　　5.7.5　车辆兼容性试验 …… 238
　　5.7.6　样车综合性射击试验 …… 238
　　5.7.7　样车装甲结构设计定型 …… 238
5.8　复合装甲的应用前景 …… 239

第6章　反应装甲 …… 241

6.1　概述 …… 242
6.2　反应装甲的种类 …… 244

6.3 惰性反应装甲及其应用 ………………………………………… 247
6.3.1 惰性反应装甲基本特点 ………………………………… 247
6.3.2 惰性反应装甲基本结构 ………………………………… 249
6.3.3 惰性反应装甲基本原理 ………………………………… 251
6.3.4 惰性反应装甲设计基础 ………………………………… 256
6.3.5 惰性反应装甲的应用 …………………………………… 264
6.4 爆炸反应装甲及其应用 ………………………………………… 266
6.4.1 爆炸反应装甲基本特点 ………………………………… 266
6.4.2 爆炸反应装甲基本结构 ………………………………… 270
6.4.3 爆炸反应装甲基本原理 ………………………………… 272
6.4.4 爆炸反应装甲设计基础 ………………………………… 274
6.4.5 爆炸反应装甲的应用 …………………………………… 282

第7章 主动防护系统技术 …………………………………………… 293
7.1 概述 ……………………………………………………………… 294
7.2 主动防护系统构成与分类 ……………………………………… 295
7.3 硬杀伤主动防护系统 …………………………………………… 296
7.3.1 探测跟踪系统（雷达波探测、跟踪） ………………… 297
7.3.2 信号处理及控制系统（计算、反馈） ………………… 297
7.3.3 对抗系统 ………………………………………………… 298
7.4 软杀伤主动防护系统 …………………………………………… 302
7.5 综合杀伤主动防护系统 ………………………………………… 303
7.6 主动防护系统应用前景 ………………………………………… 303

第8章 结构装甲 ……………………………………………………… 305
8.1 概述 ……………………………………………………………… 306
8.2 屏蔽装甲 ………………………………………………………… 307
8.2.1 格栅装甲 ………………………………………………… 307
8.2.2 侧裙板 …………………………………………………… 315
8.2.3 多孔结构装甲 …………………………………………… 320
8.3 间隙装甲 ………………………………………………………… 325
8.3.1 板状间隙式装甲 ………………………………………… 325
8.3.2 管状间隙装甲 …………………………………………… 330
8.4 护体装甲 ………………………………………………………… 333

8.4.1　软护体装甲 …………………………………………… 334
　　8.4.2　刚性护体装甲 …………………………………………… 336
　　8.4.3　新型护体装甲 …………………………………………… 338
　　8.4.4　基本原理 ………………………………………………… 339
　8.5　间隔防护 ……………………………………………………… 340

第9章　装甲抗弹性能评定 …………………………………………… 345

　9.1　装甲抗弹性能评定中常用术语及定义 ………………………… 347
　9.2　装甲被击穿的基本形式及损伤分类 …………………………… 349
　　9.2.1　装甲被击穿的基本形式 ………………………………… 349
　　9.2.2　装甲损伤的分类及其评定 ……………………………… 351
　9.3　复合装甲抗弹性能评定 ………………………………………… 362
　9.4　反应装甲抗弹性能评定 ………………………………………… 363

参考文献 ……………………………………………………………… 366

部分常用符号对照表 ………………………………………………… 371

索　引 ………………………………………………………………… 375

第 1 章
典型反装甲弹药

1.1 概　述

反装甲武器是指以击穿坦克和其他装甲目标为目的的武器总称，通常也称为反坦克武器。具体地讲，反装甲武器包括航空兵器、地面炮兵压制兵器、反坦克导弹、坦克炮、迫击炮、无坐力炮、火箭筒、地雷等。自从1916年英国最先把坦克作为进攻性武器用于战争起，坦克与反坦克技术的斗争从来就没有停止过。

随着科学技术的进步，反坦克技术得到了迅速的发展。第二次世界大战期间，反坦克技术还比较落后，此时反坦克地雷是战场上的主角。据统计，当时战场上使用了一亿多颗反坦克地雷，炸毁坦克一万多辆，造成装备损失率达20.7%。在朝鲜战场和越南战场上，70%～85%的受损坦克是被地雷炸毁的。1973年爆发的第四次中东战争，直瞄反坦克武器和反坦克导弹占了明显的优势。这次战争中双方共损失3 000多辆坦克，其中坦克打坦克损失1 000多辆，约占1/3；另外1/2的坦克被火箭筒和导弹击毁；剩余的1/6坦克被飞机和地雷击毁。20世纪90年代爆发的海湾战争中，诸多高新技术的反坦克武器被首次使用并取得了显著的效果，标志着战争高技术时代的到来。双方参战坦克7 900辆，伊拉克损失坦克3 500辆，其中2 000多辆坦克在进入地面战斗前损失，进入地面战斗后又损失了1 500多辆坦克，其中被武装直升机击毁的也不在少数。根据报道，一架AH—64"阿帕奇"武装直升机可以携带19枚导弹，在5 000 m以外就可以攻击坦克，达到一架飞机对付2辆坦克的战绩。美国进行武装直升机和坦克模拟对抗试验时,双方毁伤率达到 1∶20~1∶10 的悬殊比例。机动灵活的武装直升机打坦克是现代高新技术发展的结果。

20 世纪 80 年代以来高新军事科学技术的发展,一方面增强了坦克的综合防护性能,另一方面也改变了传统的反坦克武器装备。高精度、大威力的反坦克武器弹药是对坦克防护技术的严峻考验。目前反坦克武器已经逐步发展成为空地结合、前沿和纵深相结合、射程梯次配置的立体反坦克武器系统,如图 1-1 所示。这个系统具有两个基本特点:①针对装甲车辆形成正面、侧面、顶部和底部在内的三维空间反坦克火力网;②反坦克武器弹药呈现多兵种、多样化、智能化的发展趋势。由此可见,高技术条件下的反装甲手段已经具有大纵深、立体、全方位和多手段的特点,可对坦克实施"远、中、近"大面积的纵深打击。在图 1-1 中,作为装甲防护设计人员,需要重点关注的主要有以下几种威胁。

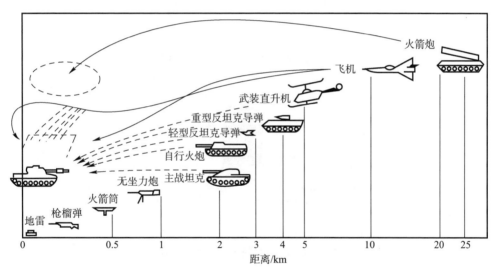

图 1-1 不同距离上的反坦克武器

1.2 枪 弹

1.2.1 普通枪弹

普通枪弹的口径在 4~9 mm 范围内,虽不具备穿甲功能,但对轻装甲防护系统也能造成一定伤害。随着发射枪支的不同,初速变化范围为300～1 000 m/s。当其着速在100m/s以上时,可以对不受护体装甲保护的人体形成创伤。值得指出的是,普通枪弹击中装甲时,虽不能穿入,但弹丸内的铅熔化后的飞溅物也可以伤人或损坏坦克的观瞄仪器。日本侵华战争中使用的装甲车(93式)与坦克(95式及89B式)在装甲上开有缝隙以进行观瞄,曾经发生熔铅飞溅物伤及乘员眼睛的事例。图1-2为普通枪弹的结构及其着靶时的变形状态。图1-3为普通枪弹的熔铅在碎裂的陶瓷装甲缝隙中流动的情况。

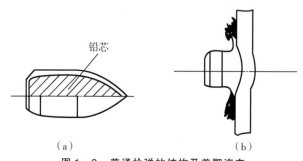

图1-2 普通枪弹的结构及着靶姿态
(a) 普通枪弹结构图;(b) 普通枪弹着靶姿态

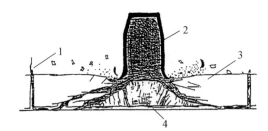

1—熔铅飞溅;2—铅芯;3—陶瓷靶;4—陶瓷中心碎片。
图1-3 普通枪弹的熔铅流动示意图

1.2.2 钢芯弹

图1-4所示为钢芯(或硬质合金芯)穿甲弹的结构简图与着靶状态示意图。

穿甲枪弹的常见口径有5.45 mm、5.56 mm、5.58 mm、7.62 mm和12.7 mm,初速范围为650～1 000 m/s。7.62 mm钢芯穿甲弹在着速约为850 m/s时,可以击穿厚度为10 mm的标准均质装甲钢板(Rolled Homogeneous Armor Plate,RHA)。12.7 mm钢芯穿甲弹在着速约为820 m/s时,可击穿厚度为20 mm的标准均质装甲钢板。

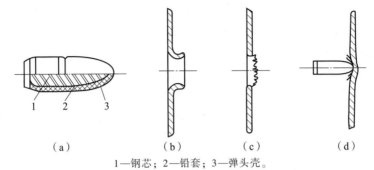

1—钢芯；2—铅套；3—弹头壳。

图 1-4　钢芯弹结构简图与常见的损伤状态

（a）钢芯穿甲弹结构图；（b）塑性钢板上花瓣状损伤；
（c）脆性钢板上锯齿状损伤；（d）未穿透弹坑

常见计算枪弹穿甲性能的公式是依据靶板上的弹孔体积与枪弹的着靶动能成比例而进行计算的，即

$$\frac{1}{2}mv_s^2 \propto aT_0 \tag{1-1}$$

式中　v_s——着靶速度（m/s）；

m——枪弹质量（g）；

a——弹孔截面积（m²）；

T_0——装甲厚度（mm）。

由式（1-1）得到

$$v_s = Kd\sqrt{\frac{T_0}{m}} \tag{1-2}$$

式中　d——枪弹直径（m）；

K——穿甲系数。

当以钢芯穿甲弹射击低碳钢板时，$K = 60\,000 \sim 70\,000$。钢芯穿甲弹射击均质装甲钢板时，$K = 75\,000 \sim 85\,000$。影响 K 值的因素很多，除与式（1-2）中着速、弹径、弹的质量及板厚有关外，着靶角度、靶板支撑或固定状况以及环境温度等都会对 K 值精度有影响。所以虽然 K 值允许范围较宽，依然需要在某些固定条件下，通过足够的射击试验求出。

1.3　单兵反坦克火箭弹

火箭弹通常是指靠火箭发动机产生的推力为动力，以完成一定作战任务为

目的的无制导装置的弹药，主要用于杀伤、压制敌方有生力量，破坏工事及武器装备等。火箭发射装置只赋予火箭弹一定的射向、射角和提供点火机构，并不为火箭弹提供任何动力。

单兵反坦克火箭筒发射的反坦克火箭弹主要用于近距离打击装甲车辆，通常由战斗部、火箭发动机和稳定装置构成，弹径一般为 60～120 mm，初速为 150～400 m/s，有效射程为 150～800 m。和导弹类似，由于飞行速度低，因此该弹种通常使用聚能装药破甲战斗部，威力可达 900 mm RHA。为了对付爆炸式反应装甲（Explosive Reactive Armor，ERA），先进的单兵反坦克火箭弹往往也采用串联装药战斗部（图 1-5）。

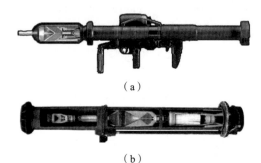

(a)

(b)

图 1-5　单级/串联火箭弹结构示意图

(a) 单级装药战斗部；(b) 串联装药战斗部

单兵反坦克火箭弹的发展主要经历了三个阶段。第一个阶段是第二次世界大战期间，第一代火箭筒诞生于这一时期，代表型号是 1942 年美国研制的"巴祖卡"（Bazooka）和 1943 年德军装备的"铁拳"（Panzerfaust）无坐力炮型火箭筒，有效射程为 100～250 m，垂直破甲厚度达 120～200 mm RHA。第二个阶段是 20 世纪 60 年代，这是反坦克火箭筒蓬勃发展的时期，形成了第二代火箭筒。各国装备了 30 多种型号的火箭筒，如美国的 M72 式、苏联的 RPG-7 等。其中，苏联于 1962 年开始装备部队的 RPG-7 型火箭筒，是世界上第一种无坐力和火箭增程结合型火箭筒。在第四次中东战争中，以色列军队损失的近 1 000 辆坦克中，有 25% 就是被 RPG-7 型火箭筒击毁的。第三个阶段是 20 世纪 80 年代，出现了第三代反坦克火箭筒，如"蝮蛇"（Viper）、RPG-7B、"阿皮拉斯"（Apilas）、"铁拳"-3、"丘辟特"（Jupiter）AC300、AT-4、AT-12T 等。其中，美国研制的 AT-12T 轻型反坦克火箭筒装有串联战斗部，破甲威力为 950 mm RHA。表 1-1 列出了几种反坦克火箭弹的主要性能参数。

表1-1 火箭弹性能表

国别	型号名称	口径/mm	速度/(m·s^{-1})	有效射程/m	战斗全重/kg	破甲厚度/mm RHA
苏联	RPG-18	64	114	200	4	280
苏联	RPG-7	40	300	300~500	9.3	320
美国	M72A2	66	150	200	2.4	300
美国	蝮蛇	70	290	250	4.07	400
德国	弩箭300	67	220	300	6.3	400
法国	阿皮拉斯	112	295	330	9	720
法国	AC300	115	275	330	11	800
英国	劳80	94	331	500	8	650
以色列	B-300	82	275	400	8	400

为了应对不断加强的装甲车辆防护系统,火箭弹的结构和性能不断提高和改进。图1-6为俄罗斯巴扎特公司研制的一种新型RPG-30反坦克火箭筒。该火箭筒采用了独具特色的"并联战斗部"方案:将主战斗部和诱饵弹上下平行布置。该火箭筒重10.3 kg,分为上、下两个部分:上部是大口径发射筒,用以发射配装有串联战斗部的PG-30式105 mm火箭弹;下部是小口径发射器,用以发射诱饵弹。据称,RPG-30主要用以对付装甲车辆的主动防护系统。它首先发射诱饵弹,引发装甲车辆主动防护系统进行拦截,然后利用主动防护系统拦截第二次威胁之前所必需的0.2~0.4 s反应时间,采用与诱饵弹随进的PG-30火箭弹摧毁车辆装甲。在躲避了主动防护系统、穿透爆炸反应装甲之后,PG-30还具有超过600 mm RHA的破甲威力。

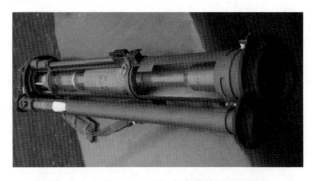

图1-6 RPG-30反坦克火箭筒(俄罗斯)

火箭筒的成本低、质量轻，携带方便，是步兵班的主要反坦克装备之一。火箭筒弹径一般大于筒的口径，为 65~90 mm。采用的聚能装药战斗部可以在 200~300 m 距离穿透厚度 250~300 mm 的装甲。新型火箭筒有的弹径超过 100 mm，可以在 400 m 距离内穿透厚度 400~600 mm 的均质装甲钢。

1.4 无坐力炮

无坐力炮由于膛压低，炮管薄，质量较轻，常被用作步兵反坦克武器。其口径一般在 100 mm 左右。由于弹速低（通常不超过 500 m/s），直射距离有限（通常为 400~700 m），因此一般不使用穿甲弹种，而只配备破甲弹来对付装甲目标，破甲厚度可以达到 300~400 mm。无坐力炮发射时，向后喷的火焰能伤人，也容易暴露目标，使其使用受到限制。其主要性能见表 1-2。

表 1-2 无坐力炮性能

型号	口径 /mm	弹丸质量 /kg	初速/ (m·s^{-1})	距离/m	破甲厚度 /mm
苏 57	57	—	350	有效 600	70
苏 Б10	82	3.89	320	直射 400	300
苏 Б11	107	7.56	400	直射 450	380
美 M40	105	9.86	—	有效 1100	400
美 M67	90	—	—	有效 400	320
美 M27，M27A1	105	—	381	有效 1000	—
瑞典 PV-1110	90	3.1	715	有效 900	550
瑞士 B-11	107	13.6	—	有效 450	380

1.5 坦克炮弹和反坦克炮弹

在第二次世界大战中损失的坦克多数是被火炮击毁的。中东战争损失的坦克中,有相当大比例也是由火炮击毁的。坦克和反坦克炮口径大多在 75 mm 以上(目前装备主要口径 100～125 mm),主要配备穿甲弹、破甲弹和榴弹。

1.5.1 穿甲弹

普通穿甲弹和被帽穿甲弹的初速不超过 1 000 m/s,可以穿透稍大于其口径的装甲厚度,弹丸和破片可以杀伤乘员和破坏机件,也可能引起燃烧。它们在第二次世界大战后已被威力更强的超速穿甲弹所代替。现代穿甲弹由次口径超速穿甲弹,经过超速脱壳穿甲弹,而发展成为长杆形尾翼稳定脱壳穿甲弹(Rod-like, Armor Piercing Fin Stabilized Discarding Sabot, APFSDS,见图 1-7),目前最大的口径为 125 mm,初速达到 1 600～1 800 m/s。弹芯材料也从钢(密度为 7.8 g/cm^3)发展为密度更大的钨合金(密度为 17.6 g/cm^3)和贫铀合金(密度为 18.6 g/cm^3)。目前最新的穿甲弹多采用钨合金和铀合金弹芯材料,弹体结构也从整体式发展为分块和分段式。上述变化使穿甲弹的威力在 2 000 m 距离上达到 600 mm RHA 左右。美国 M829A2 穿甲弹达到 720 mm RHA 左右。正在研制的口径为 ϕ135～140 mm 的火炮所用的穿甲弹,威力预计可达 900～1 000 mm RHA。现代坦克的尾翼稳定脱壳穿甲弹的性能见表 1-3。

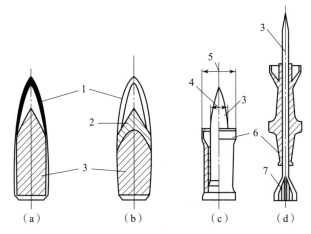

1—风帽;2—被帽;3—弹芯;
4—弹芯径;5—弹径;6—弹托;7—尾翼。

图 1-7 典型穿甲弹结构示意图

(a) 普通穿甲弹;(b) 被帽穿甲弹;
(c) 次口径穿甲弹;(d) APFSDS

表 1-3 现代坦克的尾翼稳定脱壳穿甲弹的性能

国别 坦克型号	火炮口径和型号	弹丸种类和型号	初速/(m·s⁻¹)	全弹质量/kg	弹丸质量/kg	飞行弹丸质量/kg	弹杆直径/mm	长径比或弹杆长	弹杆材料	膛压/MPa	距离/m	威力 靶板/mm	角度/(°)
苏 T-72	125 滑膛炮	翼稳脱壳穿甲弹	1 650~1 800	19.5	5.68	—	44	12	碳化钨	—	2 000	140	60
苏 T-62	2A20 式 115 滑膛炮	翼稳脱壳穿甲弹	1 615	22	5.3	—	42	552 mm	35铬镍钼钢	—	2 000	270	0
美 M48 M47	90 线膛炮	翼稳脱壳穿甲弹	1 300	—	4.46	—	26	—	钨合金	348	1 500	230 150	45 60
美 M60	M68 105 线膛炮	M774 翼稳脱壳穿甲弹	1 455	18.7	6.2	—	25~28	—	铀合金	—	1 800	北约三层靶	
	105 线膛炮	M735 E2	1 501	18.5	5.82	—	31.68	305 mm	钨合金	—	1 800	北约三层靶	
德"豹Ⅰ"	105 线膛炮	翼稳脱壳穿甲弹	1 450	18	—	—	—	—	—	—	—	—	
德"豹Ⅱ"	120 滑膛炮	DM-13 翼稳脱壳穿甲弹	1 650~1 680	18.6	7.1	4.5	38	456 mm	钨合金	540	2 000	北约三层靶 10, 25, 80/60	
法 AMX32	EFAB 120 滑膛炮	翼稳脱壳穿甲弹	1 630	23	6.3	—	—	—	碳化钨	—	2 400	北约三层靶	

续表

国别 坦克型号	火炮口径 和型号	弹丸种类 和型号	初速/ (m·s⁻¹)	全弹 质量 /kg	弹丸 质量 /kg	飞行弹丸 质量 /kg	弹杆 直径 /mm	长径比 或弹 杆长	弹杆 材料	膛压/ MPa	威力 距离 /m	威力 靶板/角度 mm/(°)
法 AMX30	L56 105线膛炮	OFL-105AB 翼稳脱壳穿甲弹	1 525	17.1	5.8	3.8	26~28	20	钨合金	—	—	北约三层靶
英"逊邱伦"	L7A2 105线膛炮	PPL-64翼稳脱壳穿甲弹	1 490	18~18.9	5.7~6.12	—	28	14	整体钨合金	420	2 000	T-72坦克装甲
英"奇伏坦"改进型	M13A 120线膛炮	翼稳脱壳穿甲弹	1 670	19.9	—	—	32	—	—	—	2 000	重型坦克
以"梅卡瓦"	105线膛炮	M111 脱壳穿甲弹	1 455	18.7	6.3	4.2	33	12.6	整体钨合金	442	—	—

1.5.2 破甲弹

聚能装药破甲弹（High Explosive Anti – Tank，HEAT，如图 1 – 8 所示）头部有一长度等于最佳炸高（Stand Off，SO）的鼻锥，前端部装有压电引信，中部有薄壁铜制锥形药型罩和炸药装药（通常为 B 炸药），炸药尾部为起爆系统。为了提高破甲弹的破甲威力，往往在起爆点和聚能装药之间植入一个半球形或截锥形的异形隔板，以改变爆轰波传播速度和波形，提高爆轰波施加在药型罩表面上的压力和提高射流的速度。隔板材料通常为聚苯乙烯等惰性材料或低爆速炸药。弹体尾部为尾翼。

当弹头（也称战斗部）撞击靶时，压电引信引爆起爆系统。在几微秒内，锥形铜药型罩被加速，并转变成一束细长的高温、高压、高速的金属射流，其尖端速度可达 8 000 m/s。聚能装药破甲弹战斗部的破甲作用正是靠这种具有一定质量和高速的金属射流击穿装甲，如图 1 – 8 所示。其破甲厚度可达弹径的 5~8 倍。典型炮弹的性能分别列于表 1 – 3 和表 1 – 4 中。

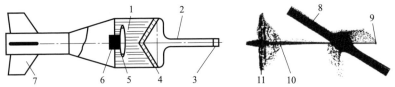

1—聚能装药；2—鼻锥（设定炸高）；3—压电引信；4—药型罩；
5—隔板；6—起爆药；7—尾翼；8—装甲板；9—射流头部；10—射流尾部。

图 1 – 8 破甲弹及射流的构成

表 1 – 4 现代坦克所装备的破甲弹性能

坦克型号	火炮口径及型号	弹丸种类或型号	初速/(m·s^{-1})	全弹质量/kg	膛压/MPa	弹丸质量/kg	侵彻威力 mm/(°)
苏 T – 62	115 mm 滑膛炮	破甲弹	1 070	25.3	—	12	400/0
苏 T – 72	125 mm 滑膛炮	破甲弹	905	—		19	500/0
德"豹Ⅱ"	120 mm 滑膛炮	DM12 破甲弹（美 XM830）	1 154	23	453	13.5	220/60
德"豹Ⅰ"	105 mm 线膛炮	美 M456	1 174	21.7	370	10.3	北约三层中型靶 360/30
德 JPZ	90 mm 线膛炮	—	1 145	14.4	338	5.74	
德 M48	90 mm 线膛炮	破甲弹	1 204	14.4	338	5.74	

续表

坦克型号	火炮口径及型号	弹丸种类或型号	初速/(m·s^{-1})	全弹质量/kg	膛压/MPa	弹丸质量/kg	侵彻威力 mm/(°)
法 AMX30	105 mm 线膛炮	—	1 000	22	—	10.95	400/0 150/60
法 AMX32	120 mm 滑膛炮	—	1 100	—	—	—	—
法 MX109	90 mm 线膛炮	OCC90-62	950	8.95	—	3.65	320/0 120/65
美 M60	105 mm 线膛炮	M456A1	1 173	—	—	10.25	177/60

1.5.3 榴弹

榴弹，又称高爆弹（High Explosive Projectile，HEP），其破坏力主要依靠弹内炸药爆炸形成的气体膨胀功、爆炸冲击波以及破碎弹体形成大量破片，破坏、杀伤工事、人员及装备，"爆破"和"杀伤"是其基本作用。同时获得大的爆破效果和大的杀伤效果是不可能的，只能针对给定的口径和战斗任务保证其主要方面的实现。一般情况下，小口径榴弹是以杀伤作用为主，爆破作用为辅；而大口径榴弹则是以爆破作用为主，杀伤作用为辅。随着弹药技术的进步，这两种作用得到了协调发展。目前坦克上主要装备杀伤爆破榴弹，同时具有杀伤和爆破两种作用。虽然从威力上看，杀伤爆破榴弹的爆破作用不如同口径的爆破弹，杀伤作用不如同口径的杀伤弹，但是它综合了两种作用，并具有简化生产和供应的优点，故已广泛配用于中口径以上的火炮上。

一般来说，杀伤爆破榴弹的弹体厚度比同口径的杀伤榴弹薄，比爆破榴弹厚；装药比同口径的杀伤榴弹多，比爆破榴弹少；弹体材料一般为钢质，装填 TNT 或 B 炸药；为了对付不同的目标，一般配用具有瞬发、短延期和延期装定的弹头着发引信（图 1-9）。

榴弹（图 1-10）击中目标后，弹内炸药的爆炸能推动弹头碎片杀伤目标前的人员及摧毁装备，部分爆炸能按碎甲弹的同一工作原理传递到装甲上，产生应力波，对装甲造成如碎甲弹所致的损伤。

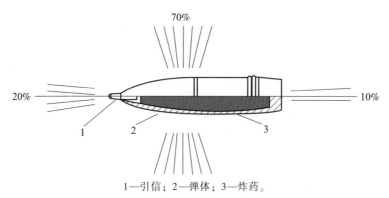

1—引信；2—弹体；3—炸药。

图 1-9　杀伤爆破榴弹结构示意图及其破片分布

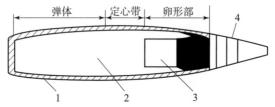

1—弹带；2—炸药装药；3—传爆药；4—引信。

图 1-10　榴弹结构示意图

榴弹的威力与炸药种类有关，并与装药质量成正比。榴弹的杀伤能力与形成的弹片数量、尺寸分布和形状有直接关系。榴弹的碎甲性能低于碎甲弹，弹片的穿甲能力弱，只对轻装甲有效。图 1-11 所示为瑞士 Oerlikon 20 mm 榴弹弹片分布及穿甲性能照片。

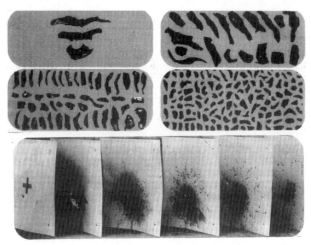

图 1-11　瑞士 Oerlikon 20 mm 榴弹弹片分布及穿甲性能

当装甲车辆的装甲防护系统结构不良时,被榴弹击中后,由于爆轰波给车内乘员造成的瞬间高加速度,足以使乘员失去战斗能力。

榴弹的着速一般在1 000 m/s以下,射击精度低于尾翼稳定的长杆形次口径动能穿甲弹。发射榴弹的火炮口径范围很宽,20~210 mm的火炮均可装备榴弹,装药质量从数克直到十余千克。

1. 高爆性能榴弹(HE)

榴弹的弹体采用较厚的高强度钢制成,同时加大了高能量炸药的装药量,使之击中目标时,于穿甲过程或穿透目标后爆炸,产生大量弹片,造成杀伤及穿甲效果,地对空速射武器或空对地速射武器多装备此类弹种。图1-12为Oerlikon 35 mm高爆性能榴弹的结构图,表1-5为Oerlikon 35mm高爆性能榴弹爆炸后弹片材料的分布情况汇总。

1—引信;2—炸药;3—曳光管。

图1-12 Oerlikon 35 mm高爆性能榴弹的结构图

表1-5 Oerlikon 35 mm榴弹爆炸后弹片材料分布情况

弹片数	每个弹片的质量/g	弹片总质量/g
2	4.00~5.00	9.2
1	3.00~4.00	3.5
8	2.00~3.00	20.9
41	1.00~2.00	53.6
49	0.75~1.00	41.4
78	0.50~0.75	47.6
604	0.10~0.50	136.8
粉尘状	~0.10	57.0
弹底:21	—	总质量:370.0

图1-13为该弹穿过薄靶板后,延时引信起爆X光闪光摄影图及弹片分布图。图1-14所示为该弹穿过4 mm厚航空铝板后的弹孔形貌,弹孔直径约为450 mm。

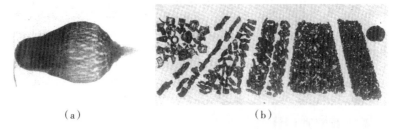

图 1-13 榴弹穿过薄靶板后，延时引信起爆 X 光闪光摄影图及弹片分布图

(a) 延时引信起爆时 X 光闪光摄影图；(b) 弹片分布图

图 1-14 榴弹穿过航空铝板后的弹孔形貌

2. 预制弹片榴弹（Preformed Fragmentation）

为了增加弹片的杀伤力和穿甲性能，必须增加弹片数量、改善其形状和提高弹片的平均飞行速度。为此，可以将弹片预制成不同形状，如图 1-15 所示。

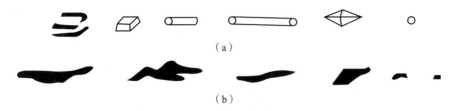

图 1-15 预制与非预制弹片的形状对比

(a) 预制弹片形状规则；(b) 非预制的弹片形状不规则

口径为 100 mm 的榴弹可以预制 $\phi 4 \sim 5$ mm 钢球 10 000 个，钢球平均飞行速度约 2 000 m/s，具有十分良好的杀伤软目标和穿透轻装甲的能力，对装甲车辆的观瞄系统也能构成威胁（图 1-16）。

第 1 章　典型反装甲弹药

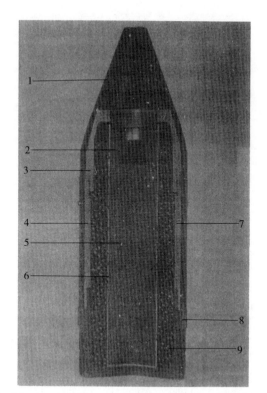

1—触发引信；2—点火药；3—铝合金弹头卵形部；4—铝合金弹外套；
5—装药（黑索今+蜡）；6—传爆管；7—预置钢珠；8—铜弹带；9—弹底座。

图 1-16　100 mm 预制弹片榴弹

1.6　反坦克导弹

　　反坦克导弹一般由战斗部、制导部和推进部三部分组成，是一种威力大、射程远、精度高、机动性强、可靠性高的反坦克武器。按照制导方式的不同可以把它们分为三代。20 世纪五六十年代是手控制导的第一代，如苏联的"斯拿波"导弹。第二代大多为 20 世纪六七十年代的产品，用红外有线半自动制导。现装备的大多数导弹是二代及其改进型。如"米兰"、"霍特"、"陶"、AT-4 导弹。严格来说，第三代反坦克导弹应该是全自动制导方式，即发射后不用管的导弹。但是 20 世纪八九十年代不少改进型和新型导弹脱离了有线制导方式，采用激光照射的半主动制导方式。如美国的"海尔法"导弹，是否称为第三代导弹还有不同看法。一般的反坦克导弹破甲深度达到了 400～500 mm RHA，改进后可达到 700～800 mm RHA，最大可达 1 400 mm。表 1-6 列出了典型反坦克导弹的性能参数。

表 1-6　典型反坦克导弹的性能

型号	直径/mm	射程/m	速度/(m·s^{-1})	破甲厚/mm	弹质量/kg	弹长/mm	制导方式
苏"赛格"	120	400～2 500	200	500	11.3	760	目瞄有线
苏"赛格"AT-3	86	500～3 000	129	400	—	870	目瞄有线
苏"赛子"AT-4	120	100～2 000	～200	500～600	—	1 200	红外半自动
苏"拱肩"AT-5	135	100～4 000	～250	600～700	—	1 300	红外半自动
美"龙"	127	60～1 000	—	500	6.3	744	红外半自动
美"陶"	152	65～3 750	350	600	18.4	1 160	红外半自动
美"海尔法"	183	5 000	—	—	36.3	1 768	—
德"眼镜蛇"	100	400～2 000	85	475	10.6	950	目瞄有线
德法"米兰"	90	25～2 000	200	352	12	770	红外半自动
德"马姆巴"	120	70～3 000	180	475	11.2	955	
德法"霍特"	136	75～4 000	200	>800	6.65	755	红外半自动
英"鹞"式	130	75～3 000	290	—	16.5	1 380	
法"阿克拉"	142	25～3 300	500	450	26	1 250	—

反坦克导弹可以由步兵便携、车载和机载结合使用，从地面和空中攻击坦克。为了加大破甲威力或对付反应装甲，大多数导弹装有串联式战斗部。为了加大威力采用的多级串联复合聚能装药战斗部，弹体内接连装有两个（或两个以上）的聚能装药部分（图 1-17），两级装药之间设有截断器。起爆时，后级装药的金属射流穿过前面药型罩的顶部。截断器将其切为两部分，被切药型罩的前端形成初始射流，其头部射流速度大约为 9 500 m/s，尾部速度大约为 6 000 m/s。被切药型罩末端向轴线压垮并撞击在前级装药上，利用此冲击使前级装药爆轰。这种串联装药可以通过两个装药中药型罩几何形状的设计达到控制射流速度梯度的目的并提高破甲效应。

为了对付反应装甲，包括美国"米兰"2、"霍特"3、"陶"ⅡA、"陶"ⅡB、"海尔法"导弹，法国的 ACCP，苏联的 AT-4 和 AT-5 等导弹采用了串联战斗部。前级战斗部一般用 ϕ40～60 mm 的小型破甲弹，也有 ϕ100 mm 的"海尔法"导弹和两级装药口径接近的串联弹。1994 年首次公开展出的 AT-X-14 "短号"反坦克导弹是俄罗斯的第三代反坦克导弹，其目的是取代现役第二代

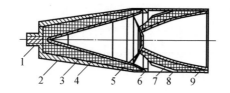

1—雷管接头；2—第二级外壳；3—炸药；4—第二级药型罩；
5—截断器；6—连接器；7—炸药；8—第一级药型罩；9—第一级外壳。

图 1-17 串联复合聚能装药战斗部

重型车载 AT-5 导弹，主要用于攻击坦克炮射程之外的主战坦克，也可用于攻击其他装甲车辆和野战工事、建筑物等各种非装甲目标以及杀伤人员。AT-X-14 导弹弹长 1 200 mm，弹径 152 mm，弹重 27 kg，射程 100~5 500 m，采用激光驾波束制导方式，可配用串联式聚能装药战斗部，穿透反应装甲后还可以继续穿 1 200 mm 的装甲钢（图 1-18）。此外，还有第一级用穿甲弹头来破坏反应装甲，第二级主装药为破甲型，如俄罗斯的 AT-11 导弹。

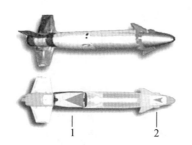

1—主装药；2—前级装药。

图 1-18 针对爆炸式反应装甲的串联装药结构

法国、俄罗斯等国正在发展三级串联战斗部。法国地面武器工业集团研制的三级串联战斗部，其基本构件从头部至尾部依次是风帽、第一级装药、防护元件系统、第二级装药、防护元件系统、第三级装药（即主装药）、保险装置。防护元件系统依次包括压电晶体、保险装置、泡沫材料和隔爆材料。第一级装药与第二级装药直径皆小于第三级装药，这两级装药总重为第三级装药质量的 10%~35%。主装药直径等于战斗部直径。工作时，第一级装药通过风帽和保险装置首先起爆，产生的爆轰波开始破坏主装甲上面的反应装甲。第一级装药起爆后，其保险装置在冲击波作用下产生后坐力，在防护元件系统的作用下第二级装药起爆。保险装置与泡沫材料相互挤压的作用时间，决定第一级装药与第二级装药之间的起爆时间延迟。第一级装药与第二级装药之间起爆时间延迟为 100～500 μs。该延时能够保证第一级装药破坏部分反应装甲单元后,第二级装药起爆及其能量正好可完全破坏剩余的反应装甲。第二级装药与主装药之间起爆时间延迟为 200～2 000 μs。俄罗斯研制的三级串联战斗部穿透反应装甲后还能穿 700 mm RHA。

反坦克导弹通常从水平方向攻击装甲车辆,但也有些反坦克导弹以"跃飞"或"掠飞"方式打击装甲车辆顶部。"跃飞"型攻顶导弹在发射后跃飞至高空,识别、锁定装甲车辆后,飞临装甲车辆上方,以近乎垂直的角度打击车辆顶部(图1-19)。较多数的攻顶反坦克导弹采用这种攻击方式,其中比较典型的是美国的"标枪"反坦克导弹。该导弹目前在美陆军和海军陆战队服役。美国和澳大利亚在"伊拉克自由行动"中装备了该导弹,发射了1 000 多枚导弹,均成功地攻击了坦克和其他目标。在"持久自由作战"中,"标枪"导弹成功地用于攻击建筑物、车辆(包括装甲车辆和运输车辆)和阵地。

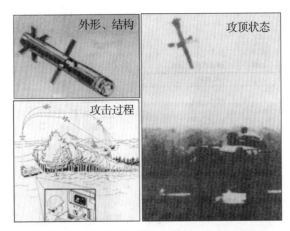

图1-19 "跃飞"型攻顶导弹典型打击过程

"标枪"反坦克导弹战斗全重23 kg,其中发射控制装置重6.42 kg,发射筒重4.08 kg。导弹长1.08 m,弹径127 mm,弹重11.8 kg,可单兵发射,最大射程2 500 m,可对目标进行全天候攻击。"标枪"采用了两级串联式战斗部,可方便选择顶部攻击和正面攻击两种形式。攻顶时采用"跃飞"方式,垂直攻击装甲车辆最脆弱的顶部,号称猎杀率高达90%。

"掠飞"型攻顶导弹的特点是在瞄准线的上方一定距离内飞行,其战斗部以一定角度斜向下方布置,在掠过装甲车辆顶部时对其实施攻击。其优势是具有较高的捕捉概率,即射手只要看到目标的一小部分(如天线)就可以实施攻击。瑞典的"比尔"是第一种人工操纵的"掠飞"攻顶式反坦克武器,射程为50～2 000 m。导弹在高于瞄准线80 cm飞行,采用下倾30°的空心装药战斗部。图 1-20 所示为该导弹命中目标的过程。"陶"ⅡB 是另一种具有掠飞弹道的攻顶反坦克导弹。该弹在瞄准线上方 1 m 处飞行，安装有两个指向弹轴下方的爆炸成型战斗部。

图 1-20 "比尔"导弹命中目标过程

近几年又出现了超高速动能导弹技术。在 20 世纪 80 年代后期，美国为取代现役"陶"导弹而开始研制"直瞄动能反坦克导弹"（Line-of Sight Anti-tank，LOSAT）。2006 年 1 月，美军将"直瞄动能反坦克导弹"武器系统安装在经过改良的"悍马"多用途车辆上（发射箱设在车顶，可安装 4 枚 LOSAT），在白沙导弹靶场成功地进行了两次发射试验（图 1-21），两枚"直瞄动能反坦克导弹"分别摧毁了距离 2 400 m 处高速运行的两辆 M60 坦克，充分显示了动能导弹对目标的致命杀伤力。据悉，"直瞄动能反坦克导弹"武器系统最大射程 5 km，超过了美军主要车载"陶"反坦克导弹 3.7 km 的最远射程。动能导弹弹长 2.7 m，直径 162 mm，质量 77 kg，导弹的弹头是一枚由碳化钨或贫铀合金制成的高密度重金属杆式弹芯，没有炸药和引信，在 600 m 距离上达到最大飞行速度（约 1 500 m/s），从发射到击中目标的飞行时间在 5 s 之内。为了解决该弹体积大、质量大和价格高等缺陷，美军正在研制"紧凑型动能导弹"。该弹弹长 1.47 m，弹径为直瞄动能导弹的 80%，质量不超过 45.4 kg，与"直瞄动能反坦克导弹"相比，其质量减轻了 40%~50%，达到最大速度的时间缩短了 40%~50%。"紧凑型动能导弹"的作战任务将更加广泛，不仅能对付坦克类装甲目标，还可以攻击工程设施、掩体及人员等非装甲目标。

图 1-21 "直瞄动能反坦克导弹"武器系统（美国）

1.7 远程火箭弹

第二次世界大战以来发展的车载多管远程火箭炮，能在短时间内提供很大的摧毁力。轻型火箭炮的射程为 4 000 ~ 15 000 m，重型火箭炮的射程可达 30 km 以上。其配备的反坦克弹药主要是子母弹。子母弹在国外装备中所占比例逐年扩大，现已达 69.7%，尤其是反装甲子母弹，可以使常规武器在远距离摧毁集群坦克、装甲车辆，并能有效地杀伤有生力量。一发子母弹的杀伤效能相当于常规弹药的若干倍。母弹通常由火箭炮、火炮进行投送，射程可达 20 ~ 40 km。每发母弹携带多枚子弹。子弹主要有破甲子弹、末敏弹和智能反坦克子弹（Brilliant Anti-Tank，BAT）三种。

破甲子弹主要采用破甲战斗部，一般采用触发引信，靠金属射流击穿装甲。俄罗斯研发的 BM-30 "龙卷风"火箭炮配用的 9M55K 子母弹，主要用于打击人员和轻型装甲车辆等目标。其战斗部为 72 个直径为 75 mm 的子弹头，每个重 1.81 kg，该弹配用触发引信，并有自毁装置。1 门火箭炮 1 次齐射可抛出 864 枚子弹药，12 ~ 16 发 9M55K 即可消灭 1 个冲击中的摩托化步兵连。美国 M483 改进型 155 mm 炮弹（图 1-22）年需求量为 64.3 万发，每发母弹装填 88 发破甲子弹，故年破甲子弹需求量为 5 658.4 万发。据报道，远距离间瞄摧毁一辆坦克需发射普通炮弹约 1 500 发，而用 M483 仅需 250 发，即 M483：普通炮弹 ≈ 1:6。国外常采用的破甲子弹战术技术指标：对于硬度为 HB300 的靶板，子弹静破甲深度为 100 mm；转速为 1 000 ~ 4 000 r/min 时的旋转静破甲深度为 80 mm。近年来，国际上子母弹招标项目对破甲子弹提出了更高的要求。

图 1-22　美国 M483 改进型 155 mm 炮弹结构示意图

末敏弹是一种费效比很高的反装甲弹种，其摧毁装甲目标的效率要比破甲子弹提高 20 倍左右。末敏弹的技术难度比末制导弹药要小，因为它只需要"敏感目标"，而不像末制导弹药那样，需要锁定、跟踪直至击中目标。末敏弹的成本只相当于末制导弹药的 1/5~1/4，所以许多国家优先发展这一弹种。美国于 1972 年就完成了末敏弹的概念研究，1985 年突破了关键技术。德国、法国、瑞典和俄罗斯继美国之后也相继开展了末敏弹研究（表 1-7）。目前这些国家在这方面处于领先地位。

表 1-7　国外装备的几种典型末敏弹

国别	美国	德国	瑞典	法国
型号	萨达姆*XM898	SMArt155	BONUS	ACED155
母弹尺寸/mm	φ155×899	φ155	φ155	φ155
子弹尺寸/mm	φ124×136	φ147	—	φ130
子弹质量/kg	11.6	12.5	4/6.5	3
子弹数量/枚	2	2	3/2	3
敏感器体制	毫米波+红外	主、被动毫米波+红外	毫米波+红外	毫米波+双色红外
战斗部种类	EFP	EFP	EFP	EFP
威力	150 m 击穿 152.4 mm RHA	150 m 击穿 101.6 mm RHA	150 m 击穿 108 mm RHA	100 m 击穿 100 mm RHA
应用情况	1992 年装备部队	20 世纪 90 年代装备部队	1993—1994 年投产	1993 年投产

*注：萨达姆——SADARM，Sense And Destroy Armor Munition。

现以美国"萨达姆"XM898 末敏弹为例说明其工作过程（图 1-23）。母弹通常可由 155 mm、203 mm 火炮或多管火箭炮（每发火箭弹可携 6 枚末敏弹）发射到集群装甲目标的上空。在时间引信作用下，母弹开舱，高度为

500~800 m。末敏弹被母弹内的抛射药沿飞行弹道抛出。抛出的子弹大约相距100m，保证各自的扫描区相互衔接，以免击中同一目标或漏掉目标。与此同时，子弹里的定时器Ⅰ开始工作。定时器Ⅰ一方面控制充压空气减速装置在预定时间展开，以降低子弹的落速和转速，保证涡流降落伞打开时不会被撕破；另一方面控制毫米波探测器开始连续测高。当到达预定高度1时，充压空气减速装置脱离，涡流降落伞打开，并同时启动定时器Ⅱ。经过一定时间，定时器Ⅱ控制红外探测器弹出，此时毫米波探测器继续测高。到达预定高度2时，毫米波探测器与红外探测器开始共同探测目标。此时末敏子弹距地高约为150 m，子弹下降速度约为10 m/s，转速为3~4 r/s，弹体轴线与地面垂线成30°左右夹角。其在地面的扫描轨迹是一条逐渐收缩的螺旋线。每枚末敏子弹扫描的范围大约为直径150 m的圆。在此期间若发现目标，则子弹发起攻击，否则自毁。从末敏子弹弹出到命中目标，时间不超过10 s。图1-24为SMArt155末敏子弹照片。

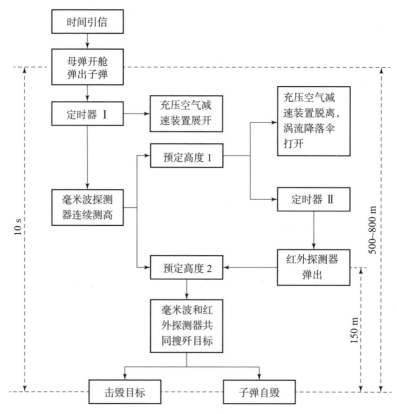

图1-23 "萨达姆"XM898末敏弹工作过程示意图

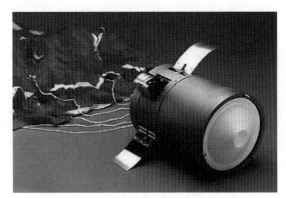

图 1-24 德国 SMArt155 末敏子弹照片

目前的末敏弹普遍采用爆炸成型战斗部（Explosively-formed Projectile，EFP），这是由末敏弹的结构、使用特点所决定的。从表 1-7 所列威力数据可见，该战斗部能够可靠击穿装甲车辆的顶部基体装甲。具备红外敏感体制的末敏弹，主要有效打击部位为装甲车辆动力舱的顶部，个别能够命中炮塔顶部；能够造成车辆起火，影响机动能力甚至作战能力的发挥。

破甲弹的破甲深度对炸高的变化十分敏感，而自锻成型弹片对炸高则不敏感，能在相当于 200~1 000 倍弹径的距离上以稳定的飞行姿态和高着速攻击装甲。

自锻成型弹头的飞行姿态稳定性和速度降对其穿甲性能有较大的影响，要求弹头头部直径较小，向尾部逐渐增大和获得较大的长径比。

近年来，经过不断改进，自锻成型弹头的形状和飞行姿态得到优化和可控（图 1-25），使之能在 100 m 以内，以约 2 000 m/s 的速度攻击装甲目标。自锻成型弹头已具备动能穿甲弹的特点，也有称之为爆炸成型弹头（Explosive Forged Projectile，EFP）。

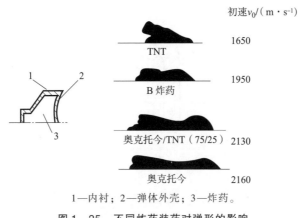

1—内衬；2—弹体外壳；3—炸药。

图 1-25 不同炸药装药对弹形的影响

智能反坦克子弹（BAT）的突出特点是能够自主寻的、探测和摧毁装甲目标。美国的 BAT 是由诺斯罗普公司从 1984 年开始研制的，公开面世是在 1991 年 6 月。由于其性能和结构优于末制导弹药，曾一度被美军当做首选的反装甲子弹药。该弹弹径为 140 mm，长 900 mm，重 20 kg，为滑翔无动力子弹，装有 4 个大折叠弹翼和 4 个曲形尾翼，使弹体具有较低的转速。该弹选用火箭弹或导弹作为母弹发射平台，射程可达 150 km。通常每发母弹内装 3 枚 BAT。BAT 由母弹弹出后，以自由落体降落，采用红外和声学双模传感器（红外传感器在弹体的头部，声学传感器装在 4 个大折叠弹翼的翼端）探测目标（图 1 – 26），一旦锁定目标就自主导向进行攻击。其战斗部为串联装药破甲战斗部。

图 1 – 26　美国研制的 BAT

1.8　战斗部侵彻过程

1.8.1　穿甲过程

图 1 – 27 为 3 种实心动能穿甲弹的结构示意图。实心穿甲弹弹头结构的改进，主要是为了提高性能以防止倾斜着靶时跳弹（Ricochet）和提高弹体强度以避免着靶时碎裂。

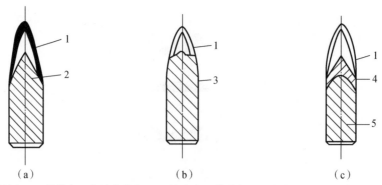

1—风帽；2—单体实心穿甲弹弹头；3—钝头穿甲弹弹头；4—被帽；5—被帽穿甲弹弹头。

图 1 – 27　实心动能穿甲弹结构示意图

(a) 单体实心穿甲弹；(b) 钝头穿甲弹；(c) 被帽穿甲弹

实心穿甲弹着靶时的终点弹道要比枪弹复杂。图1-28为其终点弹道的典型状态。

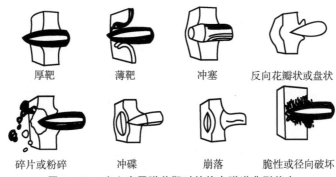

图1-28　实心穿甲弹着靶时的终点弹道典型状态

20世纪50年代，100 mm坦克炮发射的实心动能穿甲弹，当弹丸重约15 kg、着速在850 m/s左右时，可以穿透100 mm厚的标准均质装甲钢板。实心穿甲弹的动能虽然相当高，但往往由于弹径较大，传递到装甲钢板上的单位面积能量较低，不易穿透装甲。如坦克的装甲结构不良，不具备缓冲作用时，实心穿甲弹虽然不能穿透装甲，但依然可以使乘员或车内装备遭受损害和失去战斗能力。

20世纪70年代以来，次口径动能弹出现，其穿甲性能显著优于实心穿甲弹，使实心穿甲弹被逐渐淘汰。

实心穿甲弹的着速不高，穿甲能力（穿甲深度）与弹的直径相差不多。多年来计算实心穿甲弹穿甲性能的方法一直沿用法国人Jacob De Marre于1886年提出的经典公式，按实际应用条件进行修正，求出穿甲系数K，作为检验弹与靶的性能指标。

$$K = v_c \frac{m^{0.5}\cos\theta}{d^{0.75}T_0^{0.7}} \tag{1-3}$$

式中　K——穿甲系数；

　　　v_c——弹丸的穿甲极限穿透速度（m/s）；

　　　m——弹重（kg）；

　　　T_0——装甲厚度（dm）；

　　　d——弹径（dm）；

　　　θ——倾角，即弹丸着靶时入射方向与靶板法线的夹角（°）。

穿甲系数K的范围较宽，这同样因装甲材料力学性能、弹丸结构和其他因素的不同而使其数值范围扩宽。K值实际上仍属同一技术条件下穿甲性能的对比数值，不能用来对弹丸穿甲性能作单独评价。铸造装甲钢的K值为1 000～

1 500，标准均质装甲钢板的 K 值为 2 000～2 500。

1. 硬芯穿甲弹

图 1-29 为硬芯穿甲弹（Hard Core，Armor Piercing，AP）的结构示意图。

硬芯穿甲弹着靶时，在正常状态下，穿甲弹的风帽和弹体外壳，在击中靶板的"开坑"（Cratering）过程中均已破坏，仅有合金钢芯或重金属芯因具有高硬度和高单位截面面积动能，可以继续击穿装甲。

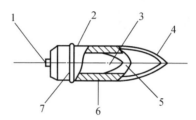

1—曳光管；2—弹体；3—硬芯；4—风帽；5—被帽；6—定心带；7—弹带。

图 1-29　硬芯穿甲弹的结构

硬芯穿甲弹的基本原理是提高单位截面面积上的动能，也即初期的次口径弹原理。由于弹的结构所限，硬芯穿甲弹的穿甲性能提高幅度虽不如次口径穿甲弹大，但仍然具有相当可观的穿甲能力，所以在中小口径穿甲武器中仍然广为采用。图 1-30 为瑞士 Oerlikon 30 mm 硬芯穿甲弹在 40 mm 厚装甲板（RHA）上造成的弹孔，射距 1 000 m，着靶速度 v_s 为 1 268 m/s，倾角 α 为 30°。

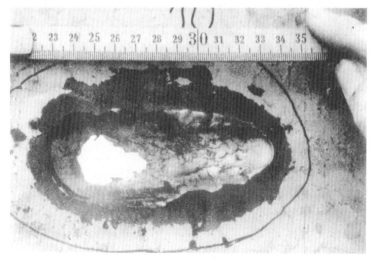

图 1-30　硬芯穿甲弹弹坑

2. 次口径脱壳穿甲弹

图 1 – 31 为旋转稳定次口径脱壳穿甲弹（Armor Piercing Discarding Sabot, APDS）的结构示意图及脱壳过程示意图。钨合金弹芯直径较火炮内膛直径小很多，由与火炮口径相同的轻合金弹托夹持。发射时，弹托携带弹芯高速飞离火炮（$V_0 \approx 1\,500$ m/s）。弹丸出膛后，因弹丸旋转时的离心力作用，弹托甩出，与弹芯脱开，只剩弹芯打击在装甲上。弹芯截面面积小，以重金属制成，因而弹芯截面密度显著增加，所以单位截面面积的动能也显著增加，穿甲能力随之相应增强。

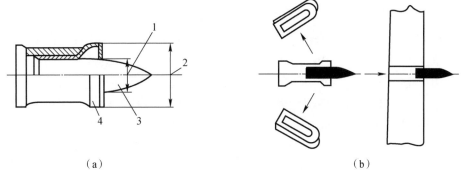

1—弹芯径；2—弹径；3—弹芯；4—弹托。

图 1 – 31 次口径脱壳穿甲弹的结构及脱壳示意图

(a) 结构示意图；(b) 脱壳示意图

1942 年，H. E. Wessman 和 W. A. Rose 提出说明穿甲能力与截面密度和着靶速度关系的经典公式如下：

$$T = K_1 \frac{M}{A} \ln(1 + K_2 v_s^2) \tag{1-4}$$

式中 T——穿甲深度；

M——弹丸质量；

A——弹丸截面面积；

v_s——弹丸的着靶速度；

K_1、K_2——常数，与弹丸头部形状和靶密度等有关。

从式（1 – 4）得出，穿甲深度 T 与弹丸截面面积成反比，与质量成正比，与着靶速度平方根的自然对数成正比。

式（1 – 4）也可写成如下形式：

$$T = K_1 \rho L \ln(1 + K_2 v_s^2) \tag{1-5}$$

式（1 – 4）与式（1 – 5）中，M/A 为穿甲弹的截面密度，ρ 为弹体密度，

L 为弹的有效长度,均与穿甲深度 T 成正比。式(1-4)与式(1-5)的物理概念酝酿着更高截面密度的尾翼稳定重金属长杆形次口径穿甲弹的出现。

旋转稳定脱壳穿甲弹首先由英国前皇家兵工厂在 20 世纪 50 年代初期推出,并用于 105 mm 坦克炮,美国等西方国家多有装备。

20 世纪 60 年代初,苏联在入侵我国珍宝岛时首次使用了 115 mm 滑膛坦克炮(T-62 坦克)发射尾翼稳定长杆形脱壳穿甲弹,穿甲性能优于旋转稳定次口径脱壳穿甲弹。此后,旋转稳定次口径脱壳穿甲弹逐渐退出历史舞台。

3. 长杆形尾翼稳定脱壳穿甲弹

图 1-32 为长杆形尾翼稳定脱壳穿甲弹(APFSDS)结构示意图。长杆形次口径穿甲弹的截面面积大幅度减小,所以外弹道上风阻很小,初速在 1 500 m/s 时,弹丸每千米的飞行速度降可以低于 50 m/s。弹体细长的重金属弹头的长径比可以达到 30∶1。所以弹丸在击中目标时,可以在很小的投影面积上集中极大的能量,产生很高的动态压力,其强度高出弹与靶材强度一个数量级以上。此时二者均呈现黏稠状态的流动(图 1-33)。穿甲过程可用压缩流体动力学模型表示,即

$$T = L \sqrt{\frac{\rho_p}{\rho_t}} \qquad (1-6)$$

式中　T——穿甲深度;

　　　L——弹的有效长度;

　　　ρ_p——弹密度;

　　　ρ_t——靶密度。

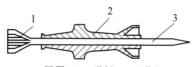

1—尾翼;2—弹托;3—弹芯。

图 1-32　长杆形尾翼稳定脱壳穿甲弹结构示意图

从式(1-6)可以看出,T 与 L 有一定关系。当弹与靶呈垂直穿甲、着速 ≥3 000 m/s 时,才能以上述纯流体公式表示,否则应通过试验对公式予以修订。

长杆形次口径穿甲弹出现以后,英国、美国、德国、法国、以色列等国家竞相研制该种弹。20 世纪 60 年代初期苏联 115 mm 弹的弹体以合金钢及碳化钨芯制成,长径比为 12∶1,初速约 1 600 m/s,在 600~700 m 距离上可击穿 150 mm RHA/60°。20 世纪 70 年代末期以色列研制的 105 mm 变形钨合金弹长径比也为

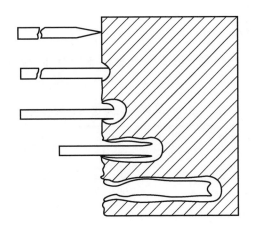

图 1-33 长杆形穿甲弹在靶内流动示意图

12∶1，初速 1 455 m/s，在 2 400 m 距离上可击穿约 150 mm/60°RHA。20 世纪 90 年代中期瑞士研制 120 mm 变形钨合金弹，长径比为 20∶1，初速 1 700 m/s，在 3 000 m 距离上可击穿 550 mm RHA（约相当于 250 mm RHA/60°）。

近代长杆形次口径动能穿甲弹的发射膛压已超过 700 MPa，加速度≥600 000 m/s^2，初速为 1 700～1 800 m/s，穿甲深度已超过 800 mm RHA。目前长杆形次口径动能穿甲弹的材料和结构仍在不断改进之中，穿甲性能仍有提高的余地，成为装甲防护技术的主要威胁。

图 1-34 说明了动能穿甲弹穿甲性能的增长趋势。20 世纪 70 年代中，穿甲性能的迅速增长，为长杆形次口径动能穿甲弹的出现所致。

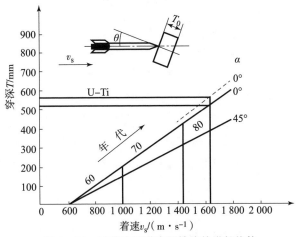

图 1-34 动能穿甲弹穿甲性能的增长趋势

1.8.2 破甲过程

炸药爆炸后，所产生的能量很高（表1-8），可以利用此化学能转变成具有穿甲能力的机械能。

表1-8 炸药爆炸后爆轰波起始参数

空气爆轰波起始参数	TNT	黑索今	泰安
装药密度/（g·cm^{-3}）	1.6	1.69	1.69
爆速/（m·s^{-1}）	7 000	8 200	8 400
爆轰波压力/MPa	57	76	81
爆轰波速度/（m·s^{-1}）	7 100	8 200	8 450
爆轰波阵面后空气速度/（m·s^{-1}）	6 450	7 450	7 700

图1-35所示为聚能装药破甲弹战斗部的结构示意图。如图1-35所示的聚能装药破甲弹战斗部包括以下主要部件：弹头头部有一长度等于最佳炸高的鼻锥，前端部装有压电引信，薄壁铜制锥形药型罩，炸药装药（通常为B炸药），尾部的起爆系统和尾翼。

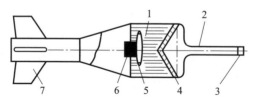

1—炸药装药；2—前伸杆（鼻锥）；3—压电引信；
4—铜药型罩；5—隔板；6—起爆药；7—尾翼。
图1-35 聚能装药破甲弹战斗部结构图

为了提高破甲弹的破甲威力，在聚能装药中植入一异形，如半球形、截锥形的惰性材料（多采用聚苯乙烯）或低爆速炸药制成的隔板（Separating Plate），以改变爆轰波传播速度和波形，提高爆轰波施加在药型罩表面上的压力和提高射流的速度。图1-35中示出隔板在破甲弹装药结构中的位置。

当弹头撞击靶时，压电引信引爆起爆系统。在几微秒内，锥形铜药型罩被加速，并转变成一个细长的高温、高压、高速的金属射流，其尖端速度可达8 km/s，如图1-36所示。

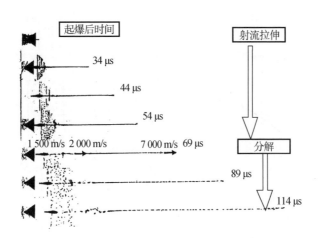

图 1-36　聚能装药射流的动态性能（40 mm/60°泰安炸药）

聚能装药破甲弹战斗部的破甲作用靠具有一定质量和高速的金属射流的动能击穿装甲，如图 1-37 所示。

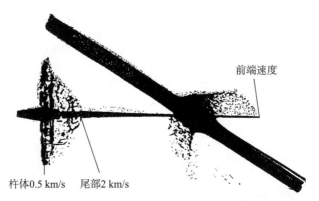

图 1-37　射流击穿装甲示意图

聚能装药战斗部形成的射流尾部速度较低，如图 1-36 所示，当 69 μs 时，速度降为约 2 000 m/s。射流自前端至尾部的速度分布约呈线性递减。由于射流的速度梯度，使射流被逐渐拉伸以致断裂，产生大量的纺锤状单体铜颗粒。断开的颗粒倾向于脱离原射流的前进方向。经过一定时间后，即射流飞行一段距离后，失去破甲能力。聚能装药战斗部的炸高对破甲能力有较大的影响。图 1-38 的曲线说明了炸高与破甲深度的关系。

聚能装药的破甲机理与长杆形动能穿甲弹的穿甲机理相似，其破甲射流生成与破甲过程如图 1-39 所示。

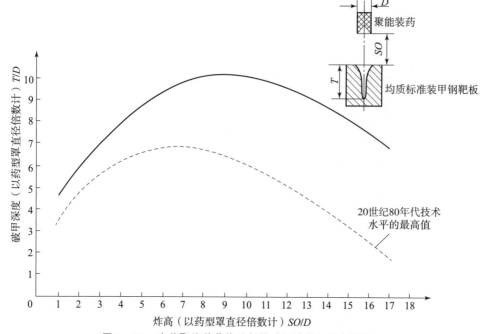

图1-38 当前聚能装药战斗部的破甲性能与炸高的关系

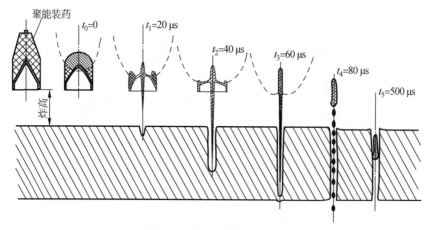

图1-39 聚能装药战斗部的破甲射流生成与破甲过程

破甲过程的压缩流体动力学模型同样为

$$T = L\sqrt{\frac{\rho_p}{\rho_t}} \tag{1-7}$$

式中 T——破甲深度;

L——射流有效长度;

ρ_p——射流密度；

ρ_t——靶密度。

式（1-7）应用在射流着速 $v_s \geqslant 3\,000$ m/s 的情况，如着速低于 3 000 m/s，则 T 将低于计算值。式（1-7）在采用精密装药和固定静破甲试验条件进行试验修订后，能达到一定的精度，但仍不能代替生产中品质检验的射击试验。

聚能装药破甲弹在近代战争中使用频率十分高，为反装甲武器中的重要成员，也为装甲车辆的主要防护对象。

聚能装药破甲弹的破甲性能逐年有所增长，参见图 1-38。

1.8.3 爆炸成型战斗部侵彻过程

图 1-40 所示为聚能装药自锻成型弹的战斗部结构示意图。自锻成型弹的战斗部与聚能装药破甲弹的锥形装药战斗部不同，为一装有炸药的圆筒，其开口端上盖一凹形金属盖板。炸药装药被弹底引信引爆后，产生约 30 GPa 的压力。盖板由于其中央部分为凹形，受到较高的冲量，使之在高应变速率下具有良好塑性的金属盖板中央部分受到较高加速度的影响，首先变成凸出形状。经过数百微秒后，盖板成为含有很高动能的弹头，即自锻成型弹头（图 1-41），并以极高的速度（>3 000 m/s）向外射出，可以穿透中等厚度的装甲钢板。

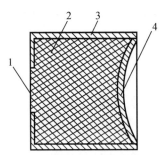

1—起爆中心点；2—装药；3—弹体外壳；4—金属盖板。

图 1-40 聚能装药自锻成型弹的战斗部结构示意图

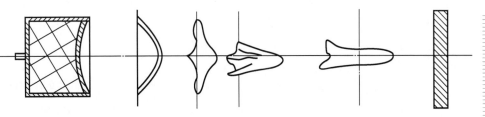

图 1-41 自锻成型弹的穿甲过程

通常 EFP 装有毫米波引信作为空降攻击装甲车辆顶装甲的武器，装有遥感电子引信作为陆用攻击装甲车辆侧装甲的武器。图 1-42 为奥地利的路边攻击坦克侧装甲的 SM1 22/7C EFP 反坦克雷。图 1-43 为该地雷击穿苏联 T 系列坦克侧装甲的弹孔图片。T 系列坦克侧装甲厚约 80 mm。反坦克雷与侧装甲距离为 50 m，相当于该雷自锻成型弹头直径的 280 倍。

图 1-42　奥地利的反坦克雷

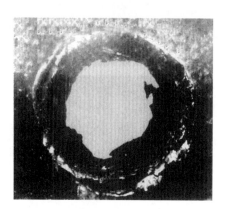

图 1-43　反坦克雷击穿 T 系列坦克侧装甲后留下的弹孔

1.9　小结

综上所述，现在常规反坦克武器的各种发展及其区别，许多都是在发射或运送以及制导手段上。对于防护设计更为重要的是，归纳、研究各种常规攻击武器破坏坦克和装甲车辆的原理，有针对性地采取防护措施，并为防护设计提供合理的边界条件。由前文可见，反装甲武器的种类多样，型号繁多。但是，仅从毁伤机理角度来说，基本可以分为穿甲型战斗部、破甲型战斗部、破片型战斗部和爆炸成型战斗部 4 种（图 1-44）。

在这 4 种威胁中，破甲弹和穿甲弹对装甲车辆的威胁最大，是装甲防护技术要重点解决的问题。作为装甲防护技术的研究人员首先要对穿甲和破甲的基本过程形成基本的认识，以便为装甲防护技术研究以及结构设计奠定理论基础。

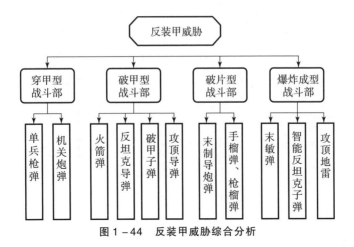

图 1-44 反装甲威胁综合分析

破甲弹可以用多种武器发射，战场上使用频率很高，所以设计装甲车辆的防护系统时对破甲弹的抵御相当重视，正在发展中的主动防护措施首选的防护对象为破甲弹。破甲弹的飞行速度低，虽然金属射流速度高，但容易受到干扰；同时，由于其总打击能量低，所以容易被特种装甲所抵御，如复合装甲、反应装甲和正在发展中的主动装甲对防御破甲弹都是比较有效的。

长杆形次口径动能穿甲弹的发射速度高，命中精度高，打击能量大，弹体飞行姿态稳定，不易受干扰，所以装甲防护系统对长杆形穿甲弹的防护效率一直难以提高。

图 1-45 为同一口径的两种弹在均质装甲钢板上形成弹坑的对比。长杆形次口径动能穿甲弹的打击能量和弹坑体积均高出破甲弹 4 倍。这是从事装甲防护研究人员应予以重视的问题。

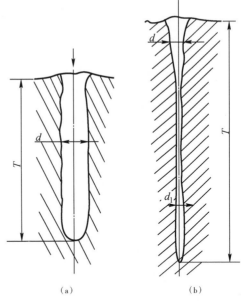

图 1-45 100 mm 穿甲弹与 100 mm 破甲弹性能对比

(a) 穿甲弹弹坑；(b) 破甲弹弹坑

第 2 章
装甲防护技术体系

2.1 概　述

　　自古至今，战争的状态就是有矛就有盾，二者之间此起彼伏、相互促进、共同发展。从冷兵器时代的刀、枪、弓、弩等"矛"，以及由兽皮、藤条和后来的青铜、铁为主要材料结构的甲、盾和胄（盔），再到热兵器时代的装甲与反装甲武器，构成了一部内容丰富的矛与盾相互竞争的历史。

　　装甲防护技术是在武器发展过程中和战场环境不断改变的条件下逐步发展起来的一项技术。20世纪以来，现代装甲防护技术融汇了大量现代科学技术的新成就，发展成为一门新的工程应用技术。它是武器装备系统中不可缺少的一个重要领域。此项技术涉及技术专业面宽，内涵丰富，应用范围广，因而已经形成一个技术系统。

　　按照系统工程的观点，装甲防护属于坦克装甲车辆的分系统之一。坦克装甲车辆的四大分系统分别为火力、防护、动力、电子信息（图2-1）。坦克装甲车辆的这四大性能综合起来代表着坦克的综合性能，决定了坦克的作战能力和战场生存力。这四大性能孰重孰轻，无一定论，却是缺一不可。但是我们认为防护性能是基础，否则就不能称其为"坦克"。

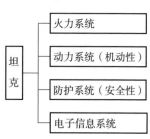

图2-1　坦克的四大分系统

随着现代反装甲武器的发展以及战场环境的变化,尤其是电子信息技术的发展,传统的装甲防护技术已经远远不能满足陆军车辆战场生存力的需求。于是采取系统防护的方法被认为是一种行之有效的应对措施。图2-2为陆军车辆综合防护系统示意图。

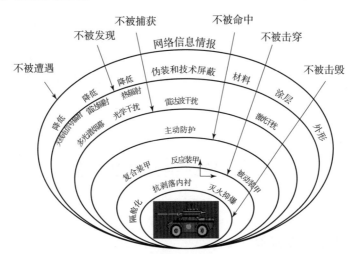

图2-2 陆军车辆综合防护系统示意图

坦克装甲车辆综合防护系统是一个系统的防护,主要包括6个层次:不被遭遇;不被发现;不被捕获;不被命中;不被击穿;不被击毁。

(1) 不被遭遇

未来战斗系统的核心是网络,通过网络信息情报系统使每个战斗系统共享信息,一起行动。在今天的战场上,能否接收到实时信息对取得胜利至关重要。要做到先敌发现、先敌获悉。这样就可能避免被遭遇,做到先敌攻击,先发制人。

(2) 不被发现

通过伪装和技术屏蔽手段降低车辆明显的外形和辐射特征,降低热辐射、雷达辐射、天线电信号辐射等信号特征,减少被发现的概率。

(3) 不被捕获

利用多光谱烟幕、光学干扰、雷达波干扰、激光干扰等,让敌方抓不到目标。

(4) 不被命中

利用主动防护技术,探测并毁伤敌方弹药;干扰敌方观瞄系统,削弱精确制导武器导引头工作效率,使其失效,致使敌方弹药无法命中。

(5) 不被击穿

利用传统的装甲防护技术，被动装甲，如复合装甲、模块化装甲、反应装甲，使敌方弹药无法击穿。

（6）不被击毁

加装装甲抗剥落内衬、自动灭火抑爆设备、隔舱化设计等，避免中弹后二次效应，使车辆即使被击穿后，也不被击毁。

只有利用系统的防护，层层把关，提高坦克的总体防护能力，才能最大限度地提高坦克的战场生存力。上述6个环节中第5个环节不被击穿是最重要的环节。也就是说，传统的装甲防护技术仍然是保证坦克装甲车辆战场生存力的重要基础。

2.2 装甲防护技术的发展

2.2.1 国外发展概况

1915年，装甲钢在世界第一辆坦克上得到应用，标志着现代装甲防护体系开始建立。当时采用的装甲钢板厚度为5~10 mm，只能防枪弹及弹片。20世纪30年代中期，坦克装甲厚度增加到了50~60 mm，可以防御当时的炮弹。第二次世界大战期间，坦克均质装甲的最大厚度达到100 mm，结构也发生了变化，可以防御当时的大口径穿甲弹。1940年后，聚能装药破甲弹在战场上用于对付坦克，使坦克装甲的防护能力相形见绌。

第二次世界大战以后，破甲弹的威力不断提高，于是屏蔽装甲和间隙装甲应运而生。另外，各国普遍在坦克车辆的侧面安装裙板，用以防御破甲弹对车辆履带的攻击。

20世纪60年代末，美国首先在飞机、小型舰艇和轻型车辆上采用了复合装甲，后又将陶瓷薄复合装甲用于飞机。

20世纪70年代初，联邦德国首先在"豹"Ⅰ A3坦克炮塔上安装间隙装甲和其他改进的结构装甲。

20世纪70年代中期，苏联主战坦克（T-72）前装甲上首先采用了金属与非金属厚复合装甲。1972—1976年间英国为伊朗生产的主战坦克"伊朗狮"（Shir Iran），即"奇伏坦"坦克改进型，在炮塔和车体上装备了自称为划时代的、坚不可摧的"乔巴姆"（Chobham）间隙复合装甲。同期，美国XM1主战坦克还采用乘员与易燃易爆物分隔的间隔防护技术。

20 世纪 80 年代初，以色列坦克在中东战场上首次装备了防破甲弹的爆炸式反应装甲。这是装甲防护技术中除了采用金属、非金属材料外，首次使用了含能材料，是装甲从被动的静态防护转变为反应式动态防护的一项技术突破。此后，不少国家竞相开始研制既能防御破甲弹，又能防御动能穿甲弹以及串联战斗部的反应装甲。

20 世纪 80 年代末期，美国宣布 M1A1 坦克以新研制成功的贫铀装甲替换了"乔巴姆"装甲，并称贫铀装甲为改进 M1A1 坦克的全面防护能力作出了重大贡献，其防破甲弹性能至少与"乔巴姆"相当，而抗长杆形穿甲弹能力则较高。此后，英国又宣布了"乔巴姆"装甲也有了改进型，具有防破甲与防穿甲同等有效的特点。

进入 21 世纪，反装甲武器的破甲性能已超过 1 500 mm 均质装甲钢板，穿甲性能已接近 900 mm 均质装甲钢板。现有的装甲防护技术在这样威力强大的反装甲武器威胁下，正酝酿着新概念防护技术的生成。装甲向着模块化发展，采用组合装甲方式将不同结构和抗弹作用的装甲单元组合应用共同完成对不同弹药的防护功能。此外，应用先进的探测及毁伤技术的主动防护技术大量装备于主战坦克。如俄罗斯 T80U 坦克装备了"竞技场"（Arena）主动防护系统，以色列"梅卡瓦"坦克装备了"战利品"（Trophy）主动防护系统和"铁拳"（Iron Fist）主动防护系统。现有的主动防护技术对速度小于 1 000 m/s 的破甲弹和反坦克导弹有很好的防护效果，但是对高速的动能穿甲弹尚不能提供有效的防护。

这些新的防护技术的出现给装甲车辆采用轻质材料、实现车辆轻量化提供了有力保证。

前述的综合防护系统的各种防护技术被认为是有效的防御反坦克弹药的应对措施。但是在电子信息化高速发展的今天，仅仅依靠传统的装甲防护技术已经不能满足坦克战场生存力的要求。不过应当强调的是，装甲防护技术永远是坦克生存力的基础。

2.2.2　国内发展概况

自中华人民共和国成立伊始，我国就开始开展现代装甲的研究与生产。在材料工业和有关部门合作之下，从无到有，取得了巨大进展。1957 年，国内试制成功轧制的厚装甲钢板。1958 年，试制成功重型装甲钢铸件。此后，装甲科研和生产走上不断发展的道路。

20 世纪 60 年代相继研究成功多个适合我国资源情况和开发新型产品所需的装甲钢种，70 年代至今相继研制了适合坦克及轻型装甲车辆应用的薄、中、

厚不同系列的装甲钢种。

半个多世纪以来，随着反装甲弹药技术的发展，我国现代装甲防护技术的研究从均质装甲、复合装甲、惰性反应装甲、爆炸反应装甲、特种装甲一路走来，并取得了显著的成果。同时，有关装甲防护理论以及抗弹机理的研究也取得了一定的成绩，形成了一支强大的从事装甲科研和生产的技术队伍，并且配备了相应的技术装备。相信在未来的装甲防护技术科研与生产中将会取得更大的成就。

|2.3　装甲防护技术体系|

装甲防护技术是在武器发展过程中和战场环境不断改变的条件下逐步发展起来的一项技术。此项技术为人员、车辆、战斗机、战舰、航天器、防御工事、建筑物等的安全提供防护服务。

历史发展表明，没有现代装甲防护，就不能构成现代武器系统。由于主战坦克和装甲车辆的装甲防护系统技术要求最为严格，又系大量生产的产品，所以不仅要求其防护系统对多种反装甲武器具有防护能力，而且要求整个系统有尽可能小的质量、占有最小空间、优良的加工性能和理想的成本。所以主战坦克装甲防护系统的技术难度很大，它的发展带动着整个装甲防护技术的发展。近代战例说明，现代装甲防护技术大幅度地提高了人和武器系统的战场生存能力与作战能力。西方评论家讲："如果没有近代复合装甲技术，主战坦克就进不了21世纪。""反应装甲的出现几乎宣告了聚能装药破甲弹的灭亡。"尽管有些言过其实，但也从侧面说明了装甲防护技术的重要性。所以，通过主战坦克装甲防护技术的演变可以看出现代装甲防护技术系统的形成梗概。现代装甲防护体系包括均质装甲、复合装甲、结构装甲、惰性反应装甲、爆炸反应装甲和新概念装甲等内容，现代装甲防护技术体系已经形成，如图2-3所示。

我们也可以把除均质钢装甲以外的装甲都称为特种装甲，各种装甲的防护能力以防护系数来衡量。如果均质装甲钢的防护系数为1，其余特种装甲的防护系数一般均大于1。因此可以说现代装甲防护技术的发展主要是进行特种装甲技术研究，就是要用最小的质量达到最优的防护效果，这样才能达到坦克等装甲车辆实现轻量化的目的。

第 2 章　装甲防护技术体系

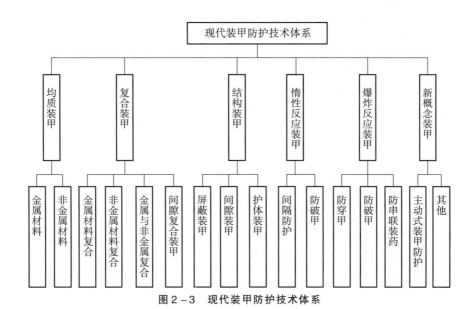

图 2-3　现代装甲防护技术体系

装甲防护系统由装甲防护材料技术、装甲防护结构单元技术、装甲防护集成技术与众多的支撑性应用基础技术组成，如图 2-4 所示，其中装甲防护材料技术、装甲防护结构单元技术和装甲防护集成技术三个分系统直接服务于大系统。这三个分系统之间存在着一定的交叉，应用基础技术支撑着装甲防护技术系统。

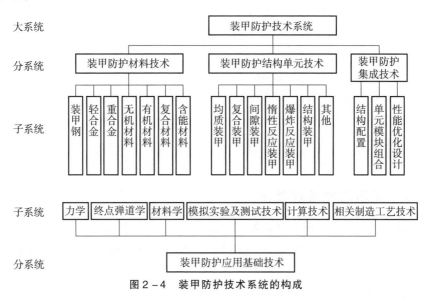

图 2-4　装甲防护技术系统的构成

045

2.3.1 装甲防护材料技术

装甲材料是装甲防护系统的物质基础。装甲材料既可作为均质装甲单独使用，也可组成结构单元，从而组合成具有各种功能的特种装甲。

装甲材料基本上均属优质工程结构材料，但具有特殊的物理和化学性能，以适合装甲防护和工程结构的需要。装甲防护材料研究是指为提高装甲防护性能和工程结构性能而进行的新材料开发和应用研究工作。由于材料对装甲的防护性能有着重要的影响，所以其科研成果通常在各个国家内均被视为机密，解密周期颇长。

2.3.2 装甲防护结构单元技术

能够发挥装甲防护作用的不可再分的最小结构实体称为装甲防护结构单元。装甲防护结构单元是构成均质装甲之外的各种类型装甲的基础。装甲防护结构单元既可以单独使用，也可以模块形式组合成特种装甲使用。

装甲防护结构单元研究是一项寻找和创造新型结构单元，以改进现有结构单元性能，发现和利用各种结构效应的技术。结构单元技术的提高，必然带来整个系统性能的提高。新概念结构单元的出现，往往会给系统的防护性能带来新的突破。所以，装甲防护结构单元技术是当前装甲防护技术的重点研究内容。

新结构单元的开发是十分消耗人力、物力、财力和时间的工作，而且常常是沿袭原有概念逐步改进和提高而得来的。所以装甲防护结构单元技术的科研成果比材料领域的成果更需保密，甚至研究方法也在严格保密之列。西方国家某种结构单元技术从研制、应用到改进，迄今已有50多年尚未解密，这在应用技术领域是罕见的。

已知的装甲防护结构单元有复合装甲结构单元、间隙装甲结构单元、间隔装甲结构单元、反应装甲结构单元、动态装甲结构单元以及正在研究中的若干种新型装甲防护结构单元等。

2.3.3 装甲防护集成技术

装甲防护材料和装甲防护结构单元通过组合或集成形成装甲防护系统，即应用于各种整体的装甲防护系统，如主战坦克、装甲车辆、舰船、飞机和防御工事等。

装甲防护集成技术是研究材料和结构单元在一定条件下如何获得最高防护效益的一项技术，它与被防护产品的设计结构密切关联。

装甲防护集成技术包括单元组合、结构配置和系统综合优化设计等技术。

2.3.4　装甲防护的应用基础技术

装甲防护材料技术、结构单元和集成技术的发展有赖于众多基础技术（包括基本理论）的支撑。一个国家的装甲防护技术水平在一定程度上反映了其基础理论技术的水平。装甲防护应用基础技术的研究为上述三个方面的技术提供作用机理、技术途径、研究方法和各项试验与测试手段。

装甲防护的应用基础技术主要包括固体力学、流体力学、弹塑性力学、爆炸力学、终点弹道学、材料科学、材料动态力学、模拟试验技术、测试技术、计算机计算与仿真技术以及众多的有关制造工艺研究技术。

第 3 章

装甲抗弹效应

3.1 概述

抗弹效应主要指装甲各种结构、材料性能等因素对抗弹性能的影响。结合长时间的侵彻机理分析和应用经验,复合装甲抗弹效应主要包括倾角效应、间隙效应、厚度效应、尺寸效应、形状效应和方向效应等。反应装甲抗弹效应主要包括偏转效应、角度效应、间距效应、动态板厚等。

随着装甲防护研究的深入和技术领域的拓展,将会不断发现新的结构效应。充分利用各种抗弹效应是进行装甲防护设计的技术核心和基础。

3.2 复合装甲抗弹效应

3.2.1 倾角效应

1. 倾角效应概述

弹丸倾斜着靶的概率最高,所以倾角效应是装甲结构抗弹效应中最重要的因素。装甲的弹着点处平面的法线与水平线,即与入射线的夹角为倾角,通常

以 θ 表示。间隙复合装甲有内、外倾角之分,内倾角指装甲内部结构件平面的倾角,外倾角指装甲外表面板的倾角。内、外倾角可以相同,也可以不同。

装甲倾角的变化对抗弹性能有不同的影响,称为倾角效应。当倾角增大时,装甲抗弹能力提高,称为正效应;当倾角增大时,装甲抗弹能力下降,称为负效应;装甲倾角变化时,装甲抗弹能力不变,称为零效应。

倾角效应是研究有限厚度装甲板的倾角、穿甲深度与弹的穿甲威力三者之间的关系,其关系曲线称为倾角效应图。倾角效应图通常是在一个参数不变的前提下,反映另一个参数与倾角之间的关系。倾角效应图反映了不同情况下装甲抗弹性能随倾角不同的变化规律。不同弹种,倾角效应也有所不同,有时出现相反的规律。因此,随着防御弹种的变化,装甲防护设计也应作相应的调整。

1) 倾角效应图的类型

根据固定的参数及穿甲深度的表征量不同,倾角效应图有 5 种类型:
(1) 击穿极限与倾角的关系。

装甲垂直厚度 T_0 不变,击穿极限 v_{50} 与装甲倾角 θ 的关系(以下简称 a 类图)。图 3-1 为 v_{50} 与 θ 的关系曲线,T_0 固定不变。

(2) 装甲垂直厚度与倾角的关系。

弹的穿甲性能不变,装甲垂直厚度 T_0 与装甲倾角 θ 的关系(以下简称 b 类图)。图 3-2 为 T_0 与 θ 的关系曲线,弹的穿甲性能,即 v_{50} 固定不变。

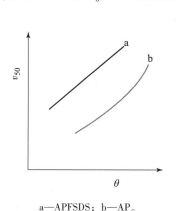

a—APFSDS;b—AP。

图 3-1 v_{50} 与 θ 的关系示意图

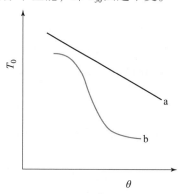

a—APFSDS;b—AP。

图 3-2 T_0 与 θ 的关系示意图

(3) 装甲实际穿深与倾角的关系。

弹的穿甲性能不变,装甲实际穿深 T_r 与装甲倾角 θ 的关系(以下简称 c 类图）。图 3-3 为 T_r 与 θ 的关系曲线，v_{50} 固定不变。

（4）击穿极限与水平厚度的关系。

装甲的水平厚度 T_h 不变，击穿极限 v_{50} 与装甲倾角 θ 的关系（以下简称 d 类图）。图 3-4 为 v_{50} 与 θ 的关系曲线，装甲水平厚度固定不变。

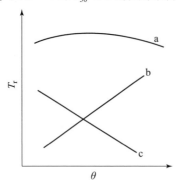

a—HEAT；b—APFSDS；c—AP。

图 3-3　T_r 与 θ 的关系示意图

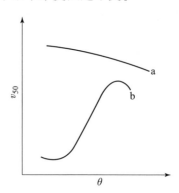

a—APFSDS；b—AP。

图 3-4　v_{50} 与 θ 的关系示意图

（5）装甲防护系数与倾角的关系。

弹的穿甲性能不变，装甲防护系数 N 与倾角 θ 的关系（以下简称 e 类图）。图 3-5 为 N 与 θ 的关系曲线。

a 类图及 b 类图（图 3-1 及图 3-2）中穿甲深度通过装甲垂直厚度值表示出来。当装甲倾角变化时，防护面密度受到余弦因素的影响而变化。此两类效应图不能直观地反映装甲抗弹性能与倾角的关系，但符合实际应用情况，故得以广泛应用。

c 类图及 d 类图（图 3-3 及图 3-4）采用了穿甲深度这一参数，排除了余弦因素的影响，能直观地反映装甲抗弹性能与倾角的关系，但对穿甲弹而言，实际测定穿深比较困难，所以 c 类图及 d 类图较少采用。

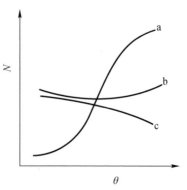

a—AP；b—HEAT；c—APFSDS。

图 3-5　N 与 θ 的关系示意图

将图 3-3 中的水平穿深（或面密度）转换为防护系数，即得到图 3-5（e 类图），此类图直接表示出装甲防护系数与倾角的关系。图中曲线的变化趋势与图 3-3 中的正好相反。

a 类图及 b 类图中存在余弦因素的影响。当一厚度为 T_0、倾角为 0° 的装甲板，使其倾角 θ 增大时，其水平厚度 T_h 也相应增大。水平厚度 T_h 为垂直厚度 T 的 $1/\cos\theta$ 倍，由于水平厚度增大，装甲的抗弹能力也相应增大。

从 a 类图及 b 类图中不能直接看出装甲抗弹能力的增减，应将倾角效应曲线中的 θ 值换算为 $T_0/\cos\theta$ 值，即水平厚度 T_0 作比较。

2）倾角效应的抗弹规律

当弹靶相互作用时，从垂直着靶转换为倾斜着靶时，其相互作用机理发生变化。某些作用因素有利于提高抗弹能力，而某些因素却不利于提高抗弹性能，有利因素与不利因素综合作用的结果决定了倾角效应的最终规律。

（1）不对称力的作用使弹丸易于破碎或跳飞。

弹丸垂直着靶时受到的装甲的反作用力是对称的，而在倾斜着靶时，这种反作用力是不对称的。不对称作用力的分力使弹体受到一种横向力作用。此种横向作用力引起弹体断裂或跳飞。

随着倾角的增大，弹体所受横向力增大，从而增加弹丸破断或跳飞的可能性。图 3-6 所示为根据试验得出的弹丸完整性随倾角和打击速度 v_s 变化的状态图。抗弹极限值的 S 形曲线与弹丸形态有一定对应关系，即弹丸形态变化的临界角与抗弹极限值 S 形曲线中拐点处角度相吻合。这说明，弹丸破坏形态对提高装甲抗弹能力起着主导作用。加大倾角，将加剧倾斜穿甲过程中弹体不破坏倾向。如果弹体不破坏，则增加跳飞的可能。总之，有利于提高装甲的抗弹能力。

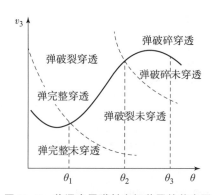

图 3-6 普通穿甲弹射击钢装甲的状态图

虚线曲线为弹丸破坏形态分界线；实线曲线为 v_s 与 θ 角的关系曲线

（2）倾斜着靶的转正现象。

倾斜穿甲过程中当弹丸或射流穿入到一定深度之后，便不再沿着原入射方向前进，而是向法线方向偏转，称为转正现象。由于弹丸的转正，缩短了弹丸在装甲板内部的行程,减少了装甲的阻力,因此降低了装甲的抗弹能力。

影响弹丸偏转的因素很多,主要有 3 种:①倾角。随着装甲倾角的增大,偏转角增大。当倾角增大到一定值时,出现跳弹现象。②弹丸着速。当弹丸速度与抗弹极限速度相同时,刚好穿透装甲,此时弹丸的偏转角最大。随着弹丸速度进一步的提高,偏转角减小(图 3-7 和图 3-8)。③装甲的硬度。对于塑性装甲材料来说,随着硬度的提高,切向阻力增大,弹丸偏转角增大。而硬度降低时,切向阻力减小,弹坑的长度增加,偏转角减小。

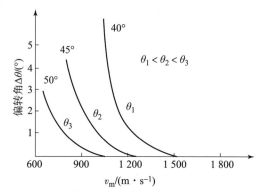

图 3-7　偏转角与倾角、弹丸速度的关系图

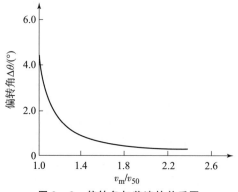

图 3-8　偏转角与着速的关系图

(3)装甲板弹坑边界条件的影响。

当装甲板的水平厚度固定不变时,随着倾角 θ 的增大,其垂直厚度减小。在倾斜着靶时,弹丸的开坑阶段只受到下部装甲材料的阻力,弹和靶的碎片可以向上部喷溅出去。在穿透阶段受到上部装甲材料的阻力较大,弹和靶的碎片可以从下部喷溅出去,这样倾斜穿甲时阻力减小。在垂直着靶时,弹丸受到来自四周的阻力,而且碎片喷溅的方向与弹丸运动方向在一条直线上但方向相反,从而使穿入阻力大大增加。这样,弹丸穿透两块水平厚度相同而倾角不同

的靶板时，其穿过的有效厚度不同，也即所受穿甲阻力也不相同（图 3-9）。随着倾角的增大，靶板有效厚度减小，装甲总体抗弹能力下降。

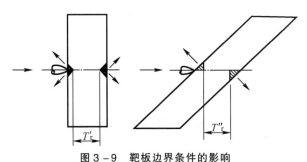

图 3-9　靶板边界条件的影响

（4）装甲破坏形式的变化。

有关试验证明，在装甲水平厚度不变的情况下，随着装甲倾角的增大，装甲穿透形式由韧性扩孔逐渐向冲塞破坏转化。冲塞为剪切破坏，其消耗能量低于韧性扩孔的能量，因此降低了装甲的抗弹能力。由图 3-10 可见，在水平厚度不变情况下，倾角从 θ_1 增大到 θ_2 时，对于同样厚度的冲塞，在 θ_2 时占水平厚度的比例要大得多（$b_2 > b_1$），相应塑性变形穿甲阶段厚度要小得多（$a_2 < a_1$）。所以从总体上看，弹丸穿甲阻力减小，装甲抗弹能力下降。

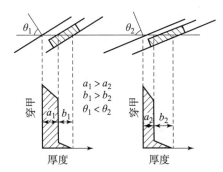

图 3-10　发生冲塞破坏时，弹丸穿甲能量（图中阴影部分面积）与倾角关系

装甲的倾角效应是上述各项因素综合作用的结果。由于其中各项因素所起作用的大小不同，从而导致倾角效应不同的变化规律。当对抗弹有利的因素起主导作用时，呈现出正效应；而对抗弹不利的因素起主导作用时，呈现出负效应。

3）倾角效应的影响因素

影响倾角效应的是多种作用因素。随影响因素的不同，倾角效应又呈现出不同的变化规律。影响倾角效应的主要因素有：

(1)弹种。

对于不同的弹种会产生不同的倾角效应。例如,普通穿甲弹、长杆形穿甲弹和破甲弹之间,倾角效应规律就有所不同,有时还会呈现相反的规律。因此,在进行倾角效应研究时,首先必须区分弹种。

(2)装甲类型。

不同类型的装甲,由于其内部结构不同,因此其倾角效应规律也有所不同。例如,均质装甲、间隙装甲、复合装甲、反应装甲之间,其倾角效应规律有所不同,应分别予以研究。但均质装甲倾角效应的研究是其他类型装甲的基础。

(3)装甲材料的类型及其性能。

由于装甲材料的类型不同,其倾角效应的规律也不相同。例如,均质装甲材料和复合材料的倾角效应规律就有差异。同一类型的材料,由于其力学性能的变化,就会引起其倾角效应的变化。例如,不同强度的均质钢装甲就有不同的倾角效应。

2. 抗普通弹的倾角效应

对于普通穿甲弹或枪弹来说,其倾角效应基本上呈现正效应。随着装甲倾角的增大,其抗弹性能有所提高,且倾角越大,倾角效应越明显。当倾角增大到一定角度时,弹丸跳飞。此时,装甲抗弹能力可视为无限大。

对于枪弹来说,由于倾角效应的作用,均质钢装甲的防护系数可提高 0.66~0.89,铝装甲的防护系数可提高 0.68~1.47。对于大口径普通穿甲弹来说,由于倾角效应的作用,其防护系数可提高 0.36~0.42,其提高幅度低于枪弹。如采用不同的关系图表示,则一般规律如图 3-11~图 3-14 所示。当装甲水平厚度一定时(以 d 类图表示),v_{50} 与 θ 关系呈 S 形。该曲线按抗弹性能可划分为 4 个区(图 3-11),Ⅰ 区为小倾角范围,即最劣抗弹区;Ⅱ 区为中等倾角范围,即过渡区;Ⅲ 区为大倾角范围,即最佳抗弹区;Ⅳ 区为特大倾角区,即较劣抗弹区。临界角 θ_1、θ_2 和 θ_3 的数值与靶材性能、厚度等因素有关。

国内外曾进行了大量的试验,以研究装甲抗普通穿甲弹倾角效应的一般规律。

1)北约 7.62 mm 枪弹穿甲试验

采用 7.62 mm 穿甲弹,在着速一定的情况下,测定了垂直穿甲厚度与装甲倾角之间的关系。其中瑞典 Armox 系列不同强度装甲钢板的倾角效应,以 b 类

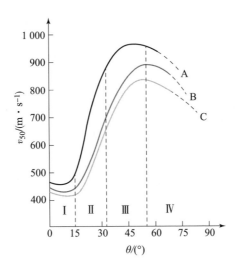

图 3 – 11　装甲倾角 θ 与抗弹极限 v_{50} 的关系

图表示，如图 3 – 12 所示，以 c 类图表示，如图 3 – 13 所示。法国 MARS 系列不同强度装甲钢板的倾角效应，以 b 类图表示，如图 3 – 14 所示，以 e 类图表示，如图 3 – 15 所示。具体数据见表 3 – 1。综上可见，当倾角从 0°增大到 55°时，防护系数可提高 0.66 ~ 0.89。

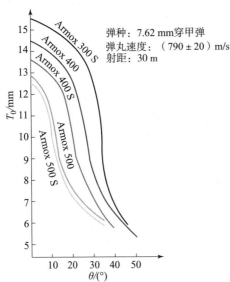

图 3 – 12　装甲垂直厚度与装甲倾角的关系

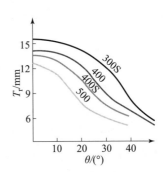

图 3 – 13　装甲实际穿深与装甲倾角的关系

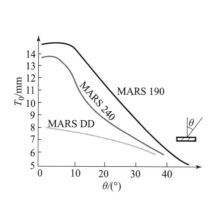
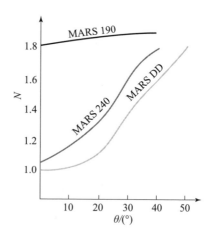

图 3 - 14　装甲垂直厚度与　　　　图 3 - 15　装甲防护系数与
　　　　装甲倾角的关系　　　　　　　　　装甲倾角的关系

表 3 - 1　不同硬度 MARS 装甲钢抗 7.62 mm 穿甲弹倾角效应 $T_0/T_h/N$

$\theta/(°)$	MARS 190　($T_0/T_h/N$)	MARS 240　($T_0/T_h/N$)	MARS DD　($T_0/T_h/N$)
0	14.5/14.5/1.00	13.5/13.5/1.07	8.0/8.0/1.81
10	14.3/14.5/1.00	12.3/12.5/1.16	7.9/8.0/1.81
20	11.8/12.6/1.15	9.0/9.6/1.51	7.4/7.9/1.84
30	9.0/10.4/1.39	7.5/8.7/1.67	6.7/7.7/1.88
40	6.9/9.0/1.61	6.1/8.0/1.81	5.9/7.7/1.88
50	5.1/7.9/1.84	—	—

注：T_0 为靶板厚度；T_h 为靶板水平厚度；N 为防护系数。

某个倾角 i 下靶板的防护系数 N 按照下式计算：

$$N_i = T_{h0}/T_{hi} \tag{3-1}$$

式中　N_i——倾角 i 下的靶板防护系数；

　　　T_{h0}——倾角为 0° 时的靶板水平厚度；

　　　T_{hi}——倾角为 i 时的靶板水平厚度。

采用北约 7.62 mm 穿甲弹，在水平厚度不变的情况下测定了装甲倾角与其抗弹极限速度的关系，均以 a 类图表示。其中图 3 - 16 为三种不同水平厚度装甲钢的 v_{50}—θ 图。

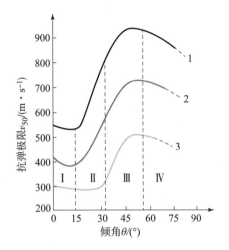

图 3-16 装甲抗弹极限与装甲倾角的关系

2) 12.7 mm 枪弹穿甲试验

采用 12.7 mm 穿甲弹, 在着速一定的情况下, 测定了装甲钢板、铝合金板的倾角与穿甲垂直厚度之间的关系, 以 b 类图表示, 如图 3-17 所示; 以 e 类图表示, 如图 3-18 所示, 其数值如表 3-2 所示。对装甲钢来说, 当倾角从 0°增大到 55°时, 防护系数提高 0.70; 进一步增大倾角时, 防护系数下降。对于铝装甲来说, 当倾角从 0°增大到 60°时, 防护系数提高 0.73。

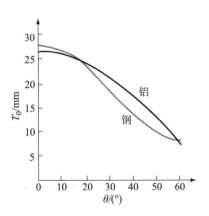

图 3-17 装甲垂直厚度与装甲倾角的关系

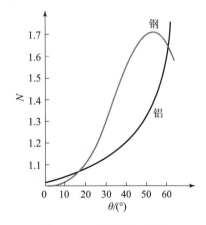

图 3-18 装甲防护系数与装甲倾角的关系

表 3-2 12.7 mm 枪弹穿甲时的倾角效应

材料	θ/(°)						
	0	10	20	30	40	50	60
装甲钢	1.0	1.03	1.09	1.26	1.53	1.70	1.67
铝板	1.05	1.05	1.08	1.13	1.23	1.31	1.73

3) 14.5 mm 枪弹穿甲试验

采用 14.5 mm 穿甲弹,在不同着速情况下,测定了铝装甲的倾角与装甲垂直厚度之间的关系。以 b 类表示,如图 3-19 所示;以 e 类图表示如图 3-20 所示,具体数值如表 3-3 所示。当铝装甲的倾角从 0°增大到 65°时,防护系数提高 0.92~1.47。且随着弹丸速度的降低,防护系数提高幅度增大。

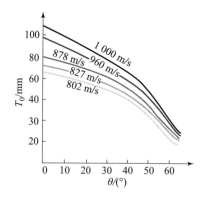

图 3-19 铝装甲倾角与装甲垂直厚度的关系

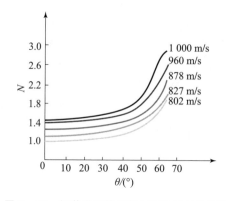

图 3-20 铝装甲防护系数与装甲倾角的关系

表3-3 14.5 mm 穿甲弹打击铝装甲的倾角效应

$\theta/(°)$		$v/(\text{m} \cdot \text{s}^{-1})$				
		1 000	960	878	827	802
0	T	127	117	99	93	86
	T_h	127	117	99	93	86
	N	1.0	1.09	1.28	1.37	1.48
30	T	97	91	81	74	70
	T_h	112	107	94	84	81
	N	1.13	1.19	1.35	1.52	1.56
40	T	84	77	69	62	58
	T_h	109	102	89	81	76
	N	1.16	1.25	1.43	1.56	1.67
45	T	75	70	61	57	53
	T_h	107	99	86	81	76
	N	1.19	1.28	1.47	1.56	1.67
50	T	64	61	53	46	43
	T_h	99	94	84	71	66
	N	1.28	1.35	1.52	1.79	1.92
55	T	51	48	41	38	36
	T_h	89	84	74	66	61
	N	1.43	1.52	1.79	1.92	2.08
60	T	36	34	30	27	23
	T_h	71	69	61	53	46
	N	1.79	1.85	2.08	2.38	2.78
65	T	28	25	23	20	18
	T_h	66	61	53	48	43
	N	1.92	2.08	2.38	2.63	2.94

4) 大口径实心穿甲弹的穿甲试验

采用大口径实心穿甲弹,在弹丸着速一定的情况下,测定了均质钢装甲倾角与穿透的相对厚度(T/T_r)及防护系数的关系。以 e 类图表示,轧制均质装甲钢板如图 3-21 所示,铸造装甲钢如图 3-22 所示,其相应数值如表 3-4 和表 3-5 所示。当装甲倾角从 0° 增大到 70° 时,其防护系数提高 0.36 ~ 0.42,且轧制均质装甲钢提高幅度高于铸造装甲钢。

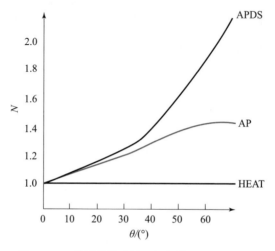

图 3-21 均质装甲防护系数与装甲倾角的关系

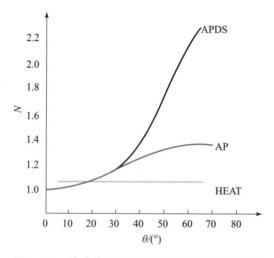

图 3-22 铸造装甲钢防护系数与装甲倾角的关系

表 3-4　轧制均质装甲钢抗大口径弹丸的倾角效应（$T/T_h/N$）

弹种		\\multicolumn{7}{c}{$\theta/(°)$}
		0	10	20	30	40	50	60	70
AP	$T_0/T_h/N$	1.00	1.08	1.20	1.40	1.70	2.15	2.80	4.15
		1.00	1.06	1.13	1.21	1.30	1.38	1.40	1.42
APDS	$T_0/T_h/N$	1.00	1.10	1.25	1.40	1.75	2.50	3.80	6.40
		1.00	1.08	1.17	1.21	1.34	1.61	1.90	2.19
HEAT	$T_0/T_h/N$	1.00	1.02	1.06	1.15	1.31	1.56	2.00	2.92
		1.00	1.00	1.00	1.00	1.00	1.00	1.00	1.00

表 3-5　铸造装甲钢抗大口径弹丸的倾角效应（$T/T_r/N$）

弹种		\\multicolumn{7}{c}{$\theta/(°)$}
		0	10	20	30	40	50	60	70
AP	$T/T_r/N$	1.00	1.05	1.15	1.35	1.65	2.08	2.70	3.98
		1.00	1.03	1.08	1.17	1.26	1.34	1.35	1.36
APDS	$T/T_r/N$	1.00	1.05	1.15	1.35	1.80	2.70	4.30	7.30
		1.00	1.03	1.03	1.17	1.38	1.74	2.15	2.50
HEAT	$T/T_r/N$	1.00	1.02	1.06	1.15	1.31	1.56	2.00	2.92
		1.00	1.00	1.00	1.00	1.00	1.00	1.00	1.00

注：T 为 0° 时穿透厚度；T_r 为倾斜穿甲时穿透装甲的实际厚度

$$N = \frac{T}{T_r/\cos\theta} = \frac{T}{T_r} \cdot \cos\theta \quad (3-2)$$

如前所述，装甲抗普通穿甲弹时倾角效应的基本规律是呈正效应。其主要原因是由于倾斜穿甲时，不对称力的作用因素起主要作用，而其他三方面因素的作用不大，综合作用的结果有利于提高装甲抗弹性能。但从定量方面分析，其提高幅度有所差异，这是受到下列因素的影响。

（1）装甲材质。试验研究表明，钢装甲与铝装甲倾角效应变化幅度有所差异。小倾角范围内铝装甲优于钢装甲，中等倾角范围内钢装甲优于铝装甲，而大倾角范围内铝装甲又优于钢装甲（图 3-17 及图 3-18）。两种材料对

12.7 mm 穿甲弹的临界角分别为 18°和 60°。

（2）装甲截面的均匀性。对于均质装甲和双硬度装甲来说，尽管两者都存在着倾角效应，但均质装甲的倾角效应更为强烈。即随着倾角增大，均质装甲抗弹能力提高要大于双硬度装甲。早期均质装甲与渗碳装甲倾角效应对比，在垂直射击时，渗碳装甲抗弹性能优于均质装甲。但是随着装甲倾角的增大，其优越性下降，直至某个角度时，二者相当（图 3 – 23）。图 3 – 11 也反映了同样强烈的倾角效应。倾角效应有一个迅速变化的临界角，其大小取决于装甲厚度与弹丸口径之比（T_0/d）。对于抗枪弹来说，临界角的值较大，如 12.7 mm 枪弹射击 10～20 mm 厚的装甲时，其临界角为 30°～50°。对于抗尖头穿甲弹来说，其临界角大于 30°。

（3）装甲材料的强度。不同强度装甲钢倾角效应的变化规律基本相同。但是由于材料强度效应的影响，高强度材料表现的倾角效应更为强烈，图 3 – 11、图 3 – 24 的曲线反映了这一规律。

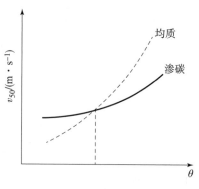

图 3 – 23　装甲截面均匀性
对倾角效应的影响

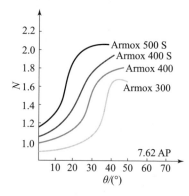

图 3 – 24　装甲倾角与
防护系数的关系

（4）装甲的水平厚度。对于不同水平厚度的装甲来说，其倾角效应的变化规律是相同的。但是由于靶板边界条件的影响，当水平厚度减小时，其高性能区域减小，低性能区域增大（图 3 – 14）。

（5）弹丸口径。随着弹丸口径的减小，其倾角效应越来越强烈。

（6）弹丸速度。随着弹丸着速的减小，其倾角效应越来越强烈，由图 3 – 17 可以看出这种规律。

3. 抗长杆形穿甲弹的倾角效应

均质装甲对长杆形穿甲弹的倾角效应与普通穿甲弹不同。它不是呈正效应，而是呈现一个相反的规律，即呈负效应。随着装甲倾角的增大，其抗弹性能反而降低。如果采用不同的关系图表示，则如前面图3-1、图3-2、图3-3、图3-4所示。在a类、b类图中，长杆形穿甲弹和普通穿甲弹的曲线均呈同样趋势，但由于"余弦因素"的影响，装甲抗长杆形穿甲弹的实际性能（以防护系数表征）是下降的。这一点在c类、d类、e类图中可以清楚地看出，即二者呈相反的变化趋势。

试验表明，由于倾角效应的影响，均质装甲钢抗大口径火炮发射的长杆形穿甲弹的防护系数可减小0.10~0.20。

采用不同弹径的长杆形穿甲弹对装甲钢进行了倾角效应研究。

1）105 mm模拟弹的穿甲试验

采用105 mm模拟弹，在水平厚度不变的情况下，测定了背面强度极限与装甲倾角的关系。以d、e类图表示，如图3-25及图3-26所示，其数据如表3-6所示。随着装甲倾角增大，其背面强度极限相应减小。当倾角从0°增大到68°时，背面强度下降98~144 m/s，而防护系数下降0.18~0.27。

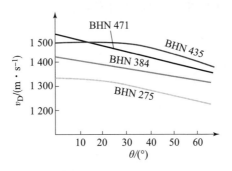

图3-25 装甲倾角与抗弹极限的关系（105 mm模拟弹）

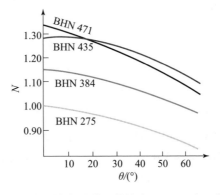

图3-26 装甲倾角与防护系数的关系（105 mm模拟弹）

表 3 – 6　105 mm 模拟弹穿入装甲钢的倾角效应

θ/(°)	T_0/mm	T_h/mm	$V_b/T_r/N$			
			BHN 275	BHN 384	BHN 435	BHN 471
0	50.0	50.0	1 334/50/1.00	1 414/57.4/1.15	1 491/64.4/1.29	1 513/66.5/1.33
30	43.3	50.0	1 315/48.3/0.97	1 382/54.4/1.09	1 480/63.4/1.27	1 460/61.6/1.23
45	35.4	50.0	1 268/43.9/0.88	1 343/50.9/1.02	1 445/60.2/1.20	1 426/58.5/1.17
60	25.0	50.0	1 256/42.8/0.88	1 340/50.6/1.01	1 347/51.2/1.02	1 388/55.0/1.10
68	18.7	50.0	1 236/41.0/0.82	1 325/49.2/0.98	1 381/54.3/1.09	1 369/53.2/1.06

注：T_r 为该着速下对装甲钢的水平穿甲深度；v_b 为背面强度极限。

2）100 mm 钢制长杆形穿甲弹的穿甲试验

以 100 mm 炮发射的钢制长杆形穿甲弹射击不同厚度的中硬度装甲钢板，测定了抗弹极限 v_{50} 与装甲倾角的关系，以 c、d、e 类图表示，如图 3 – 27 ~ 图 3 – 29 所示，其数据如表 3 – 7 及表 3 – 8 所示。由图可见，弹丸着速一定时，随着装甲倾角增大，装甲穿深增大。当装甲倾角从 0°增大到 65°时，其防护系数减小 0.20 ~ 0.22。

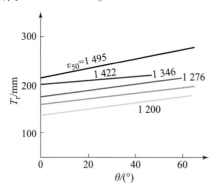

图 3 – 27　装甲倾角与穿深的关系
（100 mm 钢制长杆形穿甲弹）

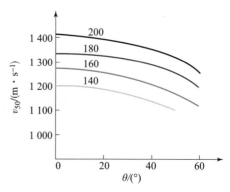

图 3 – 28　装甲倾角与抗弹极限的关系
（100 mm 钢制长杆形穿甲弹）

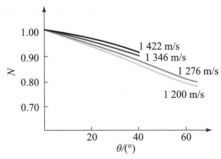

图3-29 装甲倾角与防护系数的关系（100 mm 钢制长杆形穿甲弹）

表3-7 抗弹极限 v_{50} 与装甲倾角的关系

$v_{50}/(m \cdot s^{-1})$	$\theta/(°)$	T_r	N（相对值）	ΔN
1 200	0	140	1.00	0.22
	41	160	0.88	
	66	180	0.78	
1 276	0	160	1.00	0.20
	41	180	0.89	
	66	200	0.80	
1 346	0	180	1.00	0.18
	45	200	0.90	
	60	200	0.82	
1 422	0	200	1.00	0.09
	45	220	0.91	
1 495	0	220	1.00	0.21
	65	280	0.79	

表3-8 抗弹极限 v_{50} 与装甲倾角的关系

T_h/mm	$\theta/(°)$	$v_{50}/(m \cdot s^{-1})$
140	0、30、45	1 202、1 163、1 104
160	0、30、45、60	1 276、1 242、1 184、1 120
180	0、30、45、60	1 346、1 308、1 264、1 216
200	0、30、45、60	1 422、1 353、1 344、1 295
220	0	1 495

3) 北约 105 mm 钨合金长杆形穿甲弹的穿甲试验

以北约 105 mm 钨合金穿甲弹射击中硬度 BHN241~277 装甲钢板，在垂直厚度不变的情况下，抗弹极限与装甲倾角的关系，以 a 类图和 c 类图表示，如图 3-30 所示，其数据如表 3-9 及表 3-10 所示。由图 3-30（b）可见，当弹丸着速一定时，随着装甲倾角增大，其穿甲深度增大。由表可见，当装甲倾角从 0°增大到 60°时，其防护系数减小约 0.10。在大倾角（$\theta < 65°$）下，装甲倾角增大 6.5°，其防护系数减小 0.05~0.09，影响更大，其累积效应可达 0.20。

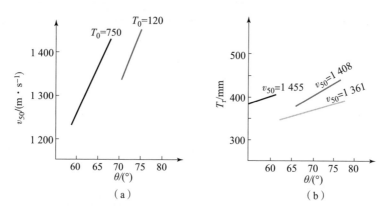

图 3-30 装甲倾角与抗弹极限和水平穿甲深度（实际穿深）的关系
(a) 装甲倾角与抗弹极限的关系；(b) 装甲倾角与水平穿甲深度的关系

表 3-9 北约 105 mm 钨合金长杆形穿甲弹的穿深与装甲倾角效应

靶板厚度/mm	$\theta/(°)$	实际穿深 T_r/mm	$v_{50}/(m \cdot s^{-1})$
120	71.5	375	1 361
	73.5	422	1 408
150	60	300	1 260
	65	355	1 361
	67	384	1 408
200	60	400	1 455
360	0	360	1 455

表 3-10 北约 105 mm 变形钨合金长杆形穿甲弹的穿深与装甲倾角效应

v_{50}/(m·s^{-1})	θ/(°)	实际穿深 T_r/mm	N（相对值）
1 361	65	355	1.00
	71.5	375	0.95
1 408	67	384	1.00
	73.5	422	0.91
1 455	0	360	1.00
	60	400	0.90

4）模拟苏联 125 mm 长杆形钨芯穿甲弹的穿甲性能

以 125 mm 钨芯穿甲弹打击中硬度 BHN269～285 装甲钢板，在弹丸着速不变的情况下，水平穿深与装甲倾角的关系如表 3-11 所示。当装甲倾角从 0°增大到 69.5°时，其防护系数下降约 0.09。

表 3-11 125 mm 钨芯穿甲弹穿入装甲钢时的倾角效应

θ/(°)	实际穿深 T_r/mm	N
0	268.5	1.00
69.5	295	0.91

装甲抗普通穿甲弹时呈现的倾角效应为正效应，而抗长杆形穿甲弹时则为负效应，其原因是除了不对称力的作用因素起有利作用之外，下列因素均起不利作用。

（1）倾斜穿甲时的转正现象。缩短了弹丸在装甲内行程，减小了装甲阻力。

（2）靶板弹坑边缘条件的影响。倾斜穿甲时，靶板有效厚度减小，降低了装甲的抗弹能力。

（3）靶板破坏形式的影响。随着装甲倾角的增大，由韧性穿孔转变为冲塞，弹丸消耗能量减小，装甲抗弹性能降低。

综合作用结果，不利因素作用大于有利因素，从而产生负效应。

装甲抗长杆形穿甲弹倾角效应的影响因素很多，主要有：

（1）装甲材料强度。随着装甲材料强度增加倾角效应更为强烈，即负效应更为明显，抗弹性能下降幅度更大。因此，在大倾角下，高强度材料的抗弹性能有可能低于同样厚度的强度较低的材料。由图 3-25 可见,当装甲倾角超过 14°后,BHN471 钢板背面强度反而低于 BHN435 钢板。

(2) 弹丸速度。一般来说,随着弹丸速度的增加,其倾角效应更强烈。

4. 抗破甲弹的倾角效应

均质装甲钢抗破甲弹时同样存在倾角效应,但是不如穿甲弹那样明显和强烈。在 0°~80°范围内,其抗弹性能稍有变化,但并不很明显。

破甲弹的射流头部具有极高的速度,在打击到靶板表面时靶材呈流体状态。当射流倾斜着靶时,射流偏转的向上垂直压应力远小于水平方向的压应力,所以十分容易开坑,而不容易跳弹。静破甲试验(图 3-31 及表 3-12)表明,破甲弹的着角 $\alpha \geq 8°$ 时,均有着良好的破甲性能;当 $4° \leq \alpha < 8°$ 时,穿深平均值明显下降,标准误差 S 增大,但破甲能力依然较高;当 $\alpha = 2°$ 时,靶表面只有射流的擦痕,穿深 T_r 值仅 2~5 mm。详见表 3-12 及图 3-32。

当装甲倾角从 0°增大到 45°时,呈负效应,即装甲抗弹性能略呈下降趋势。当装甲倾角 45°以上时呈正效应,即稍有上升趋势,当装甲倾角增大到 65°以上时,其防护系数稍高于垂直破甲时的数值。在 0°~80°范围内,其防护系数变化仅为 0.07~0.13。

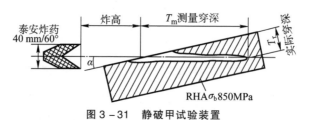

图 3-31 静破甲试验装置

表 3-12 测量穿深、实际穿深与装甲倾角的关系

打击角度 $\alpha/(°)$	测量穿深 T_m			实际穿深 T_r		
	每一发值 T_m/mm	平均值 T_m/mm	误差 S	每一发值 T_m/mm	平均值 T_m/mm	误差 S
12	162	159	16.5	34	35	5.2
12	168			36		
12	171			39		
12	157			38		
12	127			25		
12	169			38		

续表

打击角度 $\alpha/(°)$	测量穿深 T_m			实际穿深 T_r		
	每一发值 T_m/mm	平均值 T_m/mm	误差 S	每一发值 T_m/mm	平均值 T_m/mm	误差 S
10	169	157	15.3	30	30	3.8
10	128			23		
10	158			31		
10	169			31		
10	168			34		
10	155			32		
8	155	155	7.0	23	23	1.4
8	166			25		
8	156			24		
8	155			23		
8	153			22		
8	144			21		
6	154	146	22	28	24	7.2
6	132			16		
6	157			28		
6	108			13		
6	161			29		
6	165			28		
4	165	123	29	14	10.3	2.7
4	127			12		
4	105			10		
4	144			11		
4	85			6		
4	112			9		
2	—	—	—	3	3.17	1.17
2	—			2		
2	—			4		
2	—			2		
2	—			3		
2	—			5		

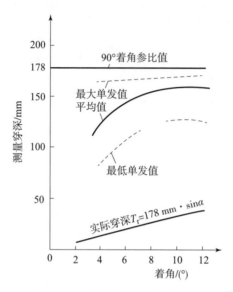

图 3-32　破甲着角与穿深的关系

试验中的典型弹坑剖面如图 3-33 与图 3-34 所示。

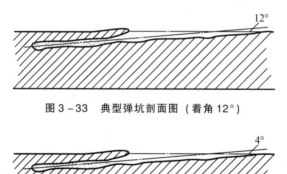

图 3-33　典型弹坑剖面图（着角 12°）

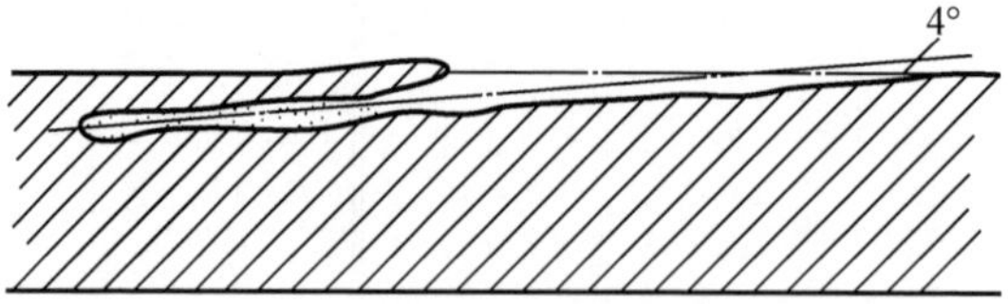

图 3-34　典型弹坑剖面图（着角 4°）

破甲弹动破甲试验采用了 83 mm 反坦克火箭弹（锥角 50°，奥克托今，内置炸高 150 mm）。表 3-13 列出了以 83 mm 反坦克破甲弹动态试验数据。试验时发现在着靶倾角 7°时曾出现一发跳弹，估计动破甲时跳弹角将大于 2°。动破甲时，破甲弹在弹坑下方形成一个"皇冠"（Crown-Burst）状爆炸坑，如图 3-35、图 3-36 所示。

图 3-35 坦克炮塔上出现的"皇冠"状损伤（苏联 T 系列坦克被 120 mm 破甲弹击穿）

破甲弹形成的"皇冠"状弹坑，有可能在较薄装甲背面出现崩落物。图 3-36 为靶上弹坑形状、弹孔逸出角和"皇冠"状爆炸坑示意图。

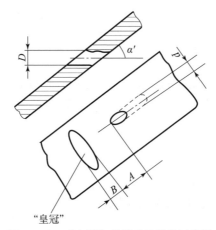

图 3-36 "皇冠"状爆炸坑损伤示意图

表 3-13 83 mm 反坦克破甲弹动态试验

射面发序号	$\alpha/(°)$	A/mm	B/mm	D/mm	d/mm	$\alpha'/(°)$
1	20	160	100	—	—	—
2	15	166	100	36	21	21.5
3	12.5	200	95	31	20	15
4	10	231	96	25	18.5	12
5	8.5	289	94	15.7	12	8.5
6	7	313	93	17.5	13.2	8.1

1）40 mm 模拟破甲弹静破甲试验

采用 40 mm 模拟破甲弹，打击中硬度均质钢时的穿深与装甲倾角的关系，以 c 类图和 e 类图表示，如图 3-37 所示，数据如表 3-14 所示。在 0°~75° 装甲穿深变化较小；在 45°左右时，穿深 T 最大，防护系数值最小；在 75°左右时，穿深 T 最小，防护系数值最大。防护系数变化在 0.07 左右。

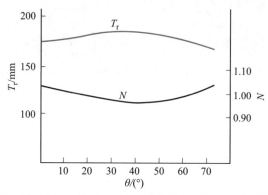

图 3-37 装甲倾角、穿深、防护系数的关系（40 mm 模拟破甲弹）

表 3-14 40 mm 模拟破甲弹打击装甲钢时的倾角效应

$\theta/(°)$	0	15	30	45	60	75
T_{max}/mm	178	179	185	186	178	173
N	1.00	0.99	0.96	0.957	1.00	1.03

2）110 mm 模拟破甲弹破甲试验

以药柱直径为 110 mm 的模拟破甲弹测定了中硬度轧制均质装甲钢穿深与装甲倾角的关系。以 c 类图和 e 类图表示如图 3-38 所示，数据如表 3-15 所示。装甲倾角从 0°增大到 45°时，穿深增加，防护系数减小 0.05；装甲倾角继续增大时，穿深减小，防护系数提高；装甲倾角为 68°时，防护系数达 1.08。防护系数变化在 0.13。

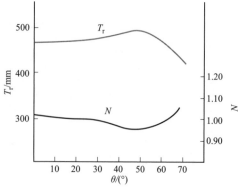

图 3-38 装甲倾角、穿深、防护系数的关系（110 mm 模拟破甲弹）

表3-15　110 mm模拟破甲弹对中硬度轧制均质装甲钢的倾角效应

$\theta/(°)$	0	30	45	60	65	68
T_{max}/mm	472.3	477.3	499.3	471.2	454.9	437.5
N	1.00	0.99	0.95	1.00	1.04	1.08

3）120 mm模拟破甲弹破甲试验

以药柱直径为120 mm的模拟破甲弹打击中硬度轧制装甲钢时，穿深与装甲倾角的关系如表3-16所示。从0°~68°内，抗弹性能变化较小，防护系数仅差0.02。

表3-16　120 mm模拟破甲弹对中硬度轧制装甲钢的倾角效应

$\theta/(°)$	0	60	68
T_{max}/mm	610，605，580	590，620	587，606
T_{max}/mm（平均）	598.3	605	596.5
N	1.00	0.989	1.003

4）破甲弹打击多层间隙靶试验

试验证明，单层靶与多层靶在不同的倾角（着靶时水平线夹角 α）下，穿深大致相同，近似为常数，如图3-39所示。以直径40 mm/60°锥角泰安炸药装药的破甲弹进行静破甲试验时，单层靶的穿深约高于多层间隙靶15%，如图3-39所示，但在单层靶上形成的弹坑容积则低于多层靶，如图3-40所示。

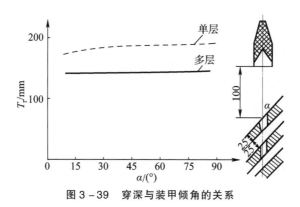

图3-39　穿深与装甲倾角的关系

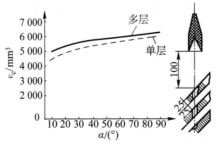

图 3-40 弹坑容积与装甲倾角的关系

多层靶的各层厚度对穿深的影响不很敏感。

装甲钢抗破甲弹倾角效应不如穿甲弹明显和强烈,主要因为破甲弹射流是高速流体,且直径小,而穿甲弹弹体是刚体,且直径较大,因而射流对引起倾角效应的各种作用因素的影响较小。

(1) 不对称力的作用小,且不能沿轴向传递,因而正效应不明显。

(2) 射流直径小,作用面积小,故转正现象不明显。

(3) 装甲的有效厚度与实际厚度差异不大,故弹坑边缘条件影响不明显。

(4) 射流直径小,产生的冲塞厚度小,故韧性穿孔向冲塞的转变不明显,对抗弹性能影响较小。

综上所述,破甲弹破甲时倾角效应不明显。

5. 玻璃钢抗弹的倾角效应

本部分所述的玻璃钢指玻璃纤维增强的树脂基复合材料(Glass – Fiber Reinforced Plastic,GFRP)。玻璃钢抗穿、破甲弹时存在着强烈的倾角效应。这种效应呈现为负效应,即随着装甲倾角的增大,其抗弹性能下降,其中又以破甲弹更为明显。

试验表明,对于破甲弹来说,当装甲倾角增大到30°时,出现抗弹性能下降趋势,并随着装甲倾角的增大继续增大,而且下降幅度越来越大。从0°增大到75°时,其防护系数减小约1.00。对于穿甲弹来说,当装甲倾角增大到45°时,抗弹性能出现下降趋势,并继续下降。装甲倾角从0°增大到90°时,其防护系数减小约0.40。

采用模拟破甲弹和穿甲弹进行了玻璃钢的倾角效应试验。

1) 40 mm 模拟破甲弹对玻璃钢的破甲试验

采用40 mm模拟破甲弹打击环氧基玻璃钢时的穿深与装甲倾角的关系如表3-17所示。用c类图、e类图表示如图3-41所示。当装甲倾角从0°增大到

60°时,其防护系数下降了 0.26。

表 3-17 40 mm 模拟破甲弹对玻璃钢的倾角效应

$\theta/(°)$	0	30	45	60
T_{max}/mm	243	250	260	267
N	2.99	2.91	2.80	2.73

注:模拟破甲弹对标准均质装甲钢的穿深为 178 mm;环氧基玻璃钢的密度为 1.92 g/cm³

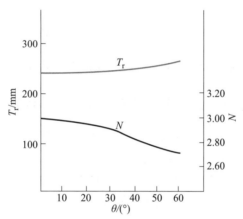

图 3-41 装甲倾角、穿深与防护系数的关系(40 mm 模拟破甲弹)

2) 110 mm 模拟破甲弹对玻璃钢的破甲试验

以药柱直径为 110 mm 的模拟破甲弹打击环氧基玻璃钢时穿深与装甲倾角的关系如表 3-18 所示。用 c 类图、e 类图表示如图 3-42 所示。当装甲倾角增大到 30°时,其抗弹性能明显下降。当装甲倾角增大到 75°时,其防护系数值下降约 1.00,接近于高强度钢。

表 3-18 110 mm 模拟破甲弹对玻璃钢的倾角效应

$\theta/(°)$	0	30	45	60	68	71	75
T_{max}/mm	762.9	787.9	925.1	1 058	1 160	1 214	1 228
N	2.61	2.53	2.16	1.88	1.72	1.64	1.62

注:模拟破甲弹对标准均质装甲钢的穿深为 480 mm;环氧基玻璃钢的密度为 1.92 g/cm³

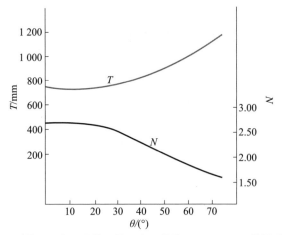

图3-42 装甲倾角、防护系数、穿深的关系（110 mm模拟破甲弹）

3）5 mm 变形钨合金模拟穿甲弹对玻璃钢的穿甲试验

以直径为 5 mm 变形钨合金模拟穿甲弹对环氧基玻璃钢进行了不同倾角的穿甲试验，其穿深与装甲倾角的关系如表 3-19 所示。用 c 类图、e 类图表示则如图 3-43 所示。当装甲倾角从 0°增大到 45°时，防护系数值下降 0.35；而装甲倾角增大到 90°时，防护系数可下降 0.40。

表3-19 5 mm 变形钨合金模拟穿甲弹对玻璃钢的倾角效应

$\theta/(°)$	0	45	90
T_{max}/mm	125	155	162
N	1.67	1.32	1.27

注：5 mm 模拟穿甲弹对标准均质装甲钢的平均穿深为 50 mm；玻璃钢密度为 1.91 g/cm³

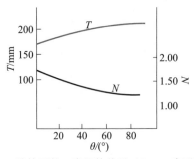

图3-43 装甲倾角、防护系数、穿深的关系（5 mm 变形钨合金模拟穿甲弹）

玻璃钢倾角效应产生的原因与均质装甲钢不同,分析如下:

当射流进入倾斜靶板时,其穿甲力 F 可以分解为平行于板面的力 F_L 和垂直板面的力 F_H,其中 $F_L = F\sin\theta$,且随着装甲倾角 θ 的增大而增大(图 3-44)。当 $\theta = 0°$ 时,$F_L = 0$,靶板受到 F 力产生的垂直挤压力和周向拉伸力的作用。此时,材料的纵横向抗拉强度起作用。当射流对靶板进行倾斜穿甲时($\theta \neq 0°$),由于 F_L 的存在,靶板受到平行于板面的穿甲力作用。此时,材料厚向抗拉强度起作用。对于均质装甲材料来说,尽管存在各向异性,但是纵横向抗拉强度与厚向抗拉强度相差不大(表 3-20)。因此,大倾角下射流穿入中硬度均质靶板时,材料本身的抗穿甲能力变化不大。对于玻璃钢来说,情况则完全不同。由于玻璃钢材料具有明显的各向异性,故其纵横向抗拉强度与厚向抗拉强度相差极大,后者大大低于前者。大倾角下,由于 F_L 的作用,玻璃钢受到厚向拉伸,故其抗穿甲能力大大下降。随着装甲倾角的增大,F_L 增大,故其抗穿甲能力相应降低。这就是玻璃钢存在强烈倾角效应的主要原因。

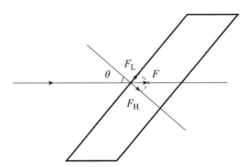

图 3-44 射流进入靶元时的受力分析

表 3-20 中硬度装甲钢不同取样方向的拉伸性能

取样方向	σ_b/MPa	σ_s/MPa	δ/%	ψ/%	α_k/(MJ·m^{-2})	HBN
纵向	902~1 010	842~908	15~19	60.2~62.2	1.18~1.77	285~302
横向	905~994	783~888	14~19.7	52.6~58.8	0.97~1.10	285~302
厚向	873~905	765~879	7.7~12	22.7~30.8	0.27~0.64	285~302

3.2.2 间隙效应

装甲结构件中层与层之间存在的空气平面层,称为间隙。按间隙的大小可分为两种。小间隙:间隙的垂直间距小于弹径。大间隙:间隙的垂直间距大于弹径。弹靶相互作用时,装甲结构中的间隙及其变化对抗弹产生的不同效果,称为间隙效应。间隙的存在及其增大,使装甲抗弹性能提高,称为正效应;间隙的存在及其增大，使装甲抗弹性能降低，则称为负效应。

间隙在装甲结构中的有利作用主要有：

（1）阻隔应力波。在间隙结构中，当一块装甲板受到高速撞击并在其内部产生应力波时，该应力波向背面传播。在装甲的背面与空气的界面上产生全反射。这样应力波就不能传递到第二块装甲板上，使其不受应力波的作用。这种隔波作用，对防御破甲弹尤为有效。

（2）隔力。在间隙结构中，当第一块装甲板受到外部机械力作用时，在内部产生力的传递。但在装甲背面，由于空气层的阻隔，这种机械力不能传递到第二块装甲板，使其不受外力的作用。由于隔波与隔力作用的存在，使得间隙内部产生多次开坑及多次穿透。

（3）泄压。弹靶作用时，装甲内部受到巨大的压力。由于空气极大的可压缩性使间隙成为良好的缓冲层和泄压空间。

（4）提供干扰作用。由于穿甲体在间隙中多次开坑和多次穿透，在间隙结构中产生碎片飞溅、反射等，从而造成对打击物体的干扰作用。

（5）提供打击物体自由运动的空间。在大间隙结构中，当间隙的水平间距大于固体打击物体长度时，该打击物体可以在间隙内自由运动，有可能使其飞行姿态失稳，从而降低穿甲能力。

（6）阻止裂纹的扩展。在间隙结构中，当第一块装甲板产生裂纹时，由于界面的存在，裂纹不可能传递到第二块装甲板上，其扩展受到截止。

间隙在装甲结构中的不利作用：

（1）扩大装甲板背面弹坑边缘条件的影响。等质量的装甲板采用间隙结构后，其厚度必然减薄，从而在穿甲过程中扩大其背面弹坑边缘条件的影响，减小有效厚度，且容易产生冲塞等损伤，不利于抗弹。

（2）减小装甲的总体抗力。由于间隙的隔离作用，使得装甲的总体抗力减小，易于变形及穿透。

由于间隙在装甲结构中存在着各种不同的作用，因此对抗弹可能产生不同的效果。

影响间隙效应的因素有如下几种：

（1）弹种。对于不同的弹种存在着不同的间隙效应。例如，穿甲弹和破甲弹的间隙效应就不同。对破甲弹而言，往往存在正效应；对穿甲弹而言，小间隙下往往为负效应，而大间隙下，则有可能出现正效应。

（2）间距。如前所述，间隙分为大间隙、小间隙两种。间隙的大小不仅影响效应的强烈程度，甚至可能使正负效应相互转化。例如，对穿甲弹就是如此。

（3）装甲倾角。装甲倾角大小对间隙效应有巨大的影响。当装甲倾角从

0°向大倾角变化时,间隙效应不仅发生量的变化,也可能发生质的变化。倾角效应与间隙效应之间存在着交互作用。

(4) 板厚。构成间隙的装甲板的厚度对间隙干扰效果有影响。板厚增加,干扰效果增大;但相应也会使装甲质量增加,或使间隙数量减少,减少间隙的影响。

(5) 材料性能。构成间隙的不同材料,对间隙效应也有影响。对于防破甲弹,由脆性装甲材料组成的间隙结构,其干扰作用往往大于单纯塑性材料组成的间隙结构。

1. 射流破甲时的间隙效应

射流穿入装甲的间隙结构时,存在着间隙效应。大间隙的存在使破甲弹炸高增大,射流至主装甲距离加大,容易失稳,产生拉长、变细与断裂,从而使装甲抗弹性能大幅度增加。小间隙结构同样具有间隙效应,不同程度地提高了装甲抗弹性能。由于间隙结构在应用中便于实现,所以是近代装甲防护系统设计中普遍采用的结构。

射流破甲时的间隙效应均为正效应,间隙的存在,不同程度地提高了装甲的抗弹性能。

试验表明,与单层均质装甲相比,多层靶与间隙装甲可使破甲弹的穿深相应减少 15% 和 25%,大倾角下金属平板间隙装甲的总体防护系数可提高 0.25~0.75,单个间隙可提高 0.05%~0.1%。非金属材料构成的间隙装甲,抗破甲弹的总体防护系数可提高 0.35~0.36,高于纯金属间隙装甲。金属管状间隙装甲防护系数可提高 0.67~1.04,高于平板间隙结构。

射流破甲时,装甲结构中的间隙效应受装甲倾角、间距、间隙板材料及力学性能、厚度与几何形状以及射流能量等多种因素的影响。

间隙的存在,提高了装甲抗破甲的能力,其原因可综合为:

(1) 射流多次开坑,增加其能量消耗,降低破甲速度,隔阻应力波的传播,对机械变形破坏起到缓冲作用。

(2) 防止裂纹扩展,减少崩落物的产生。

(3) 多层板在间隙中变形,横向切割高速射流,以及崩落物的多次反射均可在一定程度上起到反应装甲干扰射流的作用。

下面主要介绍射流破甲时间隙效应的影响因素。

1) 装甲倾角的影响

从几何因素分析,射流在多层靶中的穿深不受装甲倾角变化的影响,仅弹坑总容积随装甲倾角的减小而下降。但在间隙装甲中则随结构中多因素的变化而使装甲倾角成为间隙效应中的一项重要因素。

射流垂直穿入小间隙装甲时，显示不出间隙效应（大间隙影响除外），而当装甲倾角增大到某一数值时（通常是 $\theta > 60°$），才出现明显的间隙效应。大倾角是射流破甲时间隙效应出现的必要条件。

例 1：以直径为 85 mm 破甲弹进行静破甲试验，测定中硬度装甲钢间隙板的穿深与装甲倾角的关系，结果如表 3-21 所示，用 c 类图、e 类图表示，如图 3-45 所示。

表 3-21　85 mm 破甲弹静破甲对中硬度装甲钢板的间隙效应

序号	板厚 T_0 /mm	装甲倾角 θ /(°)	间距 D/mm	平均穿深 T/mm	N	ΔR /%	间隙数 /个	ΔN
1	30	0	0	394	1.00	0	0	0
	30	65	4~8	255	1.55	55	3	0.18
	30	70	4~8	250	1.58	58	3	0.19
2	20	65	4~8	246	1.60	60	5	0.12
	20	70	4~8	225	1.75	75	4	0.19
3	10	65	4~8	279	1.41	41	11	0.04

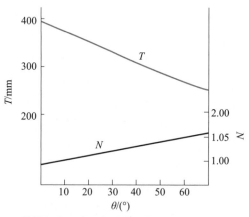

图 3-45　装甲倾角、穿深与防护系数的关系（85 mm 破甲弹）

例 2：采用直径为 110 mm 模拟破甲弹，测定了高硬度装甲钢间隙板的穿深与装甲倾角的关系，结果如表 3-22 所示。用 c 类图、e 类图表示，如图 3-46 所示。随着装甲倾角增大，间隙效应越来越强烈。当装甲倾角大于 68°时，总体防护系数可提高 0.53~0.75，单个间隙的防护系数可提高 0.13~0.19。

表 3-22　直径 110 mm 模拟破甲弹对高硬度装甲钢板的间隙效应

序号	板厚 T_0 /mm	装甲倾角 θ /(°)	间距 D /mm	平均穿深 T /mm	N	$\Delta R/\%$	间隙数 /个	ΔN
1	10+20	~0	0	441	1.0	0	0	0
2	10+20	8~20	65	352	1.25	25	5	0.05
3	10+20	5~10	68	287	1.53	53	4	0.13

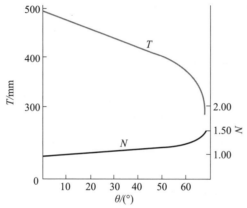

图 3-46　装甲倾角、穿深与防护系数的关系（110 mm 模拟破甲弹）

例 3：以直径为 105 mm 破甲弹静破甲，测定了管状间隙装甲的穿深与装甲倾角的关系，结果如表 3-23 所示。管状间隙防护系数比标准均质装甲钢提高 0.67~1.04，高于平板间隙。

表 3-23　105 mm 破甲弹静破甲对管状间隙装甲的间隙效应

序号	装甲倾角 θ/(°)	钢管放置	等质量穿深/mm	N	ΔN
1	60	纵置	240	1.67	
2	65	纵置	222	1.83	0.37
3	68	纵置	195	2.04	

2) 间距的影响

间距是影响射流破甲间隙效应的另一重要因素。对于破甲弹来说，当间距为 1~2 mm 时，无明显的间隙效应存在；当间距达到 5 mm 以上时，开始出现明显的间隙效应。根据射流直径及能量的不同，一般选择 10~20 mm 间距为宜。如进一步增大间距，抗弹能力增加不明显，反而使装甲总厚度增大，厚度系数减小。所以，适当间距是射流破甲间隙效应存在的另一必要条件。

以直径为 110 mm 模拟破甲弹测定了间隙复合装甲中不同间隙的影响。对于大倾角复合装甲的间隙结构，间距的影响如表 3-24 所示。小倾角复合装甲的间隙结构，间距的影响如表 3-25 所示。可见，间距从 5 mm 增大到 15 mm 时，防护系数有提高的趋势，变化值为 0.08~0.19，显然不如大倾角的影响大。

表 3-24 大倾角复合装甲间隙结构中间距的影响

序号	装甲倾角 $\theta/(°)$	板厚 T_0/mm	间距/mm	间隙数	N
1	68	10	5	1~2	1.75
2	68	10	10	1~2	1.63
3	68	10	15	1~2	1.79

表 3-25 小倾角复合装甲间隙结构中间距的影响

序号	装甲倾角 $\theta/(°)$	板厚 T_0/mm	间距/mm	N
1	50~70	20	5	1.20
2	50~70	20	10	1.28
3	50~70	20	15	1.39

3）间隙板厚度的影响

间隙板的厚度对间隙效应也有影响。试验表明，对于装甲钢板，随着间隙板厚度的增加，单个间隙防护系数提高值有所增加。但在装甲面密度不变的情况下，板厚增加会使间隙个数减少，影响总体防护系数。因此，板厚的选择有一个最佳值，这个最佳厚度与弹的威力、间隙板性能及装甲结构有关。考虑到综合效果，在多层间隙结构中，板厚可在 10~30 mm。在单层间隙结构中，板厚可大于 10 mm，不作限制。

4）间隙板的材质

间隙板可以采用金属材料制造，也可以采用非金属材料与金属材料叠合而成。非金属材料与金属材料叠合板，尤其是脆性材料（如铸石、陶瓷等）与金属支撑板组成的间隙，具有更强烈的干扰射流的作用。

以直径为 110 mm 的模拟破甲弹，在大倾角（68°）下，进行了有、无间隙的两种复合装甲的对比试验。两种复合装甲的材料完全相同，结构方面除间隙外其余完全相同。试验结果如表 3-26、表 3-27 和图 3-47、图 3-48 所示。由于双间隙的作用,使总体防护系数提高 0.35～0.41,单个间隙防护系数提高值为 0.16～0.36,显然高于纯金属板的间隙结构(参见表 3-21 及表 3-22)。

表 3-26 非金属叠合板的间隙效应(双间隙)

序号	非金属材料		夹层等质量厚/mm	间隙		N	间隙作用 ΔN	
	种类	形状		间距	个数		全部	单个
1	铬刚玉	枣形	42	0	0	1.29	0.41	0.205
	铬刚玉	枣形	42	10	2	1.70		
2	钛刚玉	枣形	35	0	0	1.31	0.37	0.185
	钛刚玉	枣形	42	10	2	1.68		
3	铸石	方块形	33	0	0	1.31	0.35	0.175
	铸石	方块形	38	10	2	1.65		

表 3-27 非金属叠合板的间隙效应(单间隙)

序号	非金属材料		排列方式	夹层等质量厚/mm	间隙		N	间隙作用 ΔN
	种类	形状			间距	个数		
1	钛刚玉	圆柱体	立	39	0	0	1.43	0.25
	钛刚玉	圆柱体	立	38	10	1	1.68	
2	铸石	圆柱体	立	36	0	0	1.29	0.16
	铸石	圆柱体	立	32	10	1	1.45	
3	铸石	圆柱体	卧	23	0	0	1.33	0.36
	铸石	圆柱体	卧	33	10	1	1.69	

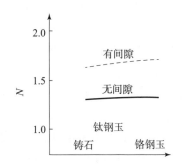

图 3-47 不同单元形状复合材料有、无间隙时的防护系数变化情况

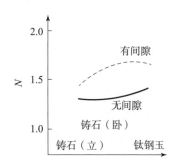

图 3-48 不同单元排列方式复合材料有、无间隙时的防护系数变化情况

5) 射流能量的影响

射流能量的大小对间隙效应有明显的影响。一般来说，在间隙结构参数不变的情况下，随着射流能量的增大，间隙效应的影响减弱，即间隙的防护系数增值减小。射流能量的大小主要表现在射流直径及其速度上，主要由破甲弹的药量、炸药种类和弹药结构决定。弹的威力越大，则间隙抗射流破甲的效益越低。

由表 3-21 和表 3-22 的比较可以看出，在板厚、装甲倾角相同的情况下，85 mm 破甲弹破甲时的间隙效应比 110 mm 模拟破甲弹破甲更为强烈，单个间隙防护系数增值相差达 0.10。

2. 穿甲弹穿甲时的间隙效应

穿甲弹在穿入间隙结构时同样存在着间隙效应。与射流破甲的间隙效应不同，随着各种因素的变化，其间隙效应可能为正效应，也可能为负效应。

穿甲弹穿入小间隙的间隙装甲时，呈现负效应。随着间距的增大，逐渐向正效应方向转化，最终呈现正效应，并保持一定值。除间距外，还受到装甲倾角、间隙板厚度、材质以及弹种等多种因素的影响。

试验表明，在防护面密度不变的情况下，小间距的间隙装甲比单层均质装甲的防护系数要下降 0.12~0.37，而大间距的间隙装甲比单层均质装甲的防护系数要提高 0.23~0.68。

穿甲弹穿甲时的间隙效应影响因素主要有：

1) 间距的影响

间距是影响穿甲弹穿甲间隙效应的首要因素。它强烈地影响穿甲弹穿甲的间隙效应，并使其作用向相反的方向转化。较小的间隙使装甲抗穿甲弹能力降低。随着间距增大到某一临界值之后，间隙装甲抗弹能力大幅度增加，从而呈现正效应。间距的临界值取决于弹丸长度及装甲倾角，当水平间距接近或大于弹丸有效长度时，呈现正效应。

双层靶板组成的间隙靶的间距与穿深的关系，如图 3-49 所示。大间距时相对穿深减小 0.39，即防护系数提高 0.64。

例 1： 以 9 mm 钢制长杆形模拟弹，在 65°倾角下对间隙复合装甲模拟靶进行穿甲试验，其结果如表 3-28 所示。在防护面密度相同情况下，尽管采用高强度装甲钢，但间隙复合装甲的抗弹性能低于单层均质装甲。

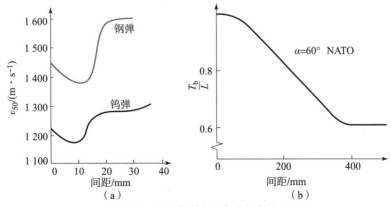

图 3.49 间隙靶的间距与穿深的关系
(a) 击穿极限与间距的关系；(b) 相对穿深与间距的关系

表 3-28 间隙复合装甲的负效应

类别	材料	总厚度/mm	等钢厚/mm	间隙数	$v_{50}/(m \cdot s^{-1})$
均质板	中硬度轧制装甲钢板	30	30	0	1 420
间隙复合装甲	铸石+高强度钢	49	29	2	1 385
	陶瓷+高强度钢	46	29	2	1 330
	陶瓷	52	30	0	1 520

例 2：以 $\phi 3.8$ mm 的变形钨合金长杆形模拟弹（弹长 55 mm），对 3 种不同水平间距的间隙靶进行穿甲试验，当水平间距大于有效弹长时，出现正效应。且随着水平间距增大，防护系数最大可达 1.68，如表 3-29 所示。

表 3-29 间距对穿甲弹间隙效应的影响（T_{max}/N）

序号	靶板类型			
	半无限靶	裙板+半无限靶		
		$\theta=0°$, $D=40$	$\theta=60°$, $T_0=40$, $D=80$	$\theta=60°$, $T_0=100$, $D=200$
1	51.2/1.0	46.1/1.11	40.8/1.25	30.4/1.68
2	48.6/1.0	47.8/1.02	35.0/1.39	32.6/1.49
3	51.1/1.0	43.3/1.18	41.2/1.24	31.6/1.62
4	53.3/1.0	48.5/1.10	40.6/1.31	34.0/1.57

注：分子为穿深值 T（mm），分母为防护系数 N，D 为间隙（mm）。

例 3：以 105 mm 模拟弹对 20 mm + 45 mm 的双层间隙靶进行 45°倾斜穿甲试验，结果如表 3 – 30 所示，试验中穿甲深度随间隙增大而逐渐减小。

表 3 – 30　间隙对穿深的影响

间隙 D/mm	等钢厚/mm	穿深 T/mm	穿深跳动量
30	42	75.5	±4.6
40	70	66.1	±1.7
50	84	62.8	±16.2

例 4：以北约 105 mm 变形钨合金长杆形穿甲弹对均质靶与三层靶（θ = 68°，间距为 305 mm）进行了对比射击试验，其结果如表 3 – 31 所示。大间距的间隙靶均为正效应，防护系数可提高 0.23。用 5.56 mm 铅芯弹垂直打击铝合金制成的单层靶与间隙靶，其结果如表 3 – 32 所示。间隙靶的总穿深大于单层均质靶，呈负效应，其防护系数可减小 0.27 ~ 0.34。

表 3 – 31　北约 105 mm 钨合金长杆形穿甲弹穿甲时的间隙效应

靶类	板厚/mm	倾角 θ/(°)	实际穿深 T_r/mm	v_s/(m·s^{-1})	N（相对值）
均质靶	120	71.5	378	1 361	1.00
	150	65	355	1 361	1.06
三层靶	10 + 25 + 80	68	307	1 361	1.23

表 3 – 32　5.56 mm 铅芯弹穿甲时的间隙效应（T_{max}/N）

牌号	靶类					
	单层靶	间隙靶				
		$\delta = 1.0$	1.7	2.0	2.1	2.5
AL1100 – H14	7.3/1.0	10/0.73	—	8.0/0.91	—	7.5/0.97
AL6061 – T6	5.6/1.0	8.5/0.66	6.8/0.82	—	6.4/0.88	—

2）装甲倾角的影响

装甲倾角是影响穿甲弹穿甲时间隙效应的一个重要因素。

对于小间隙结构，因为一般呈现负效应或零效应，故装甲倾角无明显的影响。对于大间隙结构，随着装甲倾角增大，其抗弹效应有增加的趋势。尤其对于固定间距间隙结构，随着装甲倾角的增大，由于倾角效应与水平间距增大二者作用的叠加，间隙效应向正效应方向转化。

以 $\phi 9$ mm 钢制长杆形模拟弹，对中硬度单层均质靶及三层靶进行不同装甲倾角的穿甲试验。单层靶垂直厚度 24 mm，三层靶靶板总厚度为 14.2（1.8 + 7.8 + 4.6）mm，靶间距分别为 23 mm、17.5 mm，试验结果如表 3 – 33 和图 3 – 50 所示。当装甲倾角小于 55°时，单层靶优于三层靶，即呈现负效应；而当装甲倾角大于 55°时，三层均质靶优于单层靶，即呈现正效应，且随着装甲倾角增大而提高。此外，从表 3 – 33 也可看出，在垂直间距不变情况下，随着装甲倾角加大，穿深减小，防护系数可增大 0.06 ~ 0.37。

表 3 – 33　装甲倾角对间隙效应的影响

$\theta/(°)$		0	30	50	55	60	65
$v_s/$ (m·s^{-1})	单层靶（平均值）	1 250	1 240	1 420	1 500	1 590	1 750
	三层靶（平均值）	1 113	1 153	1 405	1 500	1 700	1 960
$\Delta v_s/(\text{m·s}^{-1})$		137	87	20	0	-110	-210

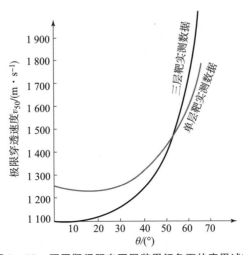

图 3 – 50　不同靶间距在不同装甲倾角下的穿甲试验

3）间隙板厚度的影响

间隙板厚度对穿甲弹穿甲间隙效应的影响与间距有关。对于小间距间隙装甲，当间隙板厚度减小时，由于背面弹坑边缘条件的影响增大，不利于提高其抗弹性能。因此间隙板的厚度越大越好。

对于大间距间隙装甲，间隙板只要有一个基本厚度，能使穿甲弹失稳，就会产生明显的间隙效应。如间隙板过厚,则会增加防护面密度,降低总体效益。

4) 间隙板强度的影响

提高间隙板强度可以提高间隙装甲的抗弹性能。尤其是对于大间隙装甲,提高第一、二层的强度,可以明显地提高抗弹效益。

试验表明,当以长径比为 10 的钢制长杆形穿甲弹穿透 65°装甲倾角的三层靶时,如第一、二层靶采用软钢制造,则弹丸长度损失为 10%~20%;如采用同样厚度的高强度钢板制造,尽管靶板产生崩落破坏,但弹丸长度损失可达 25%~30%。

5) 弹种及弹丸速度的影响

间隙效应也受到弹种的影响。一般来说,普通穿甲弹的间隙效应比长杆形穿甲弹更为明显。采用不同长径比的钢制长杆形模拟弹进行了单层靶与双层间隙靶垂直穿甲对比试验。试验结果如图 3-51 所示,其中长径比为 1 的相当于普通穿甲弹,长径比为 10 的是长杆形弹。显然,普通穿甲弹间隙效应要高于长杆形弹。由图中还可以看出,在弹速很低的情况下,呈现相反的结果,即间隙板的穿深大于均质板。

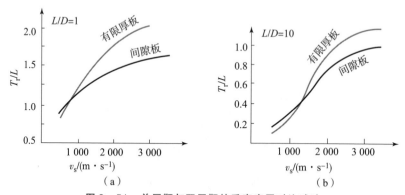

图 3-51 单层靶与双层靶的垂直穿甲对比试验
(a) 单层靶;(b) 双层靶

装甲结构中间隙的存在,可能对其抗弹性能产生有利的作用,也可能产生不利的作用。两方面因素综合作用的结果决定了间隙的正效应或负效应。

小间隙结构中,下列不利因素起主要作用:

(1) 靶板弹坑边缘条件影响增大。由于间隙的存在,使每层靶板的厚度减薄,从而增加背面弹坑边缘条件影响。尤其是斜穿甲时,靶板有效厚度大大减小。

（2）靶板破坏形式的变化。由于间隙的存在，每层靶板厚度减薄，容易产生冲塞破坏，减小靶板抗力。

（3）减小总体抗力。由于间隙削弱了总体结构的强度，减小了靶板总体抗力。

大间距的间隙结构中，下列有利因素起主要作用：

（1）干扰作用。当穿甲弹弹体穿过间隙板时，它受到的作用力往往是不对称的，倾斜穿甲时更是如此。当间隙结构的水平间距超过弹体长度时，由于存在"自由"运动的空间，在不对称力作用下，弹体飞行姿态失稳，降低其穿甲能力。

（2）多次开坑。间隙的存在，使装甲层数增多，弹丸穿甲过程中必须多次开坑，从而增加能量消耗。

（3）侧向力的作用。斜穿甲时，无论是靶板表面还是穿透到背面，均受到一个侧向力的作用，使得弹体飞行姿态失稳，降低穿甲能力。

3.2.3 厚度效应

装甲结构中有各种不同的厚度因素，如装甲总厚度、装甲内部各类结构单元的厚度和结构元件的厚度等，其中结构元件的厚度对抗弹效应有明显的影响。

弹靶作用时，装甲结构元件厚度的变化对抗弹产生的不同效果，称为厚度效应。在装甲结构中，采用最多的结构件是均质平板。通常厚度效应一般都指装甲中均质板厚度的变化对抗弹性能产生的不同效果。

本部分重点讨论"有限厚板"的厚度效应。

图 3 – 52 所示是 90 ~ 125 mm 口径火炮在中等作战距离上，发射动能弹垂直命中（北约 0°）中等硬度轧制均质钢装甲时的平均穿甲性能，图 3 – 53 所示是 100 ~ 175 mm 口径火炮发射空心装药战斗部（单装药和串联装药）垂直命中（北约 0°）中等硬度轧制均质钢装甲时的平均穿甲性能。

弹靶相互作用时，当一块均质板的厚度从半无限厚度逐渐减少到最小实用厚度（例如 5 mm）时，其内部应力状态及动态响应也逐渐发生变化。主要变化有：

（1）靶板破坏形式发生变化。随着靶板厚度的减小，其破坏形式由塑性扩孔逐渐向冲塞穿孔转化。而冲塞破坏是一种低耗能的穿透形式，从而使得穿甲所需能量减小，穿甲深度增加。

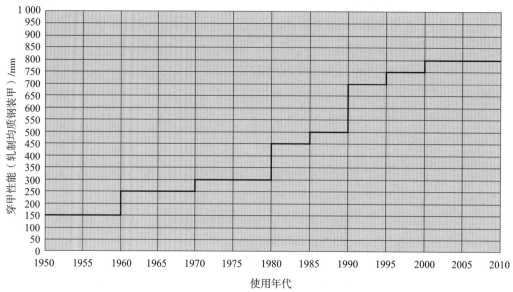

图 3-52　90~125 mm 口径火炮在中等作战距离上，发射动能弹垂直命中中等硬度轧制均质钢装甲时的平均穿甲性能

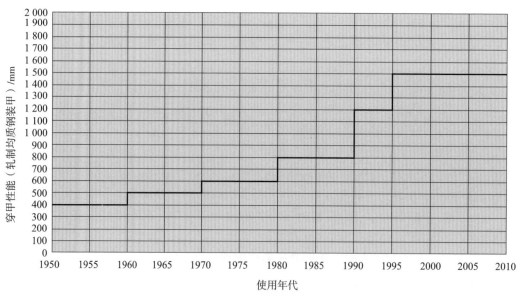

图 3-53　100~175 mm 口径火炮发射空心装药战斗部垂直命中中等硬度轧制均质钢装甲时的平均穿甲性能

（2）背面弹坑边缘条件影响增大。靶板在穿甲过程中一般可分为3部分，即正面开坑区、背面穿透区和中间定常穿入区，其中中间有效厚度部分抗穿甲作用最大。随着靶板厚度的减薄，其中间有效厚度部分相对减小，使靶板抗弹性能降低。倾斜穿甲时，尤其如此。

（3）变形增大。随着靶板厚度的减小，容易产生变形，出现弯曲、翘曲等现象，降低其抗弹性能。

（4）应力状态。随着厚度减小，其应力状态由三维向二维转化，最后成为平面应力状态。

（5）应力波传播。随着板厚的减小，应力波传播到背面的行程及时间缩短，容易形成多次反射。

上述5种变化中，靶板破坏形式变化及背面弹坑边缘条件的影响最为突出，能够明显降低装甲板的抗弹性能。当装甲板厚度减小时，由于背面弹坑边缘的影响，使其抗弹性能明显降低的现象，称为"背面效应"。其次是弯曲问题，它也会使装甲板的抗弹性能降低。

在装甲面密度不变的情况下，板厚减小时，相应也要增加其层数，即增加界面，这会带来下列变化：

（1）阻止裂纹扩展。前一块板中产生的裂纹不能扩展到后一块板上。

（2）造成多次开坑。增大能量的消耗。

这些变化将有利于提高装甲的抗弹性能。

装甲结构中，各类结构或材料所占厚度之间的比例，称为厚度配比。厚度配比也可以用某种类型结构或材料厚度在装甲总厚度中的百分比来表示。

厚度配比同样影响装甲的抗弹性能，但这种影响比较复杂。随着结构或材料的类型不同，有不同的影响。

1）金属复合装甲中厚度配比的影响

在双硬度复合装甲钢板中，面板与背板的厚度配比对其抗弹性能有很大影响。抗枪弹试验表明，随着面板厚度配比的增加，抗弹性能增加，但增加到一定比例后，由于钢板脆性增加，其抗多发弹能力降低，以至产生断裂。所以最佳比例是面板厚度占40%～60%（图3-54）。

这种最佳厚度配比还受到下列因素影响：

（1）装甲总厚度。试验研究表明，随着装甲总厚度的增加，面板最佳厚度配比值减小（图3-55）。

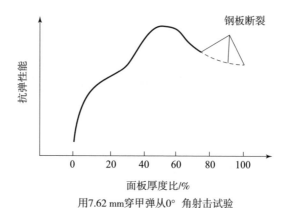

图 3-54　抗弹性能与面板厚度比的关系

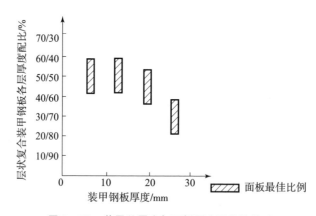

图 3-55　装甲总厚度与面板厚度配比的关系

(2) 面板的强度。随着面板强度的增加,面板最佳厚度配比值减小。

(3) 背板的韧性。随着背板韧性的增加,面板最佳厚度配比值增大。

(4) 防御的弹种。随着弹丸口径的增大,面板最佳厚度配比值减小。

2) 间隙装甲中厚度配比的影响

在间隙装甲中,改变各层装甲之间的厚度配比,对装甲的总体抗弹性能有所影响。

以 105 mm 模拟弹对不同厚度面板的双层间隙靶进行 45°倾斜穿甲试验,结果如表 3-34 所示。随着面板厚度的增加,其抗弹性能降低。

表 3-34 面板厚度对抗弹性能的影响

垂直间距/mm	水平间距/mm	面板厚度/mm	总穿深/mm	N（相对值）
30	42	10	62.9	1.00
20	75.5	0.83	—	—
60	84	10	46.6	1.00
20	62.8	0.74	—	—

同时，厚度效应受到装甲的倾角、间隙以及弹种等其他因素的影响。

1. 穿甲弹穿甲时的厚度效应

当装甲从半无限厚度变为有限厚度时，其最大穿甲深度明显增加。其穿甲深度的增量 ΔT 与弹径 d、弹长 L 以及弹速等因素有关。

TaTe 曾经给出以下穿深增量的计算公式：

$$\Delta T = 0.5d + 0.08L \quad (3-3)$$

或

$$\Delta T/L = 0.5/\lambda + 0.08 \quad (3-4)$$

由式（3-3）和式（3-4）可见，穿深增量随着长径比 λ 的增加而减小。在同一试验条件下，穿深增量随着弹丸速度的增加而增大，且穿深增量与速度呈对数关系变化。对于 $\lambda = 20$，弹径为 4 mm 的长杆形模拟弹，呈以下关系：

$$\Delta T = -117.55 + 17.318 \ln v_s \quad (3-5)$$

对于有限厚板，在防护面密度不变的前提下，板厚减小时，层数增加，则界面面积增加，对装甲抗弹性能存在有利和不利的影响。其综合作用的结果，存在着一个最佳厚度，该最佳厚度与装甲倾角、间隙及弹种特性参数等因素有关。

试验表明，有限厚板的防护系数比半无限板减小 0.13~0.57。垂直穿甲时，厚度适当的多层叠合靶的抗弹性能高于单层均质板，防护系数可提高 0.20 以上。对于间隙靶，在倾斜穿甲时，随着间隙板厚度的增加，其抗弹性能提高。

在穿甲弹穿甲时的厚度效应试验中，采用各种模拟弹对不同板厚的各类靶板进行了试验。

1) 钢制模拟弹对低碳钢靶板的垂直穿甲试验

以 $\phi 9 \times 9$ mm 和 $\phi 5.8 \times 58$ mm 两种钢制模拟弹对低碳钢半无限和有限厚度的均质靶板进行垂直穿甲试验，其结果如表 3-35 和图 3-56 所示。有限厚板的穿深明显高于半无限厚板，且随着弹速的提高和长径比 λ 的增大而差值减小。对于长径比为 1 的弹丸，有限厚板防护系数减小 0.31～0.57。对于长径比为 10 的弹丸，有限厚板防护系数减小 0.13～0.41。

表 3-35　钢制模拟弹穿甲的厚度效应（相对穿深 T_r/L，防护系数）

$\dfrac{L}{D}$	靶板类别	速度 $v_{50}/(\text{m}\cdot\text{s}^{-1})$					
		1 000	1 500	2 000	2 500	3 000	3 500
1	半无限	0.41 /1.0	0.70 /1.0	1.00 /1.0	1.25 /1.0	1.50 /1.0	1.64 /1.0
1	有限厚	0.95 /0.43	1.33 /0.53	1.70 /0.59	2.00 /0.63	2.17 /0.69	2.37 /0.69
10	半无限	0.13 /1.0	0.43 /1.0	0.73 /1.0	0.90 /1.0	0.98 /1.0	1.01 /1.0
10	有限厚	0.22 /0.59	0.56 /0.77	0.86 /0.83	1.05 /0.86	1.13 /0.87	1.16 /0.87

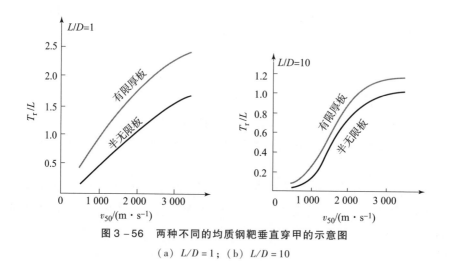

图 3-56　两种不同的均质钢靶垂直穿甲的示意图
（a）$L/D=1$；（b）$L/D=10$

2）5.56 mm 铅芯弹对有限厚铝板的垂直穿甲试验

曾采用 5.56 mm 铅芯弹垂直穿入铝合金制成的单层均质靶、叠层靶与间隙靶，其结果如表 3-36 及图 3-57 所示。试验表明，垂直穿甲时，存在以下规律：

（1）多层叠合靶及间隙板的板厚对抗弹性能有影响，并存在一个最佳厚度。

（2）叠层靶板的抗弹性能可能高于也可能低于单层均质靶。最佳多层叠合靶比单层均质靶的防护系数可提高 0.20~0.65。

表 3-36 5.56 mm 铅芯弹穿入铝板的厚度效应（T_{max}/N）

牌号	靶板类							
	单层靶	叠层靶						
		$\delta=1.0$	$\delta=1.7$	$\delta=2.0$	$\delta=2.1$	$\delta=2.5$	$\delta=3.0$	$\delta=3.6$
Al 1100-H14	7.3/1.00	6.6/1.11	—	6.1/1.20	—	7.4/0.97	7.4/0.97	—
Al 6061-T6	5.6/1.00	4.5/1.24	3.4/1.65	—	4.2/1.33	—	—	7.3/0.78

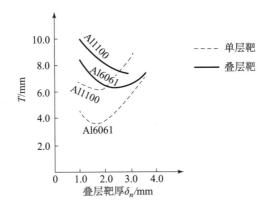

图 3-57 单层均质靶、叠层靶、间隙靶的垂直穿甲示意图

3）105 mm 模拟穿甲弹对间隙装甲的倾斜穿甲试验

以 105 mm 模拟穿甲弹对防护面密度相同而装甲钢板厚度不同的间隙靶进行了 65°的倾斜穿甲试验，其结果如表 3-37 和图 3-58 所示。试验表明，随着间隙板厚度的增加，抗弹性能提高。

表 3-37 105 mm 模拟弹对间隙装甲的倾斜穿甲试验

靶板层数	靶板间隙数	间隙距离/mm	每层板厚 δ_n/mm	靶板垂直总厚/mm	极限穿透速度 v_{50}/(m·s^{-1})
1	0	0	20	20	1 230
2	1	24	10	44	1 290
3	2	12	6.7	44.1	1 020

续表

靶板层数	靶板间隙数	间隙距离 /mm	每层板厚 δ_n /mm	靶板垂直总厚 /mm	极限穿透速度 v_{50} /(m·s^{-1})
4	3	3.5	5	45.5	880
5	4	6	4	44	780

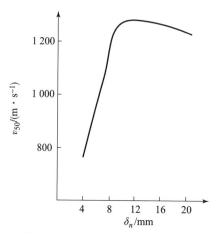

图 3-58　间隙靶的倾斜穿甲试验

2. 破甲弹破甲时的厚度效应

与穿甲弹穿甲相似，在防护面密度不变的前提下，板厚减小时则界面增加，对装甲抗破甲性能存在有利和不利的影响，因此也存在一个最佳厚度。

破甲弹的金属射流对均质钢装甲的破甲过程可分为三个阶段，即开坑阶段、连续射流穿入阶段和非连续射流穿入阶段。图 3-59 为以 40 mm 破甲弹进行静破甲试验时，穿入中硬度均质装甲钢的弹坑剖面图。

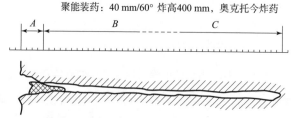

A—开坑阶段；B—连续射流穿入阶段；C—非连续射流穿入阶段。

图 3-59　破甲射流形成的弹坑剖面图

如图 3-59 所示，在开坑阶段（A）的入靶处造成一个形似漏斗状的弹坑。

漏斗底部以下,弹孔的直径随穿入深度加深而缓慢减小,但直到射流接近弹孔底部时,其直径变化均不大。由于在此阶段射流为连续射流,速度梯度较小,因此可以把这一阶段视作准定常穿入阶段(B),这是破甲的主要过程。准定常穿入阶段弹孔壁应该比较光滑,但图3-59中的孔壁不够光滑,主要是由于在射流断裂后非连续穿入时,断裂射流的射入方向失稳所致。所以,从弹孔剖面图上难以确定射流非连续穿甲的开始点。

在弹孔的末端,为非连续射流穿入阶段(C),弹孔直径时大时小,坑壁不够光滑,这是射流断裂后产生不连续射流穿入时造成的。弹孔底部有时出现孔径扩大和射流堆积现象,射流堆积物可以附在弹孔任何部位。射流尾部不仅断裂而且速度降低到已不能破甲,因而常产生底部堆积现象,但其压力仍超过扩孔所需的压力,因而孔径有时有扩大现象。

目前,装甲防护抗破甲性能的研究仍以采用缩比尺寸模拟试验为宜。通常40 mm 的模拟试验用弹即可反映 100 mm 级的弹种,其误差在允许范围内。

破甲弹击中靶时,准定常穿入阶段为靶材流动区,材料强度不起作用。当非连续射流速度降低,随之压力下降到 20 000~30 000 MPa 时,材料强度开始产生影响,不同强度的材料将具有不同的穿深。图3-60为穿深、时间及不同材料的关系曲线示意图(a、b、c 为不同材料的最大拉伸强度)。

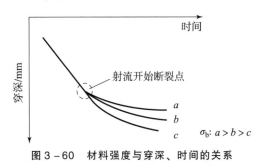

图3-60 材料强度与穿深、时间的关系

如图3-61所示,穿深随靶材抗拉强度及硬度的增加而明显下降。

如图3-62所示,弹坑容积同样随靶材抗拉强度及硬度的增加而明显减小。

因此,应根据装甲材料的拉伸强度、抗拉强度(布氏硬度)等特性来确定均质装甲防御破甲弹的最佳厚度。

通过试验研究了厚度的影响,结果表明,在最佳厚度时,间隙装甲的防护系数可提高0.20左右。

在破甲弹破甲的厚度效应试验中,采用不同口径的破甲弹对不同板厚的间隙靶进行了试验。

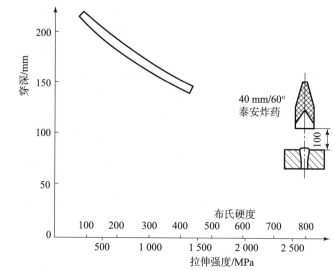

图 3-61 穿深与抗拉强度曲线

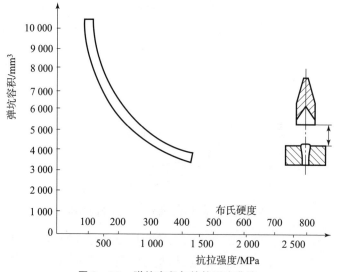

图 3-62 弹坑容积与抗拉强度曲线

1) 85 mm 破甲弹对装甲钢间隙的破甲试验

采用 85 mm 破甲弹对三种不同厚度中硬度装甲钢板制成的间隙靶进行了倾斜破甲试验,结果如图 3-63 所示。板厚对抗弹性能有影响,并存在一个最佳厚度。65°装甲倾角时,采用 20 mm 厚间隙板的防护系数比 10 mm 时提高 0.19。

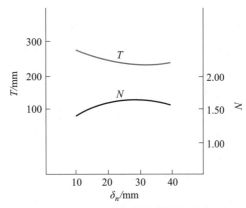

图 3-63　间隙靶的倾斜破甲试验

2）110 mm 模拟破甲弹对间隙复合装甲的破甲试验

采用 110 mm 模拟破甲弹对不同厚度装甲板制成的间隙复合装甲进行了倾斜破甲试验，间隙厚度为 10 mm、15 mm、20 mm 三种。试验表明，20 mm 厚间隙板的抗射流破甲性能高于其他厚度的间隙。

3.2.4　尺寸效应

尺寸效应通常是指构件尺寸的变化所引起的材料性能及其响应的变化。装甲结构中存在着各种尺寸的结构元件，而装甲防护中尺寸效应的主要研究对象是抗弹结构元件。

弹靶作用时，装甲抗弹结构元件尺寸的变化对抗弹产生的不同效果，称为结构元件尺寸效应，简称尺寸效应。当抗弹结构元件尺寸增大时，装甲抗弹能力提高，称为正效应；当抗弹结构元件尺寸增大时，装甲抗弹能力降低，称为负效应。

当弹靶相互作用时，装甲抗弹结构元件形状的变化对抗弹产生的不同效果称为形状效应。由于改变结构元件不同方向和尺寸，可以得到不同形状的构件，因此，形状效应也可理解为尺寸效应。

材料科学中对于尺寸效应进行过不少研究。通常认为，材料的组织完全相同时，由于零件或试样尺寸的不同，它们所表现出的强度或塑性也不相同，这就是尺寸效应。

对于尺寸效应，一般存在着如下认识：

（1）塑性材料的尺寸效应小于脆性材料。

（2）尺寸效应在疲劳载荷下影响最大，冲击载荷下次之，静载荷下更次之。

(3) 对于金属材料，尺寸效应的表现主要是随着试样（零件）尺寸的增大，材料强度降低，脆性倾向增大。拉伸试验时，试样的长度和截面尺寸对伸长率有影响。对于塑性材料，同一状态的 δ_5 一般大于 δ_{10}，$\delta_5 = （1.15 \sim 1.2）\delta_{10}$。对于圆形光滑试样，断面收缩率 ψ 与试样尺寸无关。

(4) 对于脆性材料，在拉伸断裂时，断裂抗力随零件的断面增大而显著降低。例如，极细的玻璃纤维其强度大大高于较粗的玻璃纤维。

尺寸效应的产生，通常认为有两个方面的原因，即材料质量和应力状态。材料质量的影响，即随着尺寸增大，弱区出现的概率增加，其断裂拉力减小，即强度降低。应力状态的影响，即尺寸增大时，约束作用增强，应力状态发生变化，造成三向应力状态，使材料呈脆性断裂。

装甲抗弹结构元件尺寸或形状变化时，首先影响材料内部应力状态及其动态响应，进而影响其抗弹性能。

根据材料力学的有关研究，可作如下分析：

1) 弯曲变形时的尺寸效应

当装甲受到弹丸作用时，其抗弹结构元件往往要发生弯曲变形。发生弯曲变形时，结构元件必然要受到拉应力，此时正应力为

$$\sigma = MY/J_x \qquad (3-6)$$

式中　M——弯矩；

　　　Y——距中性层距离；

　　　J_x——惯性矩。

最大正应力发生在 $y_{\max}$ 处，即弯曲外表面，此时，

$$\sigma_{\max} = MY/J_x = M_{\max}/W_x \qquad (3-7)$$

式中　W_x——抗弯截面模量。

根据 W_x 计算分析可知，随着结构元件厚度的增加，W_x 也增加，故 $\sigma_{\max}$ 减小。所以在弯矩一定的情况下，随着抗弹元件厚度的增加，所受最大拉应力减小，有利于提高装甲的抗弹性能。

结构元件在受到弯曲时，同时还要受到剪应力，其应力的最大值为

$$\tau_{\max} = QS_{\max}/bJ_{\max} = 3Q/2bh \qquad (3-8)$$

式中　Q——剪力；

　　　S——静力矩；

　　　b——梁宽；

　　　h——梁高。

在剪力一定的情况下，随着抗弹元件厚度的增加，零件受最大剪应力减小，从而有利于抗弹性能提高。

总之，随着抗弹元件厚度的增加，其弯曲变形时受到的最大拉应力和最大剪应力有所减小，从而有利于抗弹性能的提高，这是引起尺寸效应的原因。

厚度方向的尺寸效应对于塑性材料和脆性材料的影响是不同的。对于脆性材料，如陶瓷等，其影响最为明显。当陶瓷块厚度较薄且没有足够的支撑时，弯曲在陶瓷块背面产生巨大的拉应力，而陶瓷的拉伸强度非常低，因此，穿甲初始阶段就产生拉伸断裂，使陶瓷不能显示出高的压缩强度。而对塑性材料来说，影响并不明显。所以，陶瓷等脆性材料的尺寸效应很明显。

2）轴向载荷作用下的尺寸效应

当某一结构元件受到轴向冲击载荷时，根据能量守恒原理可以得出动载应力为

$$\sigma = Q/F + \sqrt{2QHE/LF} \qquad (3-9)$$

式中　Q——静载荷；

　　　F——杆的截面；

　　　H——高度；

　　　E——材料弹性模量；

　　　L——杆长。

式（3-9）表明，对于等截面直杆，动载应力与杆截面和长度有关。随着杆的截面、长度的增大即元件体积的增大，所产生的动载应力减小。

所以，随着抗弹元件体积的增大，其受到的动载应力减小，从而有利于抗弹性能的提高。

综合上述分析，当结构元件的尺寸变化时，对材料性能既存在不利影响，也存在有利影响。最终的影响要看其综合效果。

穿、破甲弹的试验表明，在一定范围，随着抗弹元件尺寸的增大，装甲抗弹性能有所提高。

对于普通穿甲弹，由于尺寸效应的影响，其防护系数可提高 0.11～0.22。对于破甲弹，由于尺寸效应的影响，其防护系数可提高 0.17～0.50。

尺寸效应的影响因素如下：

（1）打击物体的尺寸。一般来说，随着打击物体尺寸的增大，单元件的最佳尺寸也相应增大。对于防穿甲弹，单元件的直径或截面应大于弹体的直径或截面，才能充分发挥单元件作用。对于防破甲弹，单元件的直径或截面应大于射流直径的 10 倍以上，才能有效地发挥单元件的作用。

（2）装甲结构。尺寸效应显然与装甲结构有关。对于防破甲弹，在间隙结构中，尺寸效应表现得更为强烈。

（3）弹的穿甲威力。随着穿甲弹穿甲威力的增大，尺寸效应的影响有所减弱。

1. 射流破甲的尺寸效应试验

在破甲射流的尺寸效应试验中，采用不同口径的实弹对不同尺寸的陶瓷材料进行了试验。

1）110 mm 模拟破甲弹对氧化铝陶瓷的破甲试验

以 110 mm 模拟破甲弹战斗部对两种间隙复合装甲进行了静破甲试验。两种装甲的厚度、质量、材料及结构配置完全相同，仅夹层中圆柱形氧化铝陶瓷单元的尺寸不同。在 68°装甲倾角的情况下进行破甲试验，其结果如表 3–38 所示。由于尺寸效应的影响，复合装甲的防护系数提高了 0.17。

表 3–38　陶瓷抗弹元件的尺寸效应

序号	陶瓷单元件/mm	层数	等质量厚/mm	N	ΔN
1	$\phi 34 \times 30$	3	41	1.50	0.17
2	$\phi 70 \times 47$	2	41	1.67	

注：弹的破甲能力为 $T_b = 548$ mm。

2）110 mm 模拟破甲弹对不同尺寸铸石的破甲试验

以 110 mm 模拟破甲弹对两种铸石夹层的间隙复合装甲进行了静破甲试验。两种装甲的厚度、质量相近，材料及结构配置完全相同，而夹层中圆柱形铸石单元尺寸不同。在 68°装甲倾角情况下进行破甲试验，其结果如表 3–39 所示。铸石材料的尺寸效应更为明显，防护系数提高了 0.57。

表 3–39　铸石抗弹元件尺寸效应

序号	铸石尺寸/mm	层数	等质量厚/mm	N	ΔN
1	$\phi 35 \times 30$	2	22	1.45	0.57
2	$\phi 45 \times 3$	2	24	2.02	

注：弹的破甲能力为 $T_b = 557$ mm。

2. 抗普通穿甲弹的尺寸效应

采用不同口径的枪弹对不同尺寸的陶瓷材料进行试验。

1）7.62 mm 穿甲燃烧弹对不同尺寸氧化铝陶瓷的穿甲试验

以 7.62 mm 穿甲燃烧弹对两种薄复合装甲进行垂直穿甲试验。两种复合装甲均由陶瓷层面板与钢背板组成。陶瓷层面板由陶瓷球黏结而成。装甲钢背板厚度可调整,以保证不被穿透为宜。其结果如表 3-40 所示。球体直径增大 12% 时,防护系数值增加 0.22。

表 3-40 陶瓷元件抗 7.62 mm 穿甲弹的尺寸效应

氧化铝元件形状	直径/mm	基板厚/mm	等质量厚/mm	有效发数	击穿概率/%	N	ΔN
球体	7.8	8	10.7	32	0	1.59	0.22
球体	8.7	6	9.4	65	0	1.81	

注:弹的穿甲能力为 $T_b = 17$ mm。

2）12.7 mm 穿甲燃烧弹对不同尺寸氧化铝陶瓷的穿甲试验

以 12.7 mm 穿燃弹对两种薄复合装甲进行垂直穿甲试验。薄复合装甲的结构与上面类似。其结果如表 3-41 所示。球体直径增大 22% 时,防护系数值增加 0.11。

表 3-41 陶瓷元件抗 12.7 mm 穿甲弹的尺寸效应

氧化铝元件形状	直径/mm	基板厚/mm	等质量厚/mm	有效发数	穿透概率/%	N	ΔN
球体	14.7	12	17.0	8	0	1.47	0.11
	18.0	10	15.8	21	0	1.58	

注:弹的穿甲能力为 $T_b = 25$ mm。

3.2.5 形状效应

抗弹单元形状的变化,对装甲抗弹性能有着明显的影响。对陶瓷材料的大量试验表明,块状单元的抗弹性能优于板状,而圆柱体状的抗弹能力又优于方块状。对于防破甲弹,由于形状效应的影响,其防护系数可增大 0.25 左右。

在射流破甲的形状效应试验中，采用不同口径的破甲弹对不同形状的陶瓷元件进行了试验。

1）110 mm 模拟破甲弹对铸石的破甲试验

以药柱直径为 110 mm 的模拟破甲弹，在不同装甲倾角时对两种复合装甲进行了静破甲试验。两种复合装甲的质量、厚度基本相同，结构配置完全相同，仅夹层中铸石的形状有所不同，分别为方块状和圆柱体。其试验结果如表 3-42 所示。圆柱体优于方块状，其防护系数相差 0.25 左右。

表 3-42　110 mm 模拟破甲弹穿入铸石的形状效应

序号	装甲倾角/(°)	元件形状	元件尺寸/mm	层数	等质量厚/mm	N	形状影响
1	68	方块形	□43×30	3	33	1.65	0.25
2	68	圆柱体	φ35×30	3	33	1.90	—
3	35	方块形	□43×30	3	—	1.40	0.26
4	35	圆柱体	φ35×30	3	—	1.66	—

2）82 mm 破甲弹对铬刚玉的破甲试验

采用 82 mm 破甲弹在 60°装甲倾角时，对 4 种复合装甲进行了静破甲试验。各种复合装甲的结构配置相同，质量和厚度相近，仅夹层中铬刚玉元件的形状有所不同，分别为圆柱形、六方形、球形和枣形。其结果如表 3-43 所示。其抗弹性能顺序为：枣形 > 球形 > 六方形 > 圆柱形。防护系数相差 0.26。

表 3-43　82 mm 破甲弹穿入铬刚玉的形状效应

序号	元件形状	元件尺寸/mm	平均穿深/mm	N
1	圆柱形	φ25×28	230	1.17
2	六方形	φ24×30	216	1.25
3	球形	φ20	200	1.35
4	枣形	φ20×30	198	1.43

另外，以 7.62 mm 穿甲弹对三种薄复合装甲进行了垂直穿甲试验。三种复合装甲的质量、厚度及结构配置相同，仅挂装甲部分铬刚玉元件的形状有所不同，分别为长方体、六方体、六方板块。其结果如表 3-44 所示。其抗弹性能

顺序为：六方体＞六方板块＞长方体。

表3-44　7.62 mm穿甲弹穿入铬刚玉的形状效应

元件形状	元件尺寸/mm	背板	等钢厚/mm	有效发数	穿透发数	穿透概率/%	N
长方体	40×10×6	钢*/6 mm	9	6	3	50	—
六方板块	对角83×5.8	钢*/6 mm	9	7	1	14	—
六方体	对角42×6.0	钢*/6 mm	9	3	0	0	1.89
注：*高硬度装甲钢							

3.2.6　方向效应

除单层均质装甲外，其他各类装甲都是由多层组成的，而每一层又可能是由若干抗弹元件组成的。这些抗弹元件按其形状不同基本可分为杆状、块状及板状三大类，它们均在各种不同类型的装甲中获得应用。有关研究表明，不仅抗弹元件的形状、尺寸的变化对抗弹性能有所影响，抗弹元件每一层中设置方向的变化，也会对抗弹性能产生影响。

弹靶作用时，装甲抗弹元件设置方向的变化对抗弹产生不同的效果，称为方向效应。

方向效应中的"方向"是指抗弹元件的轴线（对于杆、长形块）或平面（对于板状）与弹道方向的相对位置而言。

对于杆状抗弹元件，有横置与纵置之分。当杆状元件的轴线与弹的入射方向垂直相交时，称为横置。当横置的杆状元件在装甲层面内转动90°后，此时设置称为纵置。纵置时，杆的轴线与弹道方向成小于90°的夹角（图3-64）。

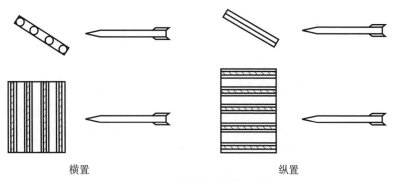

图3-64　杆状抗弹元件布置图

对于长形块状元件，有立式放置、卧式横置、卧式纵置之分。当长形块状元件的长轴与层面垂直时，称为立式放置。当长形块状元件的长轴与层面平行时，称为卧式放置。卧式放置时，如长形块状元件的轴线与弹道方向垂直相交时，称为卧式横置。当卧式横置的长形块状元件在装甲层面内转动90°时，称为卧式竖置（图3-65）。

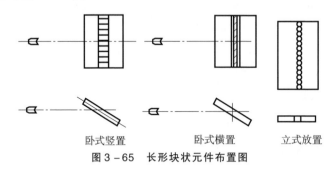

图3-65 长形块状元件布置图

对于板状元件，有前倾、后倾之分。当板面与弹道方向夹角（锐角）的尖端指向装甲前部时，称为前倾。当板面与弹道方向夹角（锐角）的尖端指向装甲的后部时，称为后倾（图3-66）。

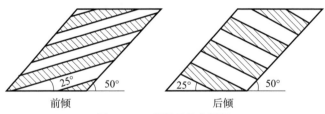

图3-66 板状元件布置图

方向效应是一个比较复杂的效应问题，它既涉及材料性能的发挥，又涉及结构与打击物体的相对作用等因素。

影响方向效应的因素主要有：

（1）倾角。方向效应主要表现在倾斜穿甲尤其是大倾角的情况下，无论对于杆、块、板，这种效应都存在。对于杆来说，在垂直穿甲的情况下，基本不存在方向效应。

（2）弹种。随着弹种的不同，存在着不同的方向效应。例如，对于穿甲弹和破甲弹，其方向效应就截然不同。

方向效应的效果与弹靶作用的机理有关。试验研究表明，依靠抗弹元件强度起作用的情况下，对于长形块状元件，一般是卧式优于立式设置，其抗破甲防护系数可增大0.30左右。

依靠弹体偏转提高抗弹性能时，对于板状元件，后倾优先前倾；对于杆体，横置优于纵置。

依靠间隙起作用时，对于杆状元件（包括管），一般是纵置优于横置；对于管，其破甲弹的防护系数可增大 0.65 左右。

在射流穿入的方向效应研究中，采用不同口径的破甲弹对不同形状的抗弹元件进行了破甲试验。

例 1：110 mm 模拟破甲弹对铸石圆柱体的破甲试验

以药柱直径为 110 mm 的模拟破甲弹在 68°装甲倾角下，对两种间隙复合装甲进行了静破甲试验。两种间隙复合装甲的厚度、质量及结构配置相同，仅非金属夹层中铸石圆柱体的设置方向不同。其结果如表 3 – 45 所示。卧式横置优于立式放置，在间隙结构中更为明显，其防护系数值可增大 0.30 左右。

表 3 – 45　110 mm 模拟破甲弹与铸石元件的方向效应

序号	结构特点	元件/mm	层数	单元放置方向	夹层等质量厚/mm	N	ΔN
1	无间隙	$\phi 35 \times 30$	3	立式	37	1.29	0.04
2	无间隙	$\phi 35 \times 30$	2	卧式	23	1.33	
3	有间隙	$\phi 35 \times 30$	2	立式	24	1.45	0.30
4	有间隙	$\phi 35 \times 30$	2	卧式	23	1.75	

例 2：105 mm 模拟破甲弹对钢管的破甲试验

以 105 mm 模拟破甲弹在 60°装甲倾角下，对不同设置方向的钢管间隙装甲进行了破甲试验。试验用间隙装甲的厚度、质量、结构配置以及钢管规格、性能相同，仅钢管设置方向不同。其结果如表 3 – 46 所示。纵置优于横置，且防护系数值增大 0.45 以上。

表 3 – 46　105 mm 模拟破甲弹与钢管的方向效应

序号	装甲倾角 $\theta/(°)$	$\beta/(°)$	弹轴与管轴夹角 $\gamma/(°)$	等质量穿深 /mm	N
1	60	0	90	>330	<1.22
2	60	25	68.5	328	1.22
3	60	30	64.3	270	1.48
4	60	35	60.2	~271	1.48
5	60	90	30	240	1.67

注：β—管轴与横置方向线的夹角；γ—复合角；$\gamma = \arccos(\sin\theta \sin\beta)$。

例3：110 mm 模拟破甲弹对钢管的破甲试验

以药柱直径为 110 mm 模拟破甲弹，在 68°装甲倾角下对不同设置方向的钢管间隙装甲进行静破甲试验。试验用钢管间隙装甲的厚度、质量、结构配置及钢管的规格、性能完全相同，仅钢管设置方向不同。其结果如表 3-47 所示。纵置优于横置，且防护系数值增大 0.65 左右。

表 3-47　110 mm 破甲弹击入钢管的方向效应

序号	钢管规格	单元设置方向	层数	N	ΔN（最大值）
1	$\phi 28 \times 4$	横置	5	1.24	0.65
2	$\phi 38 \times 6$	斜置	4	1.43～1.72	
3	$\phi 28 \times 4$	竖置	5	1.89	

例4：85 mm 模拟破甲弹对栅式屏蔽的射击试验

以 85 mm 模拟破甲弹，对不同设置方向的栅式炮塔屏蔽进行动破甲试验。屏蔽垂直放置，所采用栅式屏蔽中，栅杆为扁钢，一种为横置，另一种为竖置。当进行正面垂直破甲时，二者屏蔽概率相同。当从侧面进行倾斜破甲时，二者屏蔽概率差异很大，试验结果如表 3-48 所示。横置优于竖置，屏蔽概率相差达 60%。

表 3-48　屏蔽概率试验结果

方向	射击角度/(°)					
	0	30	45	50	55	60
横置	62	62	62	62	62	62
竖置	62	42	27	20	12	~0

注：栅杆宽 30 mm，厚 10 mm，间隙距离 75 mm。破甲弹防滑帽 $\phi 22$ mm

穿甲弹穿甲的过程中，由于杆件或板件设置方向的不同，引起其抗弹效果不同，对长杆形穿甲弹尤其如此。

1）板件抗穿甲弹方向效应试验研究

穿甲弹穿透有限厚靶板时，往往由于转正效应的影响，使弹丸向靶板法线方向偏转，即弹丸穿过靶板后的角度小于入射角，尤其在临界穿甲的情况下更为显著。这样，当靶板放置方向不同时，就会引起弹丸偏转方向的不同。当靶板前倾时，弹丸向下偏转；当靶板后倾时，弹丸向上偏转，如图 3-67 所示。

图 3-67　靶板放置方向与弹丸偏转方向示意图

采用标准穿深为 350 mm 左右的 105 mm 钨合金长杆形穿甲弹对板状间隙复合装甲进行穿甲试验。由于采用了后倾方案，弹体向上偏转，增大了对主装甲的穿甲倾角及行程，从而提高了抗弹性能（表 3-49）。

表 3-49　穿甲弹弹丸在靶板中的偏转

序号	面板倾角/(°)	板厚度/mm	上偏转角	背板增加有效厚度/%
1	40	20×3	2.0	3.0
2	40	20×3	2.5	3.5
3	40	20×3	2.2	3.2
4	40	20×3	2.9	4.1
5	40	20×3	3.8	5.0

2）杆件抗穿甲弹方向效应试验研究

当穿甲弹穿过多根杆组成的结构时，弹与杆的碰撞过程中往往受到各种力的作用，其中包括不对称力的作用。这些作用与杆的设置方向有很大关系。当弹体与横置杆作用时，除了杆体机械抗力之外，不对称侧向力的作用使得弹体向上或向下扰动。而多排杆的存在加剧了弹体的上下扰动，使其失稳，大大降低其穿甲能力。当杆件纵置时，不对称侧向力的作用效果与横置时不同，弹体左右扰动，从而对穿甲能力影响较小。

例1：以 105 mm 模拟弹（$\lambda = 12$）对均质靶、空心杆结构的靶和非金属夹层复合靶进行对比试验，其结果如表 3-50 所示。横置空心杆结构靶的抗弹性能高于等质量均质板和复合板。

表 3-50　105 mm 模拟弹对不同靶板的穿甲试验

序号	靶板类别	厚度/mm	等钢厚/mm	θ/(°)	v_b/(m·s^{-1})	Δv_b/(m·s^{-1})
1	均质靶	26	26	68	1 360	0
2	复合靶	41	26	68	1 460	100

续表

序号	靶板类别	厚度/mm	等钢厚/mm	$\theta/(°)$	$v_b/(\mathrm{m\cdot s^{-1}})$	$\Delta v_b/(\mathrm{m\cdot s^{-1}})$
3	管状靶(a)	42	26	68	1 550	190
4	管状靶(b)	42	26	68	1 530	170

例2：以 100 mm 钢制长杆形模拟穿甲弹对不同方向的杆式栅栏屏蔽进行射击试验，主装甲为 100 mm 厚 60°装甲倾角的均质装甲板。当杆竖置时，其抗弹性能基本没有变化。当杆横置时，该屏蔽装甲的抗弹性能有一定幅度的提高。杆横置与竖置具有不同的抗弹效果。

3.3 反应装甲抗弹效应

3.3.1 偏转效应

造成侵彻体的偏转是爆炸式反应装甲发挥干扰作用的主要途径之一，其作用的大小可以用侵彻体偏转的角度来表征。面板、背板和装药均对此有不同的影响。下面分别就反应装甲对射流、弹芯的干扰进行分析。

1. 爆炸式反应装甲对射流头部的偏转作用

爆炸式反应装甲的装药起爆时，将产生压力为 $1\times10^{10}\sim3\times10^{10}$ Pa 的爆炸产物，它与射流头部作用，使其发生偏转和断裂。

炸药爆炸产物对射流产生的比冲量为

$$i = P \cdot t \tag{3-10}$$

式中　i——比冲量（N·s/m²）；
　　　P——爆炸产物的压力（Pa）；
　　　t——爆炸产物与射流作用时间（s）。

i 在垂直于射流方向上的分量为 $i\sin\alpha$。在其作用下，射流获得的横向速度：

$$v_{p1} = \frac{4P \cdot t \cdot \sin\alpha}{\pi d_p \rho_p} \tag{3-11}$$

式中　d_p——射流头部直径（m）；
　　　ρ_p——射流密度（kg/m²）。

射流头部发生的偏转角 β_j 为

$$\tan\beta_j = \frac{v_{p1}}{v_p} = \frac{4P \cdot t \cdot \sin\alpha}{\pi d_p \rho_p v_p} \qquad (3-12)$$

反应装甲药室 F、B 板对射流的作用可以根据质量守恒定律与动量守恒定律来分析。发生相互作用的射流长度 l_p（m）与板子长度 l_t（m）之比为

$$\frac{l_p}{l_t} = \frac{v_p}{v_t}\cot\alpha \pm \frac{1}{\sin\alpha} \qquad (3-13)$$

式中 对 F 板取"+"，B 板取"−"。

发生相互作用的射流质量 m_p 与板子质量 m_t 之比为

$$\frac{m_p}{m_t} = K\frac{v_p}{v_t}\cot\alpha \pm \frac{1}{\sin\alpha} \qquad (3-14)$$

式中 对 F 板取"+"，B 板取"−"。

$$K = \frac{\rho_p}{\rho_t} \cdot \frac{\pi d_p}{4b}$$

式中 ρ_t——板子密度（kg/m²）；

b——板子厚度（m）。

把射流和板子之间的作用看成完全非弹性碰撞，则射流与板子作用后发生的偏转角 θ_j 为：

F 板造成的射流偏转

$$\tan\theta_j = \left[\frac{v_p}{v_t} \cdot \frac{K}{\sin\alpha}\left(\frac{v_p}{v_t}\cot\alpha + \frac{1}{\sin\alpha}\right) - \cot\alpha\right]^{-1} \qquad (3-15)$$

B 板造成的射流偏转

$$\tan\theta_j = -\left[\frac{v_p}{v_t} \cdot \frac{K}{\sin\alpha}\left(\frac{v_p}{v_t}\cot\alpha - \frac{1}{\sin\alpha}\right) + \cot\alpha\right]^{-1} \qquad (3-16)$$

综上所述，射流在爆炸式反应装甲作用下的偏转角即为 $\theta_j + \beta_j$。由式（3-15）、式（3-16）可以得出，在相同条件下，B 板对射流的偏转作用大于 F 板。

图 3-68 为用数值方法计算的，射流以 68°法线角侵彻平板装药的典型时刻状态图，计算的结果更为详细地反映和印证了上述过程。

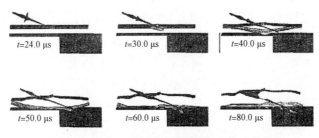

图 3-68 射流倾斜侵彻平板装药的数值计算结果

2. 爆炸产物对长杆形穿甲弹弹芯的偏转作用

穿甲弹引爆炸药层后，一方面，产生的高温、高压、高速运动的爆轰产物作用场对穿甲弹产生干扰；另一方面，在炸药爆轰波的驱动下，金属板各自沿法线方向相对运动。运动中的金属板与弹丸相互作用，使弹杆发生偏航，改变了弹丸的着靶姿态，甚至发生弯曲和断裂，从而降低了弹丸对主装甲的侵彻能力。

设弹丸头部至弹丸质心 O 的距离为 l_o，弹丸头部横截面积为 s，弹丸在炸药爆炸产物作用下，将产生一个绕质心的角速度 ω_e（图 3–69）。

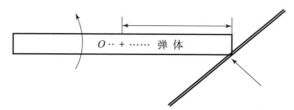

图 3–69 爆炸产物使弹丸偏转

$$\omega_e = \frac{i \cdot s/\cos\alpha \cdot l_o \sin\alpha}{J}，即 \omega_e = \frac{i \cdot s \cdot l_o \tan\alpha}{J} \qquad (3-17)$$

式中　J——弹丸对质心 O 的转动惯量。

在反应装甲炸药爆炸产物的作用下，弹丸在撞击主甲板之前将产生一个偏航角 β_e：

$$\beta_e = \omega_e t_p \qquad (3-18)$$

$$t_p = \frac{H_0}{\cos\alpha \cdot v_0}$$

式中　t_p——弹丸从反应装甲到主甲板所运动的时间；

　　　H_0——爆炸式反应装甲与主甲板之间的距离；

　　　v_0——动能弹丸的着速（假设弹丸与反应装甲作用后未减速）。

由于弹丸速度在板子运动方向的分量 $v_0\cos\alpha$ 一般小于板子运动速度 v_t，所以 B 板在运动过程中，通常不与弹丸发生直接作用。讨论反应装甲药室钢板对弹芯的作用时，不妨重点讨论 F 板的作用。F 板与弹芯相互作用时，板子所提供的冲量等于 $m_t v_t$，m_t 为与弹丸发生作用的那部分板子的质量。

$$m_t = \rho_t \cdot d \cdot l_t \cdot b \qquad (3-19)$$

式中　ρ_t——板子的密度；

　　　d——弹丸直径；

　　　l_t——与弹丸发生作用那部分板子的长度；

b——板子厚度。

弹丸与板子作用后所获得绕质心的转动角速度 ω_p 为

$$\omega_p = \frac{m_p v_p (l_{tO}\sin\alpha)}{J} \tag{3-20}$$

式中 l_{tO} 为弹丸与板子作用点至弹丸质心的距离,且

$$l_{tO} = l_O - \frac{l_t}{2}\left(\frac{v_0}{v_t}\cot\alpha + \frac{1}{\sin\alpha}\right) \tag{3-21}$$

将式(3-19)、式(3-21)代入式(3-20),得

$$\omega_p = \frac{\rho_t d l_t b v_t \left[l_O - \frac{l_t}{2}\left(\frac{v_0}{v_t}\cot\alpha + \frac{1}{\sin\alpha}\right)\right]\sin\alpha}{J} \tag{3-22}$$

板子与弹丸相互作用的时间 $t_1 = l_t \cot\alpha / v_t$,在 t_1 时间内,弹丸绕质心转动,其角速度从 0 增加到 ω_p。从板子与弹丸作用完毕到弹丸到达主甲板的时间 $t_2 = H_0/v_0\cos\alpha - l_t\cot\alpha/v_t$。因此弹丸与板子相互作用的结果,使弹丸在到达主甲板时,产生一个偏航角 θ_p:

$$\theta_p = \frac{1}{2}\omega_p t_1 + \omega_p t_2 \tag{3-23}$$

即

$$\theta_p = \omega_p \left(\frac{H_0}{v_0\cos\alpha} - \frac{l_t\cot\alpha}{2v_t}\right) \tag{3-24}$$

将式(3-22)代入式(3-24),得

$$\theta_p = \frac{\rho_t d l_t b v_t \left[l_O - \frac{l_t}{2}\left(\frac{v_0}{v_t}\cot\alpha + \frac{1}{\sin\alpha}\right)\right]\sin\alpha}{J}\left(\frac{H_0}{v_0\cos\alpha} - \frac{l_t\cot\alpha}{2v_t}\right) \tag{3-25}$$

弹丸在反应装甲作用下产生的偏航角即为 $\theta_p + \beta_e$。试验中发现,主装甲板上的弹坑轴线与弹道方向之间存在 3°~15°夹角,这与上述分析相吻合,与 S. J. Bless 等的研究结果也基本一致。试验中,多次发现弹体发生了断裂(图3-70),这是由于板子给弹丸的作用力超过弹体材料强度的极限,使弹丸发生断裂。

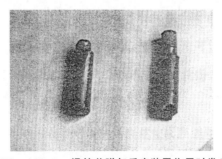

图3-70　100 mm 滑钨芯弹与反应装甲作用时发生断裂

3. 爆炸反应装甲的动量分析

前面建立的偏转效应公式的形式较为复杂，偏转效应及其影响因素之间的关系不够清晰，不便于在爆炸式反应装甲的设计和优化中使用。M. Held 建立了一个简单的动量方程，描述爆炸式反应装甲 F、B 板对聚能装药射流和动能弹穿甲弹弹芯造成的偏转。其基本模型和参数定义如图 3-71 所示。

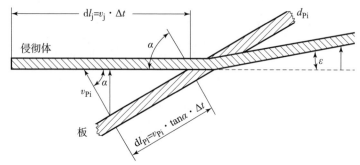

图 3-71 爆炸式反应装甲动量分析模型

爆炸式反应装甲夹层的板子会给聚能装药或动能弹穿甲弹杆传递一个动量。为简便起见，只讨论塑性撞击，并且对射流与反应装甲作用后的速度降忽略不计。在纯塑性相互作用的情况下，板子传递给射流或穿甲弹杆的动量使射流或穿甲杆偏离原来的速度矢量，则有如下方程：

$$\tan\varepsilon = \frac{M_{ti}}{M_p} \tag{3-26}$$

式中　ε——部分射流或一节穿甲弹杆偏离飞行方向的角度；

　　　M_{ti}——板子传递给射流或弹芯的动量；

　　　M_p——射流或弹芯与板子相互作用前的动量。

按定义，动量为质量 m 与速度 V 的乘积，也就是说动量等于体积 V_f 乘以密度 ρ 再乘以速度 v：

$$M = m \times v = V_f \times \rho \times v \tag{3-27}$$

射流或穿甲弹杆的快速切出板子材料的质量为 m_{pi}。对应于所考虑的射流或穿甲弹杆经过时间，该质量与射流或穿甲弹杆的直径 D_j 和垂直于射流或穿甲弹杆轴的板子的厚度 $d_{pi}/\sin\alpha$ 以及板子切口长度 dl_j 成正比。实际中，在射流或穿甲弹杆为笔直且作用于切口底部的情况下，宽度 D_j 等于射流或穿甲弹杆的直径，质量 m_{pi} 须乘以垂直于射流方向的板子速度（即 $v_{pi}\sin\alpha$）。

射流质量 m_p 由所通过的射流长度 dl_j、密度 ρ 经过的截面积为 $\pi D_j^2/4$ 的射

流柱的体积确定。射流动量 M_p 为 m_p 乘以速度 v_j。于是方程（3-26）可以写成

$$\tan\varepsilon = \frac{4(d_{pi}/\sin\alpha)\cdot \mathrm{d}l_{pi} \cdot \rho_{pi}(v_{pi}\sin\alpha)}{\pi D_j \cdot \mathrm{d}l_j \cdot \rho_j v_j} \quad (3-28)$$

由于

$$\frac{\mathrm{d}l_{pi}}{\mathrm{d}l_j} = \frac{v_{pi}\cdot \Delta t \cdot \tan\alpha}{v_j \Delta t} = \frac{v_{pi}\cdot \tan\alpha}{v_j}$$

所以有

$$\tan\varepsilon = \frac{4d_{pi}\cdot \rho_{pi}\cdot v_{pi}^2 \tan\alpha}{\pi D_j \rho_j v_j^2} \quad (3-29)$$

式（3-29）清楚地表明，$\tan\varepsilon$ 与板子厚度 d_{pi}、板子密度 ρ_{pi}、v_{pi}^2/v_j^2 以及 $\tan\alpha$ 成正比，与射流直径 D_j 和射流密度 ρ_j 成反比。这些关系对爆炸式反应装甲的设计和优化提供了基本的指导。

3.3.2 角度效应

从前文介绍的爆炸式反应装甲的工作原理和式（3-29）可以看出，法线角 α 对于防护效果影响较大，特别是板子薄、速度快，且装药层也较薄时，影响更大。在这种情况下，爆轰冲击波和不断膨胀的炸药产物的效应不显著，因而可以忽略。此时，可以对式（3-29）进行简化。在弹靶体系固定的情况下，则式（3-29）中除了 ε 和 α，其他参数为常数。不妨以 $\alpha = 60°$ 时的 ε 值，对不同 α 值对应的 ε 进行归一化。图 3-72（a）显示出归一化的 ε 和 α 的关系。可见，在 0°~60° 两者近似呈线性关系。即该条件下，侵彻深度随着法线角的增大而基本呈线性降低。图 3-72（b）给出了由试验获得的结果，与该结论基本吻合。

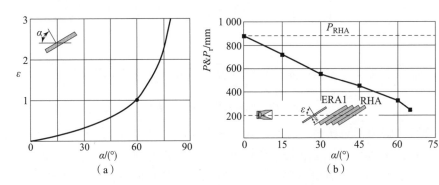

图 3-72　爆炸式反应装甲的角度效应
（a）归一化 ε-α 的关系；（b）试验结果

3.3.3 间距效应

由于逃逸射流的存在,在实际使用时,爆炸式反应装甲往往是附加或披挂到主装甲的外部。所谓"间距效应",是指背板距主装甲(或主靶)表面的距离对平板夹层装药干扰能力的影响。根据前面的分析,平板夹层装药爆炸后对射流或弹芯的干扰主要是运动的面板和背板与侵彻体的作用引起的,尤其是背板的作用更为明显。而背板与侵彻体作用时间的长短与背板距主靶的距离有关。

式(3-29)也表明,在 ε 大于临界值 ε_c 时,射流或弹芯无法持续进入弹坑,从而使侵彻终止。临界值 ε_c 与该间距密切相关。由此可见,"间距效应"是影响爆炸式反应装甲抗侵彻性能的重要因素之一。

图 3-73 为射流侵彻时,典型条件下该间距的变化对平板装药防护效果影响的数值计算结果。由图可见,随着该间距的增大,射流的威力有明显下降。当背板紧贴主靶时,平板装药对射流的干扰最小。随着距离的增大,射流在主靶上形成的弹坑直径加大,深度减小。可见,当背板距主靶的距离增大时,背板在撞到主靶反弹前运动的时间长,相应地射流和背板的作用时间也长,被背板拦截的射流长度增加,所以其对主靶的侵彻能力降低。

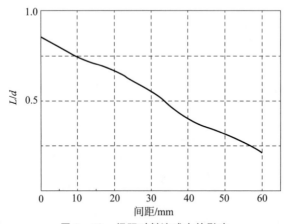

图 3-73 间距对射流威力的影响

在杆式弹侵彻时,情况有所不同。其原因在于射流的速度明显大于 F 板的速度,因此 F 板与射流之间是连续切割状态。而弹芯的速度较低,平板装药结构不同时,弹芯和背板之间的速度差变化较大,造成防护效果有差异。图 3-74 为相关数值计算结果。由图可见,F1 和 F2 两种平板装药在同一法线角时其防护效果随该间距的变化不大,而 F3 却随着该间距的增加而明显降低。对这三种情况中背板的速度和杆的速度进行了对比分析,发现对于 F1 和 F2,在反应装甲爆炸后,背板在撞击到主靶之前,背板的速度大于杆的分速度。所以,不论背板距主靶的距离如何变化,它们的相遇点均在背板的反弹阶段,没有发生杆对背板的连续侵彻现象,所以背板距主靶的距离变化对杆侵彻能力的影响不大。在 F3 条件下,背板在撞击到主靶之前,背板的速度小于杆的分速度,大约为 25 μs,杆赶上了背板,并对背板进行连续性的侵彻,背板距主靶的距离越大,杆和背板的作用时间越长,消耗杆的能量越多,对主靶的侵彻能力降低。

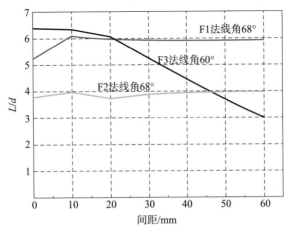

图 3-74　间距对弹芯威力的影响

3.3.4　动态板厚

德国的 Manfred Held 采用数值模拟的方式研究了动态板厚在爆炸式反应装甲对抗射流时的作用。假设板子总是长板,板子的动态板厚与下列参数有关:空心装药至爆炸式反应装甲的炸高、冲击前射流的头部速度、残余射流头部速度、射流的断开速度、板子速度、法线角。

动态板厚 Δb 与射流的通过时间 Δt 相一致,由下式表示:

$$\Delta b = v_t \times \Delta t / \cos\alpha \qquad (3-30)$$

其中

$$\Delta t = (H + \Delta b)/v_{pd} - H/v_0 \qquad (3-31)$$

式中　v_{pd}——射流的断开速度;

v_t——板子速度;

H——炸高;

$H + \Delta b$——顺着射流方向飞行的板子距空心装药的动态距离。

将式（3-31）代入式（3-30），可推出动态板厚、炸高、板子速度、射流断开速度以及法线角等参数的具体关系式：

$$\Delta b = H \times (1/v_{pd} - 1/v_0)/(\cos\alpha/v_t - 1/v_{pd}) \qquad (3-32)$$

由式（3-32）可知，动态板厚 Δb 随炸高 H 的增加而线性增加。而且薄板的动态厚度不是主要因素，因为试验发现，缩减因子几乎是常数，与炸高无关。

在其他参数不变时，动态板厚随板子速度的增加而显著增加。射流断开速度对动态板厚的影响不大。法线角 α 在 50°之前对动态板厚影响较小，50°之后，薄板的动态板厚随法线角的增加而显著增加，厚板从 65°开始发生显著增加。

有计算表明，板较厚，速度较慢时（大约为 $0.4 \text{ mm}/\mu\text{s}$），动态板厚就小得多。因此，动态板厚是爆炸式反应装甲干扰空心装药射流机制的一部分，但与前面的干扰因素相比，其作用有限。

本章在明确爆炸式反应装甲基本工作过程和原理的基础上，重点介绍了平板式装药对侵彻体的偏转效应、倾角效应、间距效应和动态板厚。这是深入理解爆炸式反应装甲工作原理的前提，也是工程设计的基础。

需要说明的是，以上仅是对最简单的平板式装药的主要防护效应的基本介绍，并不代表全部。另外，随着爆炸式反应装甲结构和功能的不断丰富和发展，其与侵彻体之间的相互作用也将变得更为复杂。抓住复杂干扰过程中的主要干扰机理，确定关键表征参数，通过模型建立其与影响因素之间的联系，是掌握爆炸式反应装甲关键技术的重要途径。在这个过程中，灵活、深入地应用有限元等数值计算技术将起到事半功倍的效果。

第 4 章

现代装甲材料

4.1 概 述

装甲材料是装甲防护系统的物质基础。自从装甲防护概念出现以后，人类就不断研究和制造适用于装甲的高性能装甲材料。随着材料科学技术的发展，装甲钢、装甲铝合金、装甲钛合金、装甲镁合金、抗弹陶瓷、贫铀合金和复合材料等相继取得突破，装甲材料体系不断得到更新和完善。

20世纪40年代的装甲材料几乎都是均质金属材料，主要是钢和少量的非热处理型铝合金。

20世纪50年代，出现了多种装甲材料，如陶瓷和复合材料等。

复合材料研制成功后，在装甲防护领域获得了越来越多的应用，现代装甲防护材料几乎包罗了所有先进结构材料。随着坦克装甲车辆的高机动力、高生存力、快速部署能力以及轻量化的需求，新型高性能钢、铝合金、钛合金、镁合金以及金属基复合材料、树脂基复合材料等正在蓬勃发展，并在坦克装甲车辆抗弹结构上获得应用。

随着装甲防护技术和材料技术的不断发展，装甲材料将朝着强韧化、轻量化、智能化及多功能发展。可以相信，随着新型结构材料的出现，装甲材料必将同步地得到改进和更新。

现代装甲材料制造工艺已成为一个重要的应用技术领域，但由于篇幅限制，本书不做具体介绍，只就用途比较广泛的高强韧钢、铝合金、钛合金、镁合金、贫铀合金、陶瓷和复合材料的分类、特点、力学特性和抗弹性能简要进行叙述。

4.2 装甲钢

自从 1888 年英国 Messis Vickers 公司生产出全钢装甲板以来,装甲钢的应用已有一百多年的历史,迄今仍然是最基本的装甲材料,广泛应用于战斗车辆、火炮、飞机、舰艇、地面防御工事以及人体防护上。装甲钢在批生产的主战坦克上用量最大,占整车质量的 40%~50%,对主战坦克的防护性能起着决定性作用。

装甲钢的性能和用途在不断发展。第二次世界大战以后,尤其是 20 世纪 70 年代以来,装甲钢的发展进入了一个崭新阶段。美国、德国、英国、法国、瑞典、苏联/俄罗斯等国高度重视高性能装甲钢的研制,装甲钢硬度最高已经达到 655 HBN。同时,开展了新型高氮奥氏体装甲钢研制。当前各国采用的装甲钢,在性能上已大大不同于传统装甲钢,故称之为"现代装甲钢"。美国的装甲钢有 MIL-A-12560H、MIL-A-46100D、MIL-DTL-46177MR、MIL-46193A 等,法国的装甲钢有 MARS190、MARS240、MARS270 和 MARS300,瑞典的装甲钢有 ARMOX440T、ARMOX500T、ARMOX560T、ARMOX600T 和 ARMOX ADVANCE 等,德国蒂森克虏伯公司的装甲钢有 SECURE200、SECURE400、SECURE450、SECURE500、SECURE600 和 XH-129 等,英国的装甲钢有 DEF STAN 95-24/3,澳大利亚的装甲钢有 Bisplate 80A(235-293)、Bisplate High Impact Armor(HIA)Class 2(277-321)、Bisplate High Impact Armor(HIA)Class 1(290-390)、Bisplate High Toughness Armor(HTA)(370-430)、Bisplate Ultra High Toughness Armor(UHTA)(420-480)、Bisplate High Hardness Armor(HHA)(477-534)。

ATI 公司的高硬度装甲钢 ATI500-MIL™(硬度为 477~534 HBN),满足美国军标 MIL-DTL-46100E 以及北约和其他国际标准的抗弹性能要求,可以用于车辆防穿甲弹和爆轰破片、舰船甲板和飞机易被击穿的部位。该装甲钢采用自动回火,不需正火和回火处理,易于弯曲而不需焊接。ATI 公司同时开发了 ATI600-MIL™ 装甲钢(硬度为 574~634 HBN)。

2009 年英国国防科学技术实验室(DSTL)与 Corus 公司研制出一种超贝氏体(Super Bainite)装甲钢。该装甲钢是通过等温强化工艺制成的。超贝氏体钢的高碳含量和非常低的处理温度使其混合组织非常精细。由于硬度高,故作为较好的装甲钢。目前超贝氏体钢技术已转让给印度 Tata 钢厂,并在英国的分厂批产并出口。

20世纪60年代以来，国外开始了高氮钢的研究，并且逐步应用。20世纪90年代以来，特别是对高氮奥氏体钢的深入研究使装甲钢的发展又添加了一个新的途径。高氮钢在高应变速率的冲击下，强度明显得到提高，在弹体侵彻时着弹处产生较强冲击硬化，抗弹性能明显提高。高氮钢具有优良的抗弹性能和综合性能，可实现与不同金属、陶瓷和非金属材料组合，其高的防护系数可以减轻防护质量，缩小防护系统占用空间；同时可为组合式、模块式装甲智能防护系统创造条件。

德国IBD公司对新型高强度氮钢与瑞典高硬度装甲钢Armox500Z进行了抗速度为890 m/s的7.62 mm×54R B32 AP弹对比试验。结果表明，采用高氮钢，板厚可减少30%。对于30 m² 表面积的车辆，若要达到STANAG 3级防护，装甲可减轻质量1 000 kg。该材料的另一个优点是用作低成本（附加）装甲以及用于车辆设计中的结构单元。

另外，在第四代被动装甲中，德国IBD公司提出了智能钢和高强度纳米氮钢的概念。随着装甲钢技术的不断进步，新型装甲钢（>2 500 MPa）将会不断涌现，这将会大大推进装甲防护技术的发展，从而推动地面战斗车辆的不断发展。

初期的装甲钢面世时，其化学成分、制造工艺和抗弹性能均被视作高度机密。随着装甲钢在战场上的广泛应用和材料工艺技术的发展，其化学成分及力学特性已是众所周知，无秘密可言，而装甲防护系统的结构及其抗弹性能则各有千秋，均被视为机密。

4.2.1 装甲钢的基本特点

从材料科学的观点来看，装甲钢为具有某些特殊技术要求的优质结构钢。装甲钢是制造坦克装甲车辆车体、炮塔和附加装甲的主要结构材料，具有良好的强度（硬度）、韧性和抗弹性能（抗击穿、崩落、裂纹），良好的工艺性能（轧制、铸造、热处理、切割、切削加工、焊接等）以及较高的效费比。

装甲钢要具有良好的抗弹性能。抗弹性能是指装甲钢能靠本身所具有的高硬度（即高强度）抵抗中、小口径穿甲武器和弹片的攻击；靠本身所具有的韧性，在大口径穿、破甲武器，以及爆轰波的冲击下，不产生背部崩落或脆性破裂。评价抗弹性能的优劣，必须全面衡量装甲钢在高速冲击载荷下的强度和韧性反应以及二者间的平衡。

装甲钢的成型、加工、装配性能好。装甲钢是良好的结构材料，在防护系统中很少仅作防弹使用，通常都兼具结构材料功能。装甲结构件需要大量生产，所以需具有较好的工艺性能。与传统装甲钢相比，现代装甲钢应具有较好的工艺性能，便于轧制、锻压、热处理、切割、焊接和装配等。由于装甲钢便于成型、加工与装配，所以能够制成形状复杂的装甲结构单元件、机械结构件或建筑结构件。这一点是某些装甲材料，如陶瓷或复合材料所不及的。

装甲钢的生产成本较低。在装甲材料中，装甲钢是成本最低的装甲材料，它的价格及制成装甲结构件的综合成本均低于铝合金、钛合金、陶瓷及复合材料。

4.2.2 装甲钢的分类

装甲钢的种类繁多，有不同的分类方法，如按防御对象、生产工艺、化学成分和硬度分类等。按所抵御的反装甲武器弹种的不同，装甲钢可分为抗炮弹用装甲钢和抗枪弹用装甲钢，其中抗炮弹用装甲钢的厚度一般均大于 30 mm，抗枪弹用装甲钢的厚度为 5～25 mm。按装甲钢制造及成型工艺的不同，可分为轧制装甲钢和铸造装甲钢两大类。当前，铸造装甲钢已不再使用，轧制装甲钢用途最为广泛，锻压成型装甲钢仅用来生产厚截面标准靶板和防御工事的重型装甲结构件。根据同一截面上的化学成分、金相组织及力学性能的不同，装甲钢可分为均质装甲钢和非均质装甲钢两类。均质装甲钢的成分、金相组织和力学特性在同一截面上各自都是基本均匀一致的，而非均质装甲钢的成分、金相组织和力学性能则在同一截面上各自都不一致，有双硬度装甲板与三硬度装甲板之分。当前非均质装甲钢已少见。

装甲钢的硬度范围并没有一个统一的划分。随用途及生产国家的不同，划分标准略有不同，同时其硬度范围也随着装甲的质地不同而有所调整。根据硬度的不同，装甲钢通常可分为低硬度、中硬度、高硬度和超高硬度四类。低硬度装甲钢硬度一般低于 BHN240，处于装甲钢硬度范围的下限，抗爆轰波冲击性能较好。中硬度装甲钢硬度一般为 BHN255～341，处于装甲钢硬度范围的中限，兼有抗中、大口径穿甲弹和抗冲击作用。高硬度装甲钢硬度一般为 BHN400～600，处于装甲钢硬度范围的上限，常用于抗中、小口径穿甲弹及弹片攻击。超高硬度装甲钢硬度通常在 BHN600 以上。

4.2.3 装甲钢的成分与性能

传统装甲钢主要靠含碳量控制钢的硬度来抵御各种穿甲弹的攻击，图 4 - 1 为钢中含碳量与硬度的关系曲线。

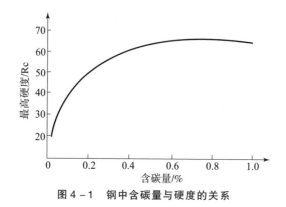

图 4-1　钢中含碳量与硬度的关系

早期的装甲钢为了调整含碳量增高时钢的脆性急剧增加的特性，不惜采用长达数星期的渗碳工艺来制造表面硬度高、而底层硬度低但韧性高的渗碳装甲。

随着反装甲武器打击能量的增长，要求装甲钢不仅有高硬度，还要有高韧性。同时，因为装甲钢板的厚度增加，为了得到高度均质的装甲，要求装甲钢板必须有良好的淬透性。为此，向钢中加入合金元素，以便在装甲钢的截面上得到全马氏体组织，从而提高钢的淬透性。

早在 20 世纪 40 年代，研究人员已经发现，只有钢的回火马氏体组织在高应变速率下，才具有最高的断裂应力（Fracture Stress），如图 4-2 所示。

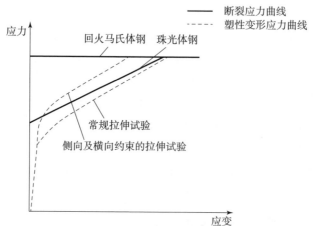

图 4-2　钢的塑性变形应力与断裂应力示意图

提高装甲钢淬透性的意义在于得到淬火后的马氏体组织和尽可能或完全不出现珠光体型的中间转变产物，所以传统厚均质装甲钢中的合金元素总量竟高达 6%～8%。高合金元素，尤其是大量 Ni 的使用，虽然能有效地改进淬透性，但容易形成合金偏析现象（Segregation），恶化了钢的冷、热加工的工艺性能。长期以来，传统装甲钢的均质性与工艺性能之间始终存在着二者不可兼得的矛盾。

20 世纪五六十年代中，由于合金资源匮乏，某些国家为了节约合金，采用回收废钢（Scrap）包括战场废钢，开展了低合金含量和多元素装甲钢的研究。在美国出现了"国家紧急状态用钢标准"（N. E. 标准）。在苏联出现了复合合金化理论，主张在装甲钢中加入微量合金元素，如硒、铀、钨、硼、碲和稀土等，以改善装甲钢的某些性能，但是在近代装甲钢的标准中未见成为系列。根据近年对各装甲钢生产国的装甲钢标准中化学成分的统计结果来看，低合金含量和多元素复合合金原理在中、厚的装甲钢中并未应用，也未形成发展趋势。复合合金化，尤其是加入微量合金元素的装甲钢，在冶炼上难度较大，操作上稍有不慎，即可能使装甲钢的性能恶化，估计这是这类钢种难以成为系列的原因。

20 世纪 70 年代以后，由于间隙复合装甲的发展，厚装甲钢已很少使用，最大厚度已从约 120 mm 下降到 50 mm 以下，钢中的合金含量也由 6% 左右降至 3% 以下。此外，各国装甲钢的生产批量也明显减小，合金用量相应下降，合金资源匮乏状态似已缓解。近代装甲钢在较大程度上依然保留了传统装甲钢的合金系列，但在钢的强度与韧性的平衡程度上与传统装甲钢相比，已不可同日而语。

在一百多年的装甲钢发展史中，对钢的化学成分的探索与研究，已证实了单靠增减钢中某些合金元素或调整其含量，单纯提高装甲钢的强、硬度已很难使抗弹性能和工艺性能有较大幅度的提高。装甲钢正从 603、616、675、685 等中高碳马氏体高硬度装甲钢系列向低合金高塑性装甲钢系列发展。如近期国内外发展的第三代装甲钢——高氮奥氏体装甲钢，通过以氮代镍的合金成分设计、控氮工艺、控轧空冷等手段细化晶粒和增加固溶氮含量以提高钢的初始强度和冲击硬化敏感性，使高氮装甲钢的常规力学性能达到了抗拉强度大于 1 100 MPa，屈服强度大于 700 MPa，延伸率大于 30%，强塑积大于 30 000 MPa%，使该钢具有高的抗弹性能和良好的工艺性能。

随着现代冶金设备、冶金工艺、精炼工艺的更新换代，装甲钢的纯净度得到了进一步提高，钢中的有害元素 S、P、As、Sn、Sb、Bi、Pb、N、H、O 和夹杂物含量大幅度降低或排除，使现代装甲钢的热加工工艺性能大幅度改善。在相同硬度的情况下，钢的纯净度提高后，现代装甲钢较传统装甲钢的伸长率和断面收缩率提高 50%，低温韧性可提高 35%～75%，在装甲钢生产中极常见的回火脆性（Tempered Brittleness）、白点（Flake）、淬火裂纹、切割裂纹、轧制裂纹、热处理裂纹、校直裂纹和焊接裂纹等缺陷得以大幅度减轻或消除，使装甲钢抵抗高应变速率冲击载荷能力大幅度提高，抗弹性能也进一步得到了提升。

与此同时，国内外学者随着对装甲钢抗弹性能和抗弹机理研究的深入，逐渐意识到装甲钢要有良好的抗弹性能和工艺性能，应通过组织控制实现其既有高的硬度又具有良好的塑性和韧性。如近年来出现的 M3 组织装甲钢和复相组织装甲钢。组织精细调控（M3 组织）装甲钢通过多相（Multi - phase）、亚稳（Meta - stable）、多尺度（Multi - scale）的合理匹配，探索出大幅度提高钢材力学性能的理论和技术。在保持高强度的同时，大幅度提高塑性或韧性，如屈服强度不小于 900 MPa，低温冲击韧性不小于 250 J，或伸长率不小于 30%，同时具有良好的加工性能。在控制夹杂物和凝固组织均匀细小分布的基础上，通过低碳超低碳化、微合金化、相间碳扩散控制和新型 TMT（Thermal Mechanical Treatment，热机械处理）技术获得 M3 组织，大幅度提高韧性和塑性、降低屈强比、改善焊接性能等工艺性能，形成屈服强度 500~1 000 MPa 级的高强高韧（高塑）低合金钢技术基础（图 4 - 3）。

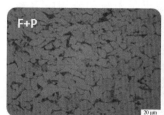 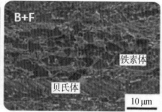 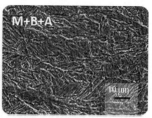

C-Mn/Si-Mn/微合金钢　　　　　低微合金钢　　　　　　超低碳微合金的新型 TMT 技术
屈服强度 300~500 MPa　　屈服强度 500~900 MPa　　屈服强度 0.5~1 GPa，高韧高塑
铁素体/珠光体　　　　　针状铁素体/贝氏体/马氏体　　　　　M3 组织

图 4 - 3　低碳微合金钢金相图

装甲钢基本上都归入非可焊钢类。由于现代装甲钢的钢质纯净，在与传统装甲钢的碳当量相同的情况下，现代装甲钢具有较好的可焊性，使装甲结构件在装配工作量最大的焊接操作时的工作条件得以改善。例如，对工作环境的要求（温度、湿度、风速等）降低，焊接应力造成的焊道金属和热影响区裂纹均大大减少，甚至某些形状简单的高硬度薄装甲件可以不进行焊接后的应力消除回火。

传统装甲钢的有害杂质含量高，在高速冲击载荷下，容易产生脆性损伤，使抗弹性能限制在较低的水平上。现代装甲钢具有良好的强度与韧性的平衡，允许在较高的硬度下不出现脆性，相应地提高了抗弹性能。

4.2.4 装甲钢的应用

现代装甲钢的应用范围很广,如主战坦克、轻型坦克、步兵战车等装甲车辆。随着反装甲武器的发展,新型穿甲弹、破甲弹、爆炸成型弹丸等的穿破甲水平不断提高,对装甲平台的威胁越来越大。因此需要研制各类新型特种装甲,现代装甲钢板已不再单纯作为单层均质装甲使用,这就要求装甲钢既可作为基本装甲,又可作为构成各种特种装甲的结构单元。

现代装甲钢在装甲防护系统中具有抗弹功能,并兼有结构承载功能,此时的装甲钢称为基本装甲,如主战坦克的装甲壳体即属基本装甲。在坦克的不同部位中,基本装甲的规格及抗弹性能也各有不同。图4-4及图4-5为近代主战坦克的基本装甲配置简图。

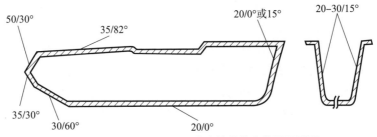

图4-4 德国"豹"Ⅱ坦克车体的基本装甲配置图

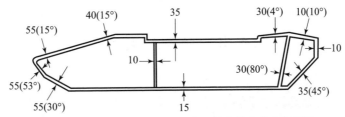

图4-5 以色列"梅卡瓦"坦克车体的基本装甲配置图

随着装甲钢性能和整车总体设计水平的提高,基本装甲的厚度呈下降趋势。表4-1为著名主战坦克首上装甲厚度变化情况。

表4-1 主战坦克首上基本装甲变化情况

国别	德国		美国		苏联			以色列
车型	"豹"Ⅰ	"豹"Ⅱ	M60	M1	T62	T72	T80	"梅卡瓦"Ⅲ
首上基本装甲厚度/mm	70	50	110	40	100	80	45	40~45
厚度减少/%	28.5		63.6		20			11

装甲防护技术研究

厚度降低更便于提高装甲的抗弹性能、改善工艺性能和降低成本。相对厚板，薄板更容易获得综合力学性能较好的高强度均质装甲钢板，从而提高装甲的抗弹性能。装甲钢（特别是高硬度装甲钢）在加工过程中的三大工艺难点是校直、切削加工和焊接。薄装甲钢板容易校直，易于切割，且下料精度较高，便于采用精密冲剪和火焰切割代替切削加工。薄装甲钢板易于淬透，故合金元素总量低，碳当量也低，有利于改善焊接、热处理等热加工工艺性能。薄装甲钢板便于采用全焊透结构和铁素体焊条，可以大幅度提高焊缝结构强度。薄装甲钢板与厚板相比，大大减少了钢中合金元素含量，降低了钢结构的成本。

现代装甲钢在特种装甲中作为间隙装甲、复合装甲及反应装甲的面板和背板及其他防护结构单元用板。薄装甲钢板也是间隔防护系统中的重要隔板材料。

随着装甲钢硬度的提高，其抗射流及穿甲弹的能力明显提高。由于装甲钢强度的提高，抗射流及抗长杆形重金属穿甲弹的防护系数可提高到 1.30，从而大幅度地提高装甲的抗弹性能。近年来，随着装甲钢的薄板化及钢质纯净度的提高，现代装甲钢在高硬度的情况下能够保持良好的韧性，以满足抗各种口径穿甲弹的要求。这样，充分发挥装甲钢强度效应，即利用装甲钢的硬度来提高抗弹性能，已成为可能。所以，采用高硬度现代装甲钢已成为提高抗弹性能的一条有效途径。

4.3 装甲铝合金

当前，铝合金是仅次于装甲钢的第二大类装甲材料，在轻型装甲车辆上用量最多，主要用来防御小口径弹丸及弹片。

铝合金具有较低的密度、良好的力学性能、良好的抗弹性能（尤其是低温抗弹性能）、较好的工艺性能，而且资源丰富，因而获得越来越广泛的应用。

20 世纪 60 年代，铝合金首先在美国 M113 装甲人员输送车上用作车体材料，其牌号是非热处理型 5083 铝镁锰合金。由于 5083 铝合金抗高速弹丸能力差，第二代热处理型的铝锌镁（7000 系列）相继发展，其中美国的 7039 铝合金首先用于 M551 "谢里登" 坦克，此后又用在 M2 "布雷德利" 步兵战车等。英国生产的由 7039 铝合金改进的 7017 铝合金用于本国的 "蝎" 式坦克等。法国将 7020 铝合金用于 1972 年生产的 AMX 10P 步兵战车。西班牙于 20 世纪 70 年代中期研制的 BMR 600 型轮式步兵战车也使用了 7017 铝合金。7000 系列铝合金的抗弹性能虽有明显提高，但对应力腐蚀的裂纹敏感性强。为此，英国研制出改进型的7000 系列铝合金，美国研制出 2000 系列铝合金。苏联 ЫМП 型步兵战车，为了调整车的"浮心"，采用了装甲铝合金，作为前置动力舱盖板。

20 世纪 60 年代后期，美国曾经研制出铝合金复合板，并用在 M113 装甲人员输送车的变形车 XM765 输送车（未装备部队）和食品机械化学公司（FMC）生产的装甲步兵战车 AIFV 上。

20 世纪 80 年代，铝合金与装甲钢等材料组合的装甲被采用。如美国的 M2 步兵战车就采用了钢铝间隙装甲，所用装甲铝合金板仍为 7039 铝合金。美国针对 7039 装甲铝合金抗应力腐蚀性能差的问题，研制了 2519－T87 铝合金，该合金具有相当于或高于 7039 的抗弹性能和焊接性能，同时具有突出的抗应力腐蚀性能。德国 Corus 公司针对 5083、7039 和 2519 装甲铝合金存在的不足，研制了 5059 装甲铝合金，这种铝合金具有优异的耐腐蚀性能、较低的制造成本、较好的抗弹性能以及良好的焊接性能，尤其是对破片具有较好的防护作用，目前已用于 M2"布雷德利"战车损毁修复材料，综合性能和使用性能较好，已经纳入美军标 MIL－DTL－46027K。先进两栖突击车使用了 2519－T87 装甲铝合金和搅拌摩擦焊工艺制造车体及炮塔。

近年来，装甲铝合金除大量应用在军用装甲车辆，在民用保安车辆及建筑物上也开始采用，用以防范手枪及其他轻武器。

铝合金作为装甲材料有下列 5 种形式：

（1）均质装甲；

（2）铝复合装甲；

（3）钢铝复合装甲；

（4）金属、非金属复合装甲中陶瓷单元的缓冲和支撑件，或背板材料；

（5）间隙装甲中结构部件。

目前，以均质装甲铝合金的应用最为广泛。

4.3.1 装甲铝合金的基本特点

装甲铝合金是轻型车辆常用的防护材料。铝合金的密度较低，约为均质装甲钢的 1/3。铝合金制成的装甲防护结构件使整个防护系统的质量大幅度减小。在铝合金中加入适量的合金元素，可以得到较高的强度。某些铝合金可通过变形加工硬化来提高强度，而且还可以通过不同热处理工艺大幅度改善性能，所以能用来制造承受较大载荷的结构件和耐高速冲击的装甲件。

用铝合金制成的结构件和装甲件能大大提高结构刚度。结构件的刚度取决于材料的弹性模量和结构件截面的惯性矩。铝合金的弹性模量为均质装甲钢的

1/3，但用作装甲结构件时，为了提供必要的抗弹性能，必须增加厚度。当结构强度及抗弹性能与均质装甲钢相当时，装甲铝合金结构件的厚度要比装甲钢厚2～3倍。这样，使装甲铝合金截面的惯性矩大大增加，铝合金与钢装甲在相同的面密度情况下，铝合金结构件的刚度约为钢装甲的9倍。所以，装甲铝合金结构件可以不用加强筋或其他增加结构刚性的措施，相对地减小了防护结构的质量。

装甲铝合金用来抵御枪弹、低速弹丸和弹片攻击时，其防护系数大于标准的均质装甲钢。装甲铝合金在大多数的入射角上进行射击试验过程中，当它的抗弹性能与钢装甲相同时，其面密度均显著低于钢装甲。装甲铝合金抵御破甲射流攻击时，其防护系数同样高于钢装甲。

通常在极端气候条件下，装甲钢往往出现冷脆性，影响其低温抗弹性能。在低温下装甲铝合金的强度不仅不降低，反而有上升的趋势，见表4－2，这就保证它具有良好的低温抗弹性能。

表4－2　5083－H131铝合金的低温拉伸性能

温度/℃	σ_b/MPa	$\sigma_{0.2}$/MPa	δ/%
+20	317	228	16
-29	317	228	18
-79	324	234	20
-196	441	262	28

铝合金易于锻、轧、冲压及切削加工，同时还具有良好的焊接性能。装甲铝合金可以手锯、机锯、车削和等离子切割。等离子切割铝合金的效率相当高，切割速度达到1.2 m/min。对装甲铝合金进行仿形铣削时，每分钟可铣去1 300 cm的金属。良好的可焊性是装甲防护系统装配时的重要工艺性能。装甲铝合金以常用的惰性气体保护焊就可以进行焊接。非热处理型的变形铝合金，焊后对热影响区的力学性能影响不大，尽管焊接处强度有所下降，但塑性和抗冲击性能仍保持良好，可以保证装甲结构件的抗弹性能。热处理型铝合金焊后在焊接处强度下降较多，但经过时效后仍可恢复到原有拉伸强度的70%左右。

4.3.2　装甲铝合金的分类

根据铝合金的成分及生产工艺的不同，可分为变形铝合金和铸造铝合金两类，变形铝合金又分为热处理（强化）型和非热处理型。如图4－6所示，图

中合金含量小于 D 的铝合金，在加热时形成单相固溶体组织。此时，塑性高，适宜进行锻造、轧制、压延和挤压等变形加工，称为变形铝合金。变形铝合金中，合金成分小于 F 的合金，因不能进行热处理强化，故称之为非热处理型铝合金。合金成分位于 $F \sim D$ 之间的铝合金可以进行固溶－时效（沉淀、析出）强化，称为热处理型铝合金。合金成分大于 D 的铝合金，由于冷却时有共晶反应存在，流动性好，适合铸造生产，称为铸造铝合金。

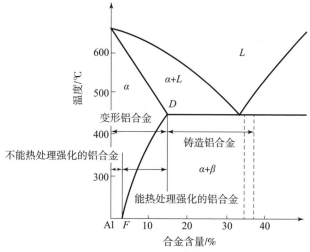

图 4-6　铝合金分类示意图

在装甲材料中，目前只有变形铝合金获得实际应用，而铸造铝合金由于强度低，尚未见有应用实例。国际上常采用美国的四位数字表示方法，如表 4-3 所示。作为装甲材料的变形铝合金分类及牌号如表 4-3 所示。其中 5000 系列（5083）为美国第一代装甲铝合金材料，7000 系列（7039）和 2000 系列（2519）为美国及西方采用的第二代装甲铝合金材料。

表 4-3　通用合金系列表示方法

合金系列	主要合金元素
1000	无合金元素（商业纯铝）
2000	铜
3000	锰
4000	硅（主要用于焊条及钎焊丝）
5000	镁
6000	镁及硅
7000	锌

国际上常采用美国铝合金热处理状态表示方法，如表4-4所示。作为装甲材料的变形铝合金分类及牌号如表4-5所示。

表4-4　通用铝合金热处理状态表示方法

符号	说明
非热处理型	
H1	应变强化
H2	应变强化及部分退火
H3	应变强化及稳定处理
H12	1/4 硬度
H14	1/2 硬度
H16	3/4 硬度
H18	全硬度（一般热处理得到的最大硬度）
H19	为特殊应用处理成的极高硬度
F	轧制后状态
O	退火，重结晶，软态
热处理型	
T3	固溶处理，冷加工，自然时效
T2	退火处理（仅用作铸件）
T4	固溶处理，自然时效（不经冷加工）
T5	仅经人工时效
T6	固溶处理，人工时效
T7	固溶处理，稳定处理
T8	固溶处理，冷加工及人工时效
T9	固溶处理，人工时效及冷加工
T10	人工时效及冷加工
常见装甲铝合金热处理状态	
5083（H32）	应变强化，稳定处理（在技术条件中规定了应变强化程度）
5456（H321）	应变强化，稳定处理（在技术条件中规定了应变强化程度）
5059（321）	应变强化，稳定处理（在技术条件中规定了应变强化程度）
2014（T541）	未经固溶处理，仅进行人工时效
2014（T651）	固溶处理，有控拉伸和人工时效（"5"代表有控拉伸）
2024（T861）	固溶处理、冷加工、人工时效（冷加工改善强度的程度，在技术条件中规定）
2519（T87）	固溶处理冷作、自然时效、人工时效
6061（T62）	固溶处理、人工时效至屈服强度不超过最大拉伸强度的80%
7039	退火，固溶处理和时效

表 4-5　变形装甲铝合金分类及牌号

类别	工艺特点	系列代号	合金元素系列	相当的工程铝合金	牌号
A	非热处理型	5000	Al-Mg-Mn	防锈铝	5083
					5456
B	热处理型	7000	Al-Zn-Mg	硬铝	7039
					7017
					7020
					7050
			Al-Zn-Mg-Cu	超硬铝	7075
		2000	Al-Cu-Mg	硬铝	2014
					2024
		5200	Al—Zn-Mg	硬铝	5210

4.3.3　装甲铝合金的成分与性能

装甲用铝合金的成分如表 4-6 所示。

表 4-6　装甲用铝合金的成分　　　　质量分数/%

牌号	Mg	Zn	Mn	Cu	Cr	Si	Fe	Ti	Zr	其他	Al
5083	4.0~4.9	≤0.25	0.4~1.0	≤0.10	0.05~0.25	≤0.40	≤0.40	≤0.15	—	≤0.15	余量
5456	4.7~5.5	同上	0.5~1.0	≤0.10	同上	≤0.25	同上	≤0.20	—	同上	同上
5059	5.0~6.0	0.40~1.5	0.60~1.2	≤0.40	≤0.30	≤0.50	≤0.50	≤0.20	0.05~0.25	同上	同上
7039	2.3~3.3	3.5~4.5	0.10~0.40	≤0.10	0.15~0.25	≤0.30	同上	≤0.10		同上	同上
Al-Zn-Mg	2.0~3.8	3.5~5.0	0.10~0.70	≤0.10	0.06~0.25	同上	同上	同上	≤0.20	同上	同上
7050	≈2.2	≈6.2	—	≈2.3	—				≈0.12	同上	同上
7075	2.1~2.9	5.1~6.1	≤0.30	1.2~2.0	0.18~0.28	≤0.40	≤0.50	≤0.20		同上	同上

续表

牌号	Mg	Zn	Mn	Cu	Cr	Si	Fe	Ti	Zr	其他	Al
2014	0.4 ~ 0.8	≤0.30	0.40 ~ 1.00	3.9 ~ 4.8	≤0.10	0.60 ~ 1.20	≤0.70	—	—	同上	同上
2024	1.2 ~ 1.8	≤0.25	0.30 ~ 0.9	3.8 ~ 4.9	≤0.10	≤0.50	≤0.50	≤0.15	—	同上	同上
2519	0.05 ~ 0.40	≤0.10	0.10 ~ 0.50	5.3 ~ 6.4	—	0.25	0.30	0.02 ~ 0.10	0.10 ~ 0.25	同上	同上
5210	2.30 ~ 2.52	4.20 ~ 4.60	0.41	≤0.10	0.17 ~ 0.185	≤0.13	≤0.21	≤0.15	0.14	同上	同上

第一代装甲铝合金（如5083,5456）是一种非热处理型的变形铝合金。它通过变形强化达到所需的力学性能和抗弹性能，且具有良好的可焊性及焊后保形能力。焊接后的焊缝强度下降（可达20%），但是焊缝延性及抗冲击性能仍能保持良好。因其不能进行热处理强化，故强度比较低。抗拉强度不超过400 MPa。

第二代装甲铝合金中，铝镁锌合金（如7039,5210）强度比第一代铝合金材料有了大幅度提高，抗拉强度达500 MPa，已接近普通低碳钢的水平。而铝锌镁铜合金（如7050,7075）的强度进一步提高，抗拉强度达600 MPa，达到低合金钢水平。

第三代装甲铝合金（如2519 – T87）是铝铜系合金，焊接性能和抗弹性能相当于或高于7039，同时具有突出的抗应力腐蚀性能。

美国装甲铝合金的力学特性要求如表4 – 7所示。

表4 – 7 美国装甲铝合金的力学特性

序号	牌号	取样方向	R_m/MPa	$R_{r_{0.2}}$/MPa	A/%	硬度BHN	冲击韧性/J	密度ρ/(g·cm^{-3})
1	5083 5456	纵	≥296	≥228	≥7	≈75	7.6	2.66
		横	≥276	≥221	≥4			
2	7039	纵	≥393	≥331	≥8	≈150	10	2.78
		横	≥372	≥310	≥4			
3	5210	横	≥410	≥345	≥7			
			450 ~ 500	400 ~ 450	≈10			
4	7075	—	≈600	≈583	≥9	≈180		
5	2519	—	410	345	≥7	135	12	—
6	5059	—	370	270	≥10	121		

4.3.4 装甲铝合金的应用

铝合金在防弹片方面比装甲钢更有效,其抗破甲射流的防护系数也大于普通装甲钢,但抗高速穿甲弹的能力比装甲钢差。

铝合金主要用于防小口径穿甲弹,其抗弹性能与材料强度有关。不同强度铝合金防 7.62 mm 穿甲弹的能力如图 4-7 所示,防 12.7 mm 穿甲弹的能力如图 4-8 所示。5210 装甲铝合金抗小口径穿甲弹的性能如表 4-9 所示。

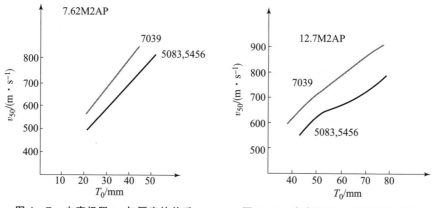

图 4-7 击穿极限 v_{50} 与厚度的关系
(7.62 mm 穿甲弹)

图 4-8 击穿极限 v_{50} 与厚度的关系
(12.7 mm 穿甲弹)

不同倾角下,装甲铝合金防 12.7 mm 穿甲弹的能力如图 4-9 所示,图中同时给出了装甲钢的抗弹能力。可见在 0°倾角时,装甲铝合金抗弹能力略高于装甲钢,但倾角大于 19°时,装甲铝合金抗弹能力开始低于装甲钢。所以装甲铝合金不利于在倾斜位置使用。

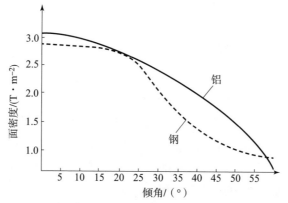

图 4-9 钢和铝装甲对 100 m 处射击的 12.7 mm 穿甲弹的防护能力

当装甲铝合金用于防弹片时，其性能优于装甲钢。不同强度装甲铝合金防 12.7 mm 弹片模拟弹的性能如图 4-10 所示，防 20 mm 弹片模拟弹的性能如图 4-11 所示。图 4-12 给出了装甲铝合金防 105 mm 榴弹弹片的能力，图中同时示出装甲钢的防弹片能力。可见，当面密度超过 0.79 T/m² 时，铝装甲防 105 mm 榴弹弹片的性能优于装甲钢。

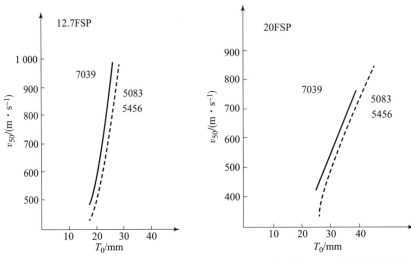

图 4-10　击穿极限 v_{50} 与厚度的关系
（12.7 mm 弹片模拟弹）

图 4-11　击穿极限 v_{50} 与厚度的关系
（20 mm 弹片模拟弹）

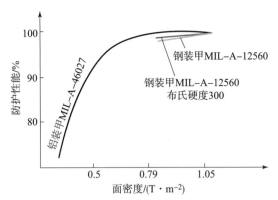

图 4-12　钢装甲、铝装甲防 105 mm 榴弹弹片的能力

铝合金均质装甲抗各种弹的防护系数如表 4-8 所示。可见，装甲铝合金抗破甲弹的防护系数均高于标准均质装甲钢，为 1.72~2.13。关于抗穿甲弹性能，在强度较低时，其防护系数较低。

表 4-8 铝合金均质装甲的防护系数（N）

牌号	R_m/MPa	7.62 mm 穿甲弹	12.7 mm 穿甲弹	5 mm 杆式弹	40 mm 破甲弹	大口径破甲弹
5083	285~385	0.89	—			1.42
7039	~500	1.08				1.72
2024	>480	—				1.95
防锈铝	350			1.40	1.95	—
7075（Perunal）	550			1.65	2.13	—
5210	450~500	1.13~1.17	1.25~1.35		—	—

当强度超过 500 MPa 时，其防护系数均高于标准均质装甲钢，抗长杆形穿甲弹等可达 1.65，抗枪弹为 1.30 左右。

装甲铝合金的成本高于装甲钢，但远低于钛合金装甲、陶瓷装甲，甚至低于某些复合装甲。铝合金硬度和强度大大低于装甲钢，使其抵御较大口径高速穿甲弹的能力远低于装甲钢，因此在主战坦克上的应用受到限制。另外，当铝合金与装甲钢具有同一面密度时，其厚度要比钢装甲厚 2~3 倍，如表 4-9 所示。因此，在装甲防护系统中，特别是在装甲车辆上，采用铝合金要占用较大的空间，给装甲防护系统的设计带来不便。

表 4-9 铝合金的抗弹性能

序号	厚度/mm	枪弹型号	v_{25}/(m·s^{-1})	射击距离/m	安全角指标 θ/(°)	实际安全角 θ_1/(°)
1	20	7.62 穿燃弹	808	100	≤45	40~42
2	25				≤40	35~437
3	30				≤33	26~430
4	35	12.7 穿燃弹	818	100	≤44	38~41
5	40				≤43	35~40
6	45				≤36	~34

几乎所有热处理型 7000 系列的 Al-Mg-Zn 合金都有程度不同的应力腐蚀裂纹倾向。尤其是当出现了重结晶组织的铝合金，应力腐蚀裂纹倾向更加严重，而且加工成型与焊接使之更加严重。应力腐蚀裂纹倾向严重的铝合金在使用过程中十分容易产生裂纹及断裂。

为了消除或减轻铝合金对应力腐蚀敏感的问题，多年来曾进行过大量研究工作，也制定了一些防范措施，例如：①铝合金固溶处理后，进行有控拉伸，

装甲防护技术研究

以充分消除或较多地消除内应力，或使残余应力重新作有序分布，避免冷加工后的扭曲变形和减轻成品的应力腐蚀裂纹倾向；②以喷丸方法，在铝合金具有残余拉伸应力的加工表面上或焊缝上形成压应力，以抵消容易造成应力腐蚀裂纹的拉伸应力；③装甲铝合金件不仅要在生产过程中采取上述的防范措施，在设计时还需考虑铝合金结构件的受力水平和环境因素，规定使用条件，即改善和减轻工作时的载荷状态，使应力腐蚀过程减慢，保持较长的使用寿命。

4.4 装甲钛合金

钛合金具有密度低、比强度高、低温韧性好、耐高温、耐腐蚀、无磁等优点，是一种性能优良的装甲材料。由于钛合金制造成本昂贵而且加工工艺复杂，在装甲防护领域内尚未广泛应用。随着坦克装甲车辆轻量化和高生存力的要求越来越高，钛合金作为装甲材料应用将大有潜力。世界各国非常重视钛合金装甲的研究，美国、俄罗斯、法国和澳大利亚等国开展了大量研究，特别是在一次熔炼工艺、低成本制造工艺以及焊接技术等方面。美国曾以钛合金制造装甲车辆的指挥塔，其质量较装甲钢的减轻37%。美国已制定了国军标MIL–T–9646J和MIL–DTL–46077F（最新版本已升到G）。常用的装甲钛合金包括Ti–6Al–4V、Ti–5Al–3V–2Cr–2Fe和Ti–8Al–1Mo–1V，主要用于基体装甲和复合装甲。目前装甲钛合金已在Pegasus装甲战车、M2"布雷德利"步兵战车和法国的VBCI步兵战车等获得应用。

FCS有人地面车辆使用了粉末冶金钛合金装甲。用低成本氢化钛粉和钠还原钛粉，通过直接粉末轧制（DPR）、冷等静压（CIP），烧结制成Ti–6Al–4V板材。钛合金板满足MIL–DTL–46077F的要求。

钛合金作为装甲材料，有均质装甲、钛合金复合板、钛铝合金复合板和间隙复合装甲中的结构部件。

4.4.1 装甲钛合金的基本特点

钛合金的密度约为4.5 g/cm³，为装甲钢的57%左右。钛合金的强度已达到装甲钢的水平。由于其密度低，因此比强度高，可达装甲钢的2倍（表4–10）。这样在用于装甲防护系统时，有可能在不降低装甲防护性能的前提下，大大降低系统的质量。钛合金还具有良好的低温韧性，从而保证了低温抗弹性能，不受低温条件的影响。

表 4-10 钛合金与装甲钢的比强度

材料名称	类别	$\rho/(g \cdot cm^{-3})$	R_m/MPa	比强度
装甲钢	普通装甲钢	7.85	785~1 177	1.0~1.5
	高强度装甲钢	7.85	1 275~1 863	1.6~2.4
钛合金	高强度钛合金	4.50	1 177	2.6
	超高强度钛合金	4.50	1 961	4.4

钛合金耐腐蚀性能极强，约为不锈钢的 20 倍。因此，在长期服役和腐蚀气氛下，其使用性能不变，也不需要采用防腐蚀措施。

钛合金除了上述优点之外，也有不足之处：

（1）价格昂贵。钛合金的价格为普通装甲钢的 10~15 倍。钛的成本系数过低，影响装甲结构的防护综合性能，因而限制了它的推广应用。

（2）工艺复杂，加工困难。钛合金的生产工艺复杂且需要专门的生产条件，这导致了它的高成本。钛合金原材料提供给使用部门时，由于其加工困难，也在一定程度上限制了它的使用。

4.4.2 装甲钛合金的分类

钛在固态时有两种晶体结构。在 882.5 ℃ 以下为密排六方晶格，称为 α-钛。882.5 ℃ 以上直至熔点为体心立方晶格，称为 β-钛。在 882.5 ℃ 时发生同素异构转变 α-Ti→β-Ti。这个转变对钛合金强化有很重要的意义。

根据使用状态的组织，钛合金可分成三类：α 钛合金，β 钛合金和 (α+β) 钛合金。

钛中加入铝、硼等 α 稳定化元素后，钛合金的 α→β 转变温度提高，合金在室温和使用温度下均处于 α 单相状态，因此称为 α 钛合金。α 钛合金的室温强度低于 β 钛合金和 (α+β) 钛合金的强度，但高温 (500 ℃~600 ℃) 强度比 β 钛合金和 (α+β) 钛合金高，并且组织稳定，抗氧化性和抗蠕变性好，焊接性能也很好。α 钛合金不能进行淬火强化，热处理工艺只是使变形后的合金消除应力退火或消除加工硬化的再结晶退火。

钛中加入钼、铬、钒等 β 稳定化元素后，在正火时很容易将高温 β 相保留到室温，得到稳定的单相 β 组织，所以这种钛合金称为 β 钛合金。β 钛合金有较高的强度、优良的抗冲击性能，并可通过淬火和时效进行强化。在时效状态下，合金的组织为 β 相中弥散分布着细小的 α 相粒子。

这种合金中通过加入 β 稳定化元素，大多数还加入 α 稳定化元素，室温为

α+β 两相组织，形成（α+β）钛合金。这类钛合金塑性很好，容易锻造、压延和冲压，并可通过淬火和时效进行强化。

4.4.3 装甲钛合金的成分与性能

部分美国变形钛合金牌号及成分如表 4-11 所示。

表 4-11 美国变形钛合金牌号及化学成分

牌号	化学成分/%										
	Ti	Al	V	Mo	Zr	其他<	Si	Fe<	O<	H<	N<	C<
Ti-35A	>99.5	—	—	—	—	0.60	—	0.50	0.20	0.015	0.05	0.08
Ti-65A	>99.2	—	—	—	—	0.60	—	0.50	0.30	0.015	0.05	0.08
Ti-75A	99.0	—	—	—	—	0.30	—	0.50	0.40	0.0125	0.05	0.08
Ti-5Al-2.5Sn	余	4.0~6.0	Sn2.0~3.0	—	—	0.40	Mn<0.30	0.50	0.20	0.02	0.05	0.08
Ti-6Al-4V	余	5.50~6.75	3.5~4.5	—	—	0.40	—	0.30	0.20	0.0125	0.05	0.10
Ti-7Al-4Mo	余	6.5~7.3	—	3.5~4.5	—	0.40	—	0.30	0.20	0.013	0.05	0.10
Ti-6Al-6V-2Sn	余	5.0~6.0	5.0~6.0	—	Sn1.5~2.5	Cu 0.35~1.00	0.40~1.00	0.35	0.20	0.015	0.04	0.05
Ti-679	余	2.0~2.5	—	Sn10.5~11.5	0.8~1.2	4.0~6.0	0.40	0.15~0.27	0.12	0.15	0.0125	0.04	0.04
5621S	余	5.0	—	Sn6.0	1.0	2.0	—					
Ti-8Al-1Mo-1V	余	7.35~8.35	0.75~1.25	0.75~1.25	—	0.40	—	0.30	0.12	0.015	0.05	0.08
Ti-6Al-2Sn-4Zr-2Mo	余	5.5~6.5	Sn1.8~2.2	1.8~2.2	3.6~4.4	0.30	—	0.25	0.15	0.0125	0.05	0.05
Ti-6Al-2Sn-4Zr-6Mo	余	5.5~6.5	Sn1.75	5.5~2.25	3.5~4.5	0.40	—	0.15	0.15	0.0125	0.04	0.04
B120Vca	余	2~3.5	12.5~14.5	—	Cr10~12	—	0.40	—	0.35	0.17	0.025	0.05	0.05

部分美国钛合金力学特性如表 4-12 所示。抗弹性能试验用钛合金的力学特性如表 4-13 所示。几种高强韧钛合金的力学性能如表 4-14 所示。

表4-12　美国钛合金的力学特性

名义成分	半成品	热处理状态	试验温度/℃	σ_b/MPa	σ_s/MPa	δ/%	HRc (HB)	AMS 标准号
纯Ti—99.5	薄板	退火：704 ℃，2 h，空冷	室温	>246	>176	>25	>(120)	4902C
纯Ti-99.2	薄板	退火：704 ℃，2 h，空冷	室温	>352	>281	>22	>(200)	4900F
纯Ti-99.0	薄板	退火：704 ℃，2 h，空冷	室温 315	>562 >259	>492 >148	>15 >38	>(265)	4901H 4921E
Ti-5Al-2.5Sn	薄板	退火：704~913 ℃，1/4~4 h，空冷	室温 315 427	>844 >591 >541	>806 >443 >415	>10 >15 >15	>36 — —	4910H 4926F 4924C
Ti-6Al-4V	薄板	退火：691~871 ℃，1/4~8 h，空冷	室温 316 427 538	>914 >675 >619 >492	>844 >577 >534 >380	>15 >17 >18 >27	>32 — — —	4911D 4928H 4930B 4935B
Ti-7Al-4Mo	棒材	退火：774~802 ℃，1~8 h，炉冷	室温	>998	>928	>12	>35	4970D
Ti-6Al-6V-2Sn	薄板	退火：704~816 ℃，1~8 h，炉冷	室温 316	>1 055 >900	>984 >787	>10 >16	— —	4918E 4971B
Ti-679	薄板	退火：899 ℃，1 h，499 ℃，24 h，空冷	室温	>1 019	>914	>10	—	4974A
5621S	棒材	退火：982 ℃，2 h，593 ℃，2 h，空冷	室温	>9 840	>914	>10	—	5621S
Ti-8Al-1Mo-1V	棒材	退火	室温	>9 140	>844	>10	>36	4915E
Ti-6Al-2Sn-4Zr-2Mo	棒材 锻件	退火	室温 427	>9 140 >8 160	>844 >633	>10 >15	>36 —	4975B 4976A
Ti-6Al2Sn-4Zr-6Mo	棒材 棒材	固溶，时效退火	室温 427	>1 301 >773	>1 195 >591	>10 >21	>42 —	4981
Ti-3Al-13V-11Cr	薄板	退火：760~816 ℃，1/2~1 h，空冷或水淬	室温 316	>879 >773	>844 >703	>15 >20	>34	4917C

表 4-13　抗弹试验用钛合金的力学特性

牌号	σ_b/MPa	δ/%	ψ/%	α_k/(J·cm²)	BHN
Ti-6Al-4V	≥931	≥10	≥30	≥39	331~302
Ti-6.5Al-3.5Mo-2.5Sn-0.3Si	≥1 117	≥9	≥25	≥29	—

表 4-14　某些高强韧钛合金力学特性

合金名义成分	类别	热处理状态	σ_b/MPa	$\sigma_{0.2}$/MPa	δ/%	ψ/%	K_{Ic}/(MPa·m$^{-0.5}$)
Ti-7Al-4Mo	—	淬火+时效	1 220	1 130	12	—	—
Ti-6Al-2Sn-4Zr-6Mo	—	淬火+时效	1 275	1 170	9	—	—
Ti-5Al-4Mo-2sn-2Zr-4Cr	—	淬火+时效	1 175	1 105	10	—	—
Ti-4Al-4Mo-4Sn-0.5Si	—	淬火+时效 淬火+时效	1 310 1 450	1 200 1 350	13 5	—	—
Ti-15V-3Cr-3Sn-3Al	β	淬火+时效	1 220	1 090	15	—	111.6
Ti-10V-2Fe-3Al	近β	淬火+时效	1 300	1 240	5.5	12.5	54
Ti-4.5Al-5Mo-1.5cr	α+β	淬火+时效	920~1 040	864~930	13.5~18	29.7~47	92.6~140.6
Ti-6Al-3Nb-0.8Mo	近α	退火	900~1 000	760~910	9~14	25~34	121~132

4.4.4　装甲钛合金的应用

曾经采用穿、破甲模拟弹测定了装甲钛合金的防护系数及厚度系数,如表 4-15 所示;其抗弹性能如表 4-16 所示。

表 4-15　装甲钛合金的防护系数及厚度系数

σ_b/MPa	N		N_h	
	5 mm 杆式弹	40 mm 破甲弹	5 mm 杆式弹	40 mm 破甲弹
≈900	1.67~1.73	1.75	0.94~0.97	0.98
≈600	—	1.35	—	—

曾采用破甲能力为 500 mm(RHA)的破甲弹头,对两种复合装甲进行倾斜(68°)静破甲的对比试验。两种复合装甲厚度及结构都相同,一种为高强度装甲钢间隙板,另一种为钛合金间隙板。其试验结果如表 4-17 所示。采用钛合金间隙板后其面密度减少了 0.36 T·m^{-2},而复合装甲的防护系数反而提高了 0.38,如表 4-17 所示。

表 4-16　装甲钛合金的抗弹性能

厚度/mm	材料牌号	试验用弹	试验数据	
			$v_{50}/(m \cdot s^{-1})$	安全角/(°)
10	Ti-5Al-3V-2Cr-2Fe	7.62 mm 穿燃弹	—	28
64	Ti-6Al-4V	30 mm 脱壳穿甲弹	941	—
26.72	Ti-6Al-4V	20 mm FSP	1 023	—
38.30	Ti-6Al-4V	20 mm FSP	1 496	—

表 4-17　钛合金与装甲钢间隙板复合装甲的抗弹性能

序号	间隙板类别	σ_b/MPa	垂直厚度/mm	$\rho/(g \cdot cm^{-3})$	N
1	装甲钢	≈1 600	40	8.4	1.65
2	钛合金	≈1 200	40	4.5	2.03

4.5　装甲镁合金

随着装甲车辆轻量化和高防护的要求不断提高，对轻质合金材料的需求越来越迫切。镁合金由于具有质量轻的优点，越来越受到轻型装甲车辆设计师的青睐，在未来可能成为轻型装甲车辆特别是 10 t 以下级别装甲车辆理想的装甲材料。目前装甲镁合金还处于应用研究阶段，研究的装甲镁合金主要有 ZK60A-T5、AZ91、AZ31B-H24、Elektron 675、Elektron WE54。随着镁合金强度的不断提高，以及镁合金表面防腐技术的不断进步，装甲镁合金在轻型装甲车辆上将获得应用。

4.5.1　装甲镁合金的基本特点

纯镁的优点很多，但是力学性能较低，其应用范围受到很大限制。通过在纯镁中添加合金元素，可以显著改善镁的物理、化学和力学特性。根据实际需要，人们已经开发出为数众多的镁合金体系。

镁合金的密度比纯镁的密度（1.738 g/cm³）稍高，为 1.75～1.85 g/cm³，其比强度、比刚度均很高，比弹性模量与高强铝合金、合金钢大致相同。镁合金的弹性模量较低。当受到外力作用时，应力分布将更为均匀，可以避免过高的应力集中。在弹性范围内承受冲击载荷时，所吸收的能量比铝高 50% 左右。因此镁合金适宜于制造承受猛烈冲击的零部件。镁合金具有高阻尼性能，适合制造抗震零部件。镁合金的切削加工性能优良，其切削速度大大高于其他金属。不需要磨削、抛光处理，不使用切削液即可以得到表面粗糙度很低的加工面。镁合金在受到冲击或摩擦时，表面不会产生火花。镁合金铸造性能优良，可以用几乎所有铸造工艺来铸造成型。

由于镁在液态下容易剧烈氧化、燃烧，所以镁合金必须在溶剂覆盖下或在保护气氛中熔炼。镁合金铸件的固溶处理也要在 SO_2、CO_2 或 SF_6 气体保护下进行，或在真空下进行。镁合金的固溶处理和时效处理时间均较长。

镁合金耐腐蚀性差。镁的标准电极电位为 $-2.37\ V$，比铝（$-1.71\ V$）低，是电负性很强的金属。其耐蚀性很差，镁在潮湿大气、海水、无机酸及其盐类、有机酸、甲醇等介质中会发生剧烈的腐蚀；只有在干燥的大气、碳酸盐、氟化物、铬酸盐、氢氧化钠熔液、苯、四氯化碳、汽油、煤油及不含水和酸的润滑油中才稳定。镁在室温下很容易被空气氧化，生成一层很薄的氧化膜。这种薄膜多孔疏松，脆性较大，远不如铝及铝合金的氧化膜坚实致密，耐蚀性很差。在储存和使用过程中，必须采取适当的保护措施防止镁的腐蚀。因此，要想提高镁合金的耐腐蚀性，必须严格控制镁及镁合金中的有害杂质元素，如 Fe、Ni、Cu、Co 等。

4.5.2 装甲镁合金的分类

纯镁在工程领域的应用比较少。镁与一些金属元素如铝、锌、锰、稀土、锆、银和铈等合金化后得到高强度镁合金。这些合金元素主要是通过固溶强化或沉淀强化来提高材料的性能。

镁合金的分类依据有三种：按化学成分、成型工艺和是否含锆。

按化学成分，镁合金主要划分为 Mg – Al、Mg – Mn、Mg – Zn、Mg – Re、Mg – Zr、Mg – Th、Mg – Ag 和 Mg – Li 等二元系，以及 Mg – Al – Zn、Mg – Al – Mn、Mg – Mn – Ce、Mg – Re – Zr、Mg – Zn – Zr 等三元系及其他多组元系镁合金。镁合金种类不如铝合金丰富。通过微合金化也可重新设计现有镁合金，即加入微量表面活性元素如钙、锶、钡或锑、锡、铅和铋。稀土元素能够改善镁合金的高温性能，提高镁合金的力学性能。

按成型工艺，镁合金可分为铸造镁合金和变形镁合金，两者在成分、组织性能上存在很大差异。铸造镁合金主要应用于汽车零件、机件壳罩和电气构件等。铸造镁合金多用压铸工艺生产，其主要工艺特点为生产效率高、精度高、铸件表面质量好、铸态组织优良，可生产薄壁及复杂形状构件等。合金元素 Al 可使镁合金强化并具有优异的铸造性能，为易于压铸，镁合金中的铝含量需大于3%。Zn 可以强化镁合金，但其含量超过2%后，合金有热裂倾向。Mn

生成 Al-Mn-Fe 化合物，此化合物沉入熔体渣后具有降铁作用，并且能够细化晶粒。稀土元素能够改善镁合金的铸造性能。Ni、Fe 和 Cu 对镁合金有害，因此严格控制 Fe-Mn 比将明显改善镁合金的耐蚀性。变形镁合金主要用作结构材料。由于密排六方的镁变形能力有限，易开裂，因此早期的变形镁合金要求兼有良好的塑性变形能力和尽可能高的强度，组织中大多要求不含金属间化合物，其强度的提高主要依赖合金元素对镁合金的固溶强化和塑性变形引起的加工硬化。AZ31B 和 AZ31C 是重要的工业用变形镁合金，具有良好的强度和塑性。AZ 系列镁合金随 Al 含量的提高，轧制开裂倾向增大。

铝、锆为镁合金的主要合金化元素。根据是否含铝，镁合金可分为含铝镁合金和无铝镁合金两类。由于大多数镁合金不含铝而含锆，因此镁合金按照含锆与否分为无锆镁合金和含锆镁合金两大类。锆对镁合金具有强烈的细化晶粒作用，但是 Zr 和 Al、Mn 会形成稳定的金属间化合物并沉入坩埚，从而无法开发含铝的 AK 型镁合金。

4.5.3 装甲镁合金的成分与性能

通过在纯镁中添加合金元素形成镁合金，提高镁合金的力学、物理、化学和工艺性能。铝是镁合金中最重要的合金元素，通过形成 $Mg_{17}Al_{12}$ 相显著提高镁合金的抗拉强度；锌和锰具有类似的作用，银能提高镁合金的高温强度；锆与氧的亲和力较强，能形成氧化锆质点细化晶粒；稀土元素 Y、Nd、Ce、Gd 等通过沉淀强化可大幅度提高镁合金的强度；铜、镍、铁等元素因影响耐腐蚀性而很少使用。大多数情况下，合金元素的作用大小与添加量有关，在固溶度范围内作用大小与添加量近似成正比关系。

表 4-18 分别给出了几种镁合金的化学成分。

表 4-18 几种镁合金的化学成分 质量分数/%

序号	牌号	Y	Gd	Re	Nd	Al	Zr	Zn	Mn	Mg
1	AZ31B-H24	—	—	—	—	3.0	—	1.0	0.3	余量
2	ZK60A-T5	—	—	—	—	—	≥0.6	6	—	余量
3	AZ91E-T6	—	—	—	—	9.0	—	2.0	≥0.10	余量
4	Elektron21	—	1.0~1.7	—	2.6~3.1	—	最大固溶量	0.2~0.5	—	余量
5	Elektron WE43-T5	3.7~4.3	—	2.4~4.4	—	—	≥0.4	—	—	余量
6	Elektron WE54-T5	4.75~5.5	—	1.0~2.2	1.5~2.0	—	≥0.4	—	—	余量

Elektron 675 是用于高温场合的高强度变形镁合金。其成分为 Nd – Y – Zn – Zr 系，但具体含量处于保密状态。该合金具有优良的耐腐蚀性能并易于精准的加工，它是镁合金中高温抗拉强度最高的镁合金，具有很高的疲劳强度。表 4 – 19 列出了国外几种镁合金的力学特性。

表 4 – 19　国外几种镁合金的力学特性

序号	材料牌号	密度/(g·cm^{-3})	抗拉强度/MPa	屈服强度/MPa	伸长率/%
1	AZ31B – H24	1.77	235	125	7
2	ZK60A – T5	—	290	180	6
3	AZ91E – T6	—	270	170	4.5
4	Elektron21	—	280	170	5
5	Elektron WE43 – T5	—	280	195	2
6	Elektron WE54 – T5	1.83	300	200	18.6
7	Elektron 675	1.91	410	310	9

4.5.4　装甲镁合金的应用

由于镁合金具有低密度，且同等面密度下刚度较高，因此引起了轻型装甲车辆设计工程师的注意。美国陆军研究实验室（Army Research laboratory，ARL）已对几种镁合金如 AZ31B – H24、Elektron WE43、Elektron 675 等进行了研究，并对它们的抗弹性能与 5083 铝合金进行了比较。研究结果表明，镁合金 Elektron 675 与 AZ31B 比 5083 铝合金的单发弹抗弹性能高 28%，稀土元素增加了材料的质量；镁合金 Elektron 675 没有通过 MIL – DTL – 32333 耐腐蚀性试验要求。另外，与 AZ31B 和铝合金 5083 相比，由于稀土元素的添加，材料的成本增加。同时还研究了装甲镁合金在复合装甲中的应用。研究表明，15 mm 厚 Al_2O_3、45 mm 厚 ZK60A 镁合金或 7 mm 厚 Armox 500S 钢，可防冲击速度为 970 m/s 的 14.5 mm API/B32 弹药，有限损坏。15 mm 厚 Al_2O_3、30 mm 厚 ZK60A 镁合金，可防冲击速度为 911 m/s 的 14.5 mm API/B32 弹药。图 4 – 13 ~ 图 4 – 15 给出了 Elektron 675 镁合金、AZ31B 镁合金和 AA5083 铝合金抗 0.30 cal AP M2 弹丸、0.50 cal FSP 弹丸、20 mm FSP 弹丸的 v_{50}。表 4 – 20 ~ 表 4 – 22 给出了金属装甲抗 0.30 cal AP M2 弹丸、0.50 cal FSP、20 mm FSP 弹丸的性能比较结果。

第 4 章　现代装甲材料

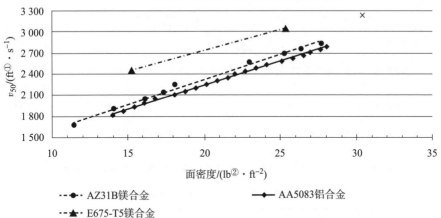

图 4–13　Elektron 675 镁合金、AZ31B 镁合金和 AA5083 铝合金抗 0.30 cal AP M2 弹丸的 v_{50}

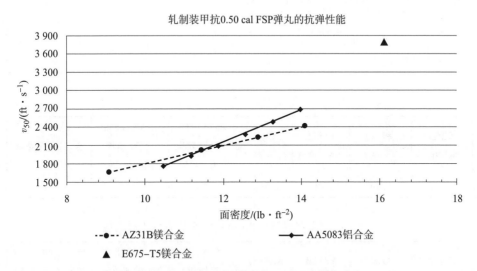

图 4–14　Elektron 675 镁合金、AZ31B 镁合金和 AA5083 铝合金抗 0.50 cal FSP 弹丸的 v_{50}

---

① 1 ft = 0.304 8 m。

② 1 lb = 0.454 kg。

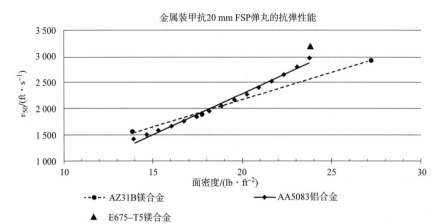

图 4-15　Elektron 675 镁合金、AZ31B 镁合金和 AA5083 铝合金抗 20 mm FSP 弹丸的 v_{50}

表 4-20　金属装甲抗 0.30 cal AP M2 弹丸的性能比较

面密度/ (lb·ft^{-2})	板厚 /in[①]	AZ31B /(ft·s^{-1})	AA5083 /(ft·s^{-1})	E675-T5 (半时效) /(ft·s^{-1})	E675-T5 (正常时效) /(ft·s^{-1})	与 AZ31B 相比,弹速提 高幅度/%	与 AA5083 铝 合金相比,弹 速提高幅 度/%
15.21	1.5	1 980	1 924	2 457	—	29	28
25.35	2.5	2 702	2 600	3 054	—	13	17
30.42	3.0	2 971	3 053	—	>3 231*	>9	>6

*极限安全速度

表 4-21　金属装甲抗 0.50 cal FSP 弹丸的性能比较

面密度 /(lb·ft^{-2})	板厚 /in	AZ31B /(ft·s^{-1})	AA5083/ (ft·s^{-1})	E675-T5 (半时效) /(ft·s^{-1})	与 AZ31B 相 比,弹速提 高幅度/%	与 AA5083 铝合 金相比,弹速提 高幅度/%
16.11	1.59	2 787	3 369	3 793	36	13

表 4-22　金属装甲抗 20 mm FSP 弹丸的性能比较

面密度 /(lb·ft^{-2})	板厚 /in	AZ31B /(ft·s^{-1})	AA5083 /(ft·s^{-1})	E675-T5 (半时效) /(ft·s^{-1})	与 AZ31B 相 比,弹速提高 幅度/%	与 AA5083 铝合 金相比,弹速提 高速度/%
23.82	2.35	2 563	2 989	3 202	25	7

---

① 1 in = 2.54 cm。

研究表明，AZ31B－H24 镁合金在抗弹性能方面优于 5083－H131l 铝合金，AZ31B－H24 已列入美军标 MIL－DTL－32333，这是美国第一个装甲镁合金军标。Elektron WE43 在相同面密度下的抗弹性能优于 AZ31－H24；Elektron 675（N）和 Elektron WE43 镁合金对 7.62 mm 穿甲弹和 20 mm 破片模拟弹（FSP）的抗弹性能优于 5083 铝合金。

4.6 贫铀合金

自然界存在的铀是 U^{238}、U^{235} 和 U^{234} 三种放射性同位素（α 辐射体）的混合物，其含量分别为 99.28%、0.714% 和 0.006%。用于核武器和核燃料的只有可裂变的天然铀 U^{235}。核燃料中的 U^{235} 含量约为 3%。所以，将铀的混合物富化到含 3% U^{235} 时，则每千克富化铀将有副产品 U^{238}（DU）5 kg。核武器用的裂变材料是含 U^{235} 90% 以上的高度浓缩铀，所以副产品贫铀数量更大。

核武器生产大国如美国、俄罗斯积存的贫铀数量颇多。20 世纪 70 年代中期美国的贫铀库存已达 258 000 t。美国从 20 世纪 60 年代即研究和开发贫铀合金，以利用库存的廉价贫铀。20 世纪 60 年代，美国曾利用贫铀合金作为飞机及游艇的镇重和压舱铁。20 世纪 70 年代末期，将用于长杆形穿甲弹的贫铀合金（U－0.75Ti）予以解密。20 世纪 80 年代末，美国又将 M1A1 主战坦克改装贫铀装甲，但关于贫铀装甲的情况，迄今仍在保密中。目前，有关美国贫铀装甲结构的报道多系猜测。

20 世纪 80 年代初，英国开始试验贫铀穿甲弹。80 年代末期，苏联已在其 T－80 改进型坦克（T－801989）上装用贫铀合金穿甲弹和贫铀合金药型罩的破甲弹。

20 世纪 90 年代初期，俄罗斯特种钢研究所首次向来访者披露："美国绝对不是第一个研制贫铀装甲的国家。"

4.6.1 贫铀合金的化学成分

美国自 20 世纪 70 年代始，最常用的贫铀合金为 U－0.75Ti 二元合金。铀中加入钛，固溶处理后进行时效，使金属间化合物 U_2Ti 沉淀析出，使铀合金得到强化。同期还出现了 U－2Mo（铀－钼）和 U－Nb（铀－铌）等二元合金，都是用来制造穿甲弹弹体。

铀－钛等二元合金，强度及韧性不够理想，而且淬透性很差。U－0.75Ti

的厚度大于 20 mm 时，在截面上即出现不均质的组织。

20 世纪 90 年代出现了铀－钛－铪三元高强度合金，比二元合金的力学性能提高不少。当时，报道中还见到铀－钨－钼等三元合金。

20 世纪 90 年代初，美国能源部公布了在 U－Ti 合金基础上加铌的三元铀合金，用来制造板材，淬透性达到 50 mm，淬火后硬度为 HRA 62－72。估计具有这样性能的贫铀合金已不是穿甲弹的专用材料。贫铀合金的韧性和应力腐蚀裂纹倾向受冶炼方法、加工工艺以及杂质含量的影响很大，尤其是杂质含量必须控制在很低的水平上。生产贫铀合金的原材料"绿盐"（UF_4）技术条件中规定的各种杂质含量要低于 10~20 ppm（表 4－23）。

表 4－23 UF_4 技术条件

U^{235} 同位素含量	<0.4%
U 含量	75%~76%
UO_2 含量	<0.3%
UO_2F_2 含量	<2.0%
Fe	20 ppm
Cu	15 ppm
Ni	15 ppm
Cr	10 ppm
其他	每种均不大于 20 ppm

U－0.75Ti 合金制成品技术条件规定 Fe 含量<50 ppm、H 含量<1 ppm、O 含量<75 ppm，实际工业生产中控制含量低于此规定（表 4－24）。

表 4－24 U－0.75Ti 合金的化学成分

项目	Ti/%	C/ppm	Fe/ppm	Ni/ppm	Cu/ppm	Si/ppm	H/ppm	O/ppm
技术条件规定	0.69~0.79	<80	<50	<50	<50	<150	<1	<75
生产中控制成分	0.69~0.73	13－34	33－40	6－13	5－11	66－86	0.2－0.5	—

4.6.2 贫铀合金的性能

贫铀合金与相同厚度的 Cr－Mo 中硬度均质装甲钢相比，其力学性能较高，如表 4－25 所示。

表 4-25　中硬度装甲钢与 U-0.75Ti 力学性能对比

种类	σ_b/MPa	$\sigma_{0.2}$/MPa	δ/%	ψ/%	α_k
Cr-Mo 均质装甲钢板	1 100	1 000	15	55	10 kg·M/cm^2
U-0.75Ti 均质板	1 386	841	25	42	7 325J

图 4-16 表明，贫铀合金具有较高的屈服强度，所以，如以贫铀材料作为装甲板时，弹坑金属在较高的强度下流动，将吸收较多的弹丸冲击功。如以贫铀合金板作为反应装甲"三明治"结构单元的背板材料，将会得到较高的防护系数 N。

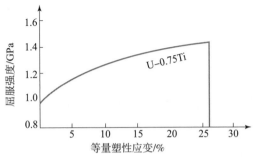

图 4-16　U-0.75Ti 合金的应变强化特性

4.6.3　贫铀合金的应用

贫铀合金不能取代装甲钢作为结构材料使用。贫铀合金相对密度大于 18，如欲获得与装甲钢结构同样的刚度，势必使整个装甲防护系统过度增加质量。

贫铀合金有自燃特性，不适合作暴露在外的装甲结构件。

贫铀合金不耐气候腐蚀。美国某飞机制造厂为防止贫铀合金结构件的腐蚀，采用在铜过渡镀层上镀镉镍层，然后再涂底漆和环氧磁漆，但依然不能完全保证构件不腐蚀，所以贫铀合金不能作为暴露在外的装甲防护结构件或面板。

贫铀合金原材料价格低廉，但工艺复杂，使制成品价格上扬。为了保证铀合金的纯净度，需要选用高纯净度的原料（UF_4、UO_3、U_3O_8）及辅料。铀合金要在真空或保护气氛下冶炼和注锭，在随后的冷热加工的工序间往往还需做防氧化中间镀层。加工过程中为防止污染环境，还要采取多项安全措施。具有生产贫铀合金装甲能力的工厂及生产线，即便是在美国也是稀少的，难以寻找协作厂及进行批量生产。这些都会使制成品的成本增加。曾见国外报道，贫铀装甲系由高硬度贫铀碳化物单晶排列而成的防弹层，称为"网状填料"。一说贫铀由贫铀碳化物单晶的"晶须"嵌入钢基体内而成，估计是不实的报道，如系这样结构的装甲，其成本系数势必很低，使装甲防护系统的综合性能过低，甚至不值得进行工业生产和采用。

贫铀合金为低放射性物质，同时具有铅、汞一类重金属对人体的危害。但是从事铀合金研究、生产和试验的人员若严格遵照安全防护规范和国家有关卫生和防护规定标准，应不致造成人员的伤害。

贫铀合金装甲与贫铀合金穿甲弹的生产与试验过程存在同样的环境污染问题，即密闭靶室内贫铀粉尘及碎屑的污染和贫铀合金材料的切屑、废料及余料的堆放和处理问题。贫铀合金生产中的废料往往难以回收和再生。

贫铀合金装甲一般均为内装的单元结构，不构成对人员和环境的污染，但被击毁后，则不可避免地污染环境。

贫铀合金装甲必须严格控制杂质（包括气体夹杂）含量和加工后的应力消除处理，以便满足常规兵器长期储存的需要。通常常规兵器的储存期在20～30年，应力腐蚀倾向严重的贫铀合金有可能在短期内出现脆性反应，失去抗弹能力。消除贫铀合金装甲应力腐蚀倾向是具有相当难度的技术问题。

4.7 抗弹陶瓷

第二次世界大战以后，陶瓷材料迅速发展，脱离了传统陶瓷（即生活用瓷器）阶段，步入了先进陶瓷阶段，出现了大量高性能陶瓷材料，给装甲防护技术提供了多种可供选用的材料。20世纪60年代，美国制定了生产小质量陶瓷面板复合装甲的实用标准，即MIL－A－46103；并制定了陶瓷板和尼龙布的军用标准，即MIL－T－46098和MIL－C—12369。该类陶瓷复合板首先用在飞机上作为驾驶员座椅靠背和发动机的护板，防御小口径弹丸。20世纪70年代，出现了高强度增韧抗弹陶瓷作为金属或非金属复合装甲的夹层材料，逐步在复合装甲中获得应用。世界各国已经使用和正在研制的装甲陶瓷材料主要包括Al_2O_3、SiC、B_4C、TiB_2、AlN、Si_3N_4、玻璃陶瓷及陶瓷复合材料。研究的重点集中在提高材料抗弹性能、降低材料制造成本及深化陶瓷抗弹机理研究等方面。伴随着新型陶瓷材料技术的发展，新型装甲陶瓷必将得到同步的发展。未来的装甲材料将会向着具有结构材料性能的陶瓷基复合材料（Ceramic Matrix Composite，CMC）和功能梯度材料（Functionally Gradient Materials，FGM）方向发展。

陶瓷材料有低密度、高硬度、高模量和高压缩强度,以及优良的抗弹性能和丰富的资源,因此是一种很有发展前途的高性能装甲材料。陶瓷材料作为装甲材料,有以下几种应用形式:陶瓷/金属组成的薄复合装甲,陶瓷/复合材料组成的薄复合装甲,陶瓷/纤维编织物组成的薄复合装甲及厚复合装甲中的抗弹陶瓷单元。

4.7.1 抗弹陶瓷的基本特点

陶瓷材料的密度约为均质装甲钢的1/4~1/2(表4-27),可以大幅度减轻装甲防护系统的质量。

陶瓷材料具有极高的硬度和很高的压缩强度,因此适于作抗弹材料。它还具有良好的抗氧化、耐腐蚀性能。它的耐热性好,具有高的高温强度,在高温下可以保持形状尺寸不变。

陶瓷材料作为装甲材料时,对射流和高速穿甲弹均具有良好的抗弹性能,其防护系数大大高于标准均质装甲钢。

4.7.2 抗弹陶瓷的分类

新型陶瓷按用途不同可分为结构陶瓷和功能陶瓷两大类。装甲防护用的陶瓷材料为具有抗弹性能的结构陶瓷。结构陶瓷的种类很多,大致可分为氧化物、碳化物、氮化物、硼化物、硅化物等几大类(表4-26)。

表4-26 结构陶瓷的种类

类别	举例
氧化物	Al_2O_3、ZrO_2、TiO_2、Si_2、MgO、CaO、UO_2、BeO
碳化物	SiC、B_4C、WC、TiC、ZrC、TaC
氮化物	Si_3N_4、BN、AlN、TaN
硼化物	MoB、WB、TiB_2、ZrB
硅化物	$MoSi_2$

在大量的结构陶瓷中,只有部分结构陶瓷适于作装甲材料(表4-27)。氧化铝陶瓷的成本最低,因此在护身装甲和装甲车辆方面获得较多的应用。碳化硼是抗弹性能最优的装甲材料,但因为价格昂贵,目前仅用作飞机装甲材料和少量生产的特殊用途防护结构。碳化硅的密度高于碳化硼,其抗弹性能优于氧化铝,而低于碳化硼,其价格远高于氧化铝,但比碳化硼低。

表4-27 可用作装甲材料的陶瓷性能

序号	名称	$\rho/(\mathrm{g \cdot cm^{-3}})$	杨氏模量 E/GPa	硬度/GPa	相对价格
1	氧化铝	3.8	340	18.0	1.0
2	氧化铍	2.8	415	12.0	10.0
3	碳化硼	2.5	400	30.0	10.0
4	碳化硅	3.2	370	27.0	5.0
5	B_4C/SiC	2.6	340	27.5	7.0
6	氮化硅	3.2	310	17.0	5.0
7	二硼化钛	4.5	570	33.0	10.0
8	玻璃陶瓷	2.5	100	6.0	1.0
9	硅陶瓷	2.9	100	8.5	0.1

氧化铝（Al_2O_3）的抗弹系数最低，但具有烧结性能好、制品尺寸稳定、表面粗糙度低、价格便宜等优点。所以，从经济角度考虑，Al_2O_3仍是抗长杆形弹芯的适宜装甲材料，目前广泛应用于各类装甲车辆、飞机机腹及防弹衣等。如美国最新研制的复合材料装甲车演示样车车身就采用了氧化铝陶瓷瓦嵌装于玻璃纤维增强复合材料中的层压结构。但由于Al_2O_3密度较高，抗多发弹撞击能力差，故其在非常重要的大型结构上的应用受到了限制。

碳化硅（SiC）陶瓷不仅具有优良的常温力学性能，其抗弯强度、抗氧化性、耐腐蚀性、抗磨损性以及摩擦系数、高温力学性能（强度、抗蠕变性等）是已知陶瓷材料中最佳的，同时也是陶瓷材料中高温强度、抗氧化性最好的材料。SiC陶瓷由于硬度高、密度轻、弹道性能优于氧化铝陶瓷，约为碳化硼陶瓷的70%~80%，并且具有较低的价格，被广泛用于防弹装甲材料。目前，由英国BAE系统公司和美国Ceradyne公司推出的热压SiC陶瓷防护效果居于世界领先水平。SiC热压陶瓷具有非常高的强度，远大于弹头，弹头在撞击后马上碎裂使其动能迅速释放。试验表明，这种陶瓷对轻武器弹药和尾翼稳定脱壳穿甲弹有良好的防护效果，而且价格相对较低。但SiC陶瓷的缺点是断裂韧性较低，即脆性较大。为了解决这个问题，近几年，以SiC陶瓷为基的复相陶瓷，如纤维（或晶须）补强、异相颗粒弥散强化以及梯度功能材料等相继出现，改善了单体材料的韧性和强度。

碳化硼（B_4C）是目前防护性能最好的陶瓷材料，其特点是硬度高、密度低，提高防护系数的同时可以大大降低车辆的质量，从而提高车辆的机动性能。但是，B_4C价格昂贵，在装甲车辆和坦克的装甲系统中应用较少，目前应用最多的是直升机座椅、防弹衣和头盔等特殊应用场合。例如，美国的V-22"鱼鹰"旋转翼飞机，AH-64"阿帕奇"和MH-60"黑鹰"直升机飞行员座椅都采用了B_4C为主要防护材料。英国BAE系统公司先进陶瓷分公司生产的碳化硼陶瓷用作美军"拦截者"防弹衣的防护插板,比传统的氧化铝防弹衣插板质量减轻约55%。到2002年,共有1.2万套"拦截者"防弹衣投入战场。

二硼化钛(TiB_2)密度较高,但硬度和模量也很高,是比较理想的重型装甲材料,主要用于战车的装甲面板,可防大口径钨弹及贫铀弹的侵彻。美国Ceradyne和Cercom公司制造的TiB_2陶瓷面板,已用于M2IFV改型步兵战车,车体采用了TiB_2/玻璃钢复合结构,防弹能力优于原来的Al_2O_3陶瓷复合装甲,而且还提高了抗爆能力,减少了装甲崩落。

4.7.3 抗弹陶瓷的成分与性能

硬度是陶瓷材料重要的性能指标。陶瓷材料的硬度比金属材料高得多。各类陶瓷材料硬度参数如表4-28所示。

表4-28 陶瓷材料的力学特性

类别	名称	ρ/(g·cm^{-3})	HRA	抗压强度/MPa	抗弯强度/MPa	α_k/(J·cm^{-2})	K_{Ic}/(MPa·m$^{0.5}$)	备注
氧化物	Al_2O_3(681)	3.8~3.9	75~82	1 294~1 470	181~245 123~225	12.7~25.5	—	HRC48.5~61.5
	Al_2O_3(683)	3.8~3.9	72~78	≈1 520	—	15.5		HRC43~54
	95瓷	3.5	72~76	—	≈274			HRC43~50.5
	95瓷	3.80	≈88	—	341	47.5		HRC>70 英国产
	纯刚玉	3.96	92~94	—	392~441	—	—	苏联
	纯刚玉	3.85~3.98	—	2 060~4 900	294~490		2.8~4.7	Al_2O_3>99%
	纯刚玉	3.73	85~86	1 470~1 568	206~225	68.6~78.4		Al_2O_3>97% HRC67~69
碳化物	SiC	3.1~3.2	93~94	1 654	159~260		2.8~3.4	—
	SiC	3.33	Hv2345		>300		4	低压烧结
	B_4C	2.50	Hv3000	2 855	275			
氮化物	Si_3N_4	2.44~2.60	80~85	≈1 176	162~206		2.5	HRC58~67
	Si_3N_4	≈3.20	KHN2000	3 000	1 000		5.0~7.0	Notton
硼化物	TiB_2	4.5	—	—	600			
玻璃陶瓷	铸石	2.85~2.93	79~81	784~921	73~85	15.9~38.2		HRC56~59.5

陶瓷材料具有很高的抗压强度，而抗拉强度和剪切强度则很低。

陶瓷材料的实际断裂强度比理论断裂强度小得多，一般差 2～3 个数量级。其主要原因是内部存在许多不同尺寸、形状及分布的裂纹等缺陷。影响陶瓷材料强度的主要因素有陶瓷成分和相结构、晶粒大小、晶界特性、晶体缺陷、气孔率及其他缺陷。

大多数陶瓷在室温下几乎不能产生塑性变形，这是陶瓷力学行为的最大特点。有些陶瓷在室温下可表现出一定的塑性变形能力。

由于陶瓷材料的塑性变形能力极差，所以裂纹尖端容易产生很高的应力集中，并且材料裂纹扩展的抗力极低，故在应力峰值超过一定大小时，裂纹很快扩展，产生脆断。

陶瓷材料在各种应用中只产生弹性变形，它的弹性模量一般比金属高。

由于陶瓷材料的塑性差，容易产生脆断，为了提高其韧性，目前采用了以下一些技术途径：

1) 降低陶瓷材料中的缺陷尺寸

（1）细化陶瓷组织的晶粒。

（2）减少气孔数量，减小气孔尺寸，增加致密度。

（3）减少有害杂质含量。

2) 采取陶瓷增韧措施

（1）欲降低陶瓷的脆性，首先是在裂纹扩展中使之产生其他的能量消耗机制，从而使外加负荷的一部分能量消耗掉，而不至于集中施加到裂纹的扩展上。如在陶瓷板的正面、背面及侧面施加压应力形成裂纹扩展时的约束应力。

（2）在陶瓷组织中设置阻碍裂纹扩展的物质和条件，使裂纹不能进一步扩大。目前主要采用相变增韧法。利用弥散分布在陶瓷基体中的第二相微粒在应力诱导下发生相变，在颗粒周围造成应力或形成微裂纹，吸收裂纹尖端附近的弹性应变或消耗一部分断裂功，减缓裂纹扩展，并使主裂纹在扩展过程中转向及分叉等，从而起到增韧作用。

相变增韧的典型例子是陶瓷的氧化锆（ZrO_2）增韧。这种增韧方法是将部分稳定的 ZrO_2 微粒加入 Al_2O_3 陶瓷中，在外应力作用下，ZrO_2 能发生从正方晶型到单斜晶型的相变，并伴随着 3%～5% 的体积膨胀，从而在 ZrO_2 微粒周围形成微裂纹或压力，它吸引了主裂纹扩展的能量，缓和了主裂纹尖端的应力集中，使 Al_2O_3 陶瓷的 K_{1c} 从 5 MPa·m$^{\frac{1}{2}}$ 增加到 10～12 MPa·m$^{\frac{1}{2}}$，这便是 ZrO_2 的"相变增韧"和"微裂纹增韧"。

(3) 采用纤维增强陶瓷。在陶瓷中加入纤维后，能较大幅度地提高断裂韧性。这是因为陶瓷在断裂过程中，由于纤维拔出、界面分离及纤维断裂等作用吸收和消耗了能量，从而提高了韧性（图 4 – 17）。

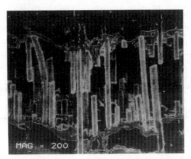

图 4 – 17　陶瓷基复合材料断开时增强纤维阻止裂纹扩展

3) 表面强化，减少或消除表面缺陷

（1）降低表面粗糙度。

（2）表面填充，使开口裂纹黏合或填补。

（3）表面固溶，减少或消除裂纹。

4.7.4　抗弹陶瓷的应用

由于陶瓷材料具有很高的硬度、高的弹性模量及较低的密度，因此具有较高的防护系数，尤其对于抗穿甲弹的防护系数较高。

陶瓷材料的抗弹机理很复杂，对于打击速度为 700 ~ 2 000 m/s 的穿甲弹来说，其抗弹过程可分为三个阶段：

（1）初始撞击阶段。当弹头与陶瓷材料碰撞时，由于高硬度陶瓷的作用，弹头变钝或破碎。与此同时，表层陶瓷被撞击成细小而坚硬的碎块。在此过程中弹丸的部分能量被吸收。

（2）侵蚀阶段。变钝的弹丸或剩余弹体继续穿入时经过陶瓷碎片区，由于陶瓷碎片的磨蚀作用，使弹丸受到侵蚀而消耗。

（3）断裂阶段。在穿甲的最后阶段，由于拉伸和剪切应力的作用，陶瓷断裂并破碎，此时剩余弹体或弹丸穿透装甲。在有背板支撑的情况下，背板变形，吸收剩余能量。

与金属材料不同，当弹丸高速撞击带有背板支撑的陶瓷块时，首先在撞击表面形成一个断裂锥体，称为 Hertzian 圆锥形裂纹，并向背面扩展（图 4 – 18）。撞击之后的瞬间，在与陶瓷撞击面相对应的背面轴线上，形成裂纹。这个断裂锥体有效地限制了参与向背板传递载荷的陶瓷量。背板上最高应力值出现在撞击中心,此处产生最大的应力。背板受到的压力使它对陶瓷的支撑力减弱,从而使陶瓷中的应力变成张应力,初始的轴向裂纹开始向陶瓷表面扩展。由于裂纹的连接,在锥体里面的陶瓷开始全面断裂。

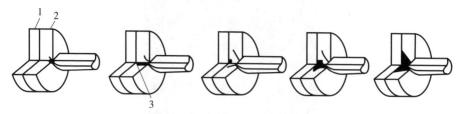

1—背板;2—陶瓷;3—轴向裂纹起点。

图 4-18 在高速撞击之后陶瓷靶板中的断裂锥体和轴向裂纹的发展

陶瓷材料用于防穿、破甲弹时,具有很高的防护系数。双硬度陶瓷复合装甲用于防小口径穿甲弹时,也有很高的防护系数。

采用模拟穿、破甲弹和大口径穿、破甲实弹对陶瓷材料的防护系数进行了测定(表 4-29)。

表 4-29 陶瓷材料的防护系数

材料名称	$\rho/(g \cdot cm^{-3})$	5 mm 杆式弹	大口径杆式弹	40 mm 破甲弹	大口径破甲弹
氧化铝陶瓷	3.6~3.9	1.48	1.70	2.80~3.60	≈3.00
氮化硅陶瓷	3.2	2.58	3.71	4.00~5.00	—
碳化硼	2.5	—	4-5	—	—
碳化硅	3.2	—	3.9	—	—
二硼化钛	4.5	—	3.8	—	—

氧化铝陶瓷材料抗杆式穿甲弹的防护系数为 1.50~1.70,抗破甲弹的防护系数为 2.80~3.00。氮化硅的防护系数均高于氧化铝 40%。

陶瓷装甲的抗弹性能随陶瓷材料、弹种、打击速度和约束条件的不同,而表现出不同的防护系数。陶瓷装甲结构设计中,约束条件为主要的结构因素,供结构设计用的防护系数均应注明约束条件。

(1)陶瓷材料不能单独作为装甲结构件使用,一般都要有背板及面板,靠黏结剂或机械方法,将面板—陶瓷板—背板固接。图 4-19 所示为陶瓷装甲的模拟结构单元,面板及背板对陶瓷板构成了一维的约束条件。

(2)陶瓷板的约束条件越充分,则抗弹性能改善越多。一般而言,陶瓷抗弹性能是打击速度的因数,但约束条件越充分则与打击速度的关系越小。

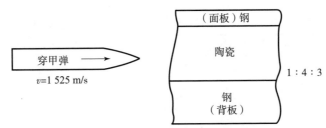

图4-19　陶瓷装甲的模拟结构单元

陶瓷板的侧向约束条件越充分，则板厚对打击速度的影响越小。

面板的厚度与硬度对陶瓷板的抗弹性能有强烈的影响。

根据陶瓷装甲的性能、防御对象、约束条件等因素可以通过试验找出最佳抗弹性能的排列组合方法。

图4-20所示为陶瓷板的二维及三维约束示意图。

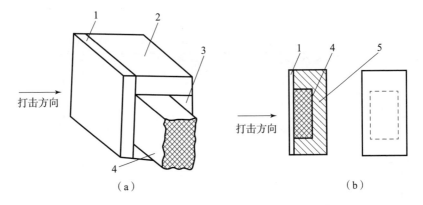

1—面板；2—侧板；3—背板；4—陶瓷板；5—异形背板。

图4-20　陶瓷板的二维和三维约束示意图

(a) 二维约束条件；(b) 三维约束条件

采用7.62 mm穿甲弹和12.7 mm穿甲弹对4种不同的陶瓷装甲板（表4-30）进行了垂直穿甲试验，其抗弹极限速度如表4-31、表4-32和图4-21所示。图4-21中同时列出了美国高强度装甲钢板30°倾角时的抗弹极限速度。

表4-30　陶瓷装甲的类别

类别	面板	背板
Ⅰ	Al_2O_3	复合材料
Ⅱ	SiC	复合材料
Ⅲ	B_4C + SiC	复合材料
Ⅳ	B_4C	复合材料

表 4-31 陶瓷装甲抗 7.62 mm M2 穿甲弹的抗弹极限 （m·s^{-1}）

面密度/(kg·m^{-2})	等质量厚度/mm	Al$_2$O$_3$	SiC	B$_4$C + SiC	B$_4$C
31.2	3.79	—	—	672	742
33.0	4.20	—	—	741	789
34.6	4.41	591	610	806	847
36.1	4.60	633	662	860	—
37.6	4.79	673	708	—	—
39.3	5.00	721	767	—	—
41.0	5.22	766	863	—	—
42.4	5.40	806	—	—	—
43.4	5.59	846	—	—	—
44.9	5.72	870	—	—	—

表 4-32 陶瓷装甲抗 12.7 mm 穿甲弹的抗弹极限 （m·s^{-1}）

面密度/(kg·m^{-2})	等质量厚度/mm	Al$_2$O$_3$	B$_4$C + SiC	B$_4$C
54.6	7.00	—	—	770
56.6	7.21	—	—	817
58.0	7.39	—	808	847
59.5	7.58	—	832	878
61.3	7.80	—	860	915
62.9	8.01	—	882	—
64.4	8.20	—	902	—
68.3	8.70	694	—	—
70.7	9.01	724	—	—
72.7	9.26	750	—	—
74.6	9.50	775	—	—
76.6	9.76	800	—	—
78.5	10.00	825	—	—
80.5	10.25	851	—	—
82.4	10.50	877	—	—
84.4	10.75	902	—	—
85.3	10.87	915	—	—

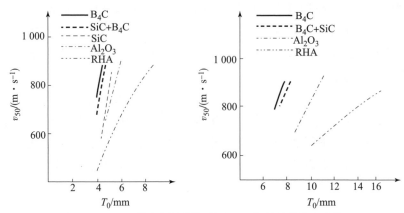

图 4-21 不同陶瓷板的抗弹极限 v_{50} 与板厚的关系曲线

采用 3 种小口径穿甲弹测定了多种陶瓷装甲的防护系数（表 4-33）。氧化铝面板的陶瓷装甲防护系数为 2.28～3.00，其中复合材料背板比铝背板的高。碳化硼面板的装甲防护系数为 3.26～3.61，高于氧化铝面板。

表 4-33 陶瓷装甲板的防护系数

序号	装甲类型	$\rho/(\text{g}\cdot\text{cm}^{-3})$	7.62 mm 穿甲弹	12.7 mm 穿甲弹	14.5 mm 穿甲弹
1	氧化铝+玻璃钢	2.56	2.48	—	2.88
2	氧化铝+凯夫拉纤维增强复合材料	2.00	2.85～3.00	2.80	—
3	碳化硅+复合材料	—	3.08	—	—
4	B_4C/SiC+复合材料	—	3.50	3.67	—
5	碳化硼+复合材料	—	3.61	3.89	—
6	氧化铝+5083 铝	3.13	2.28	—	—
7	氧化铝+7020 铝	3.20	2.75	—	2.63
8	碳化硼+6061 铝	2.56	3.26	—	—
9	氧化铝+装甲钢	—	—	—	2.75
10	装甲钢	7.85	1.00	1.00	1.00

陶瓷材料虽然具有上述一系列优点，但至今尚未获得广泛应用，这是由于以下几方面的原因：

（1）陶瓷材料塑性差，断裂强度低，易产生脆性断裂。这使它不能像金属装甲材料一样，在作为装甲件的同时兼作结构件，因此不能作为均质装甲单独应用。当它作为复合装甲的单元时，由于中弹后破损面很大，影响装甲结构抗多发弹打击的性能。

(2) 加工工艺流程复杂，成型后难以加工。陶瓷材料一般需经过原材料制备、成型及烧结三大工序，工艺流程复杂。而烧结成型后的陶瓷成品除磨削外，一般难以进行其他加工，这是与金属材料完全不同的，因此在很大程度上限制了它的应用。

(3) 价格昂贵。目前，可以用作装甲材料的高强度增韧陶瓷材料价格都比较昂贵，如氧化铝陶瓷的价格约为普通装甲钢的 10~20 倍。这一点是限制其广泛应用的主要原因之一。近年来出现的纳米陶瓷将陶瓷的力学性能提高到新的水平，具有十分理想的抗冲击载荷能力，为装甲防护技术提供了最理想的装甲结构材料。但是考虑到生产成本问题，短期内不可能用于工业生产。

4.8 树脂基纤维复合材料

树脂基纤维复合材料是采用高性能纤维织物或混杂纤维织物，在一定的工艺条件下与树脂基体复合而制得的具有较高防弹性能、能满足特定防护需求的材料。其抗弹性能一般用单位面密度复合材料对特定弹种（或碎片模拟弹）的能量吸收值来表征，通常简称为比吸能（Specific Energy Absorption，SEA）。

目前用于制备高性能抗弹复合材料的增强纤维主要有玻璃纤维、玄武岩纤维、芳纶纤维、超高分子量聚乙烯纤维、聚苯并双噁唑（PBO）纤维等；所用树脂基体可以是热固性树脂，也可以是热塑性弹性体，使用较多的是聚乙烯树脂、改性酚醛树脂、乙烯基树脂、聚酯树脂等，也可采用几种树脂基体混合使用，以得到最佳的防护性能。

与金属防护材料相比，纤维复合材料具有以下特点：

(1) 密度低，比强度和比模量高。高性能纤维抗弹复合材料的密度一般为 $0.9~2.0$ g/cm^3，只有装甲钢的 1/8~1/4，是铝合金的 1/3~1/2，其比强度是装甲钢的 4~10 倍，比模量是装甲钢的 3~5 倍。因此，高性能纤维抗弹复合材料用于装甲防护材料，能够大幅度减轻装甲质量，或在相同质量条件下提供更高的抗弹性能。

(2) 可设计性强。通过改变增强纤维、树脂基体种类及纤维含量、纤维集合形式及排列方式、铺层结构等材料和结构参数，高性能抗弹复合材料可以满足对复合材料结构和性能的各种设计要求。因此，在一定的约束条件下，可以设计得到最佳强度和抗弹性能的纤维复合材料，这是单一均质材料无法比拟的。

（3）良好的工艺性。抗弹复合材料的制备工艺简单，适合于一次整体成型，一般不需要焊、铆、切割等二次加工。同时，复合材料具有良好的挠曲性能，容易制成各种复杂形状的构件。

由于具有以上显著的优点，高性能抗弹复合材料越来越多地被用于现代装甲车辆的装甲防护，以达到减轻装甲质量和提升防护性能的目的。

根据纤维复合材料采用的增强纤维种类不同，目前装甲防护领域常用的纤维复合材料可分为玻璃纤维复合材料、芳纶纤维复合材料、超高分子量聚乙烯纤维复合材料、PBO 纤维复合材料等。

4.8.1 玻璃纤维复合材料

玻璃纤维复合材料是第一代装甲防护用抗弹复合材料，其价格比较低廉，抗弹性能良好。对同一口径、同一种类的弹丸，玻璃纤维复合装甲的抗弹能力可达到钢的 3 倍，并对破甲弹具有使射流弯曲、不规则断裂失稳的能力。

由于玻璃纤维复合材料具有很好的性价比，因而目前仍在装甲防护中得到大量的应用，其应用主要分为两个方面：①作为非金属夹层材料与金属装甲、抗弹陶瓷组成复合装甲结构，用于装甲车辆的主装甲和附加装甲；②由于玻璃纤维复合材料具有较好的结构强度，而且生产工艺简单、成本较低，因此越来越多地作为结构装甲材料用于装甲车体及结构件的制造。

目前用于玻璃纤维复合材料的玻璃纤维主要包括高强玻璃纤维和无碱玻璃纤维（E 玻璃纤维）两种，其中高强玻璃纤维有美国的 S－2 玻璃纤维、日本的 T 玻璃纤维、俄罗斯的 ВМЛ 玻璃纤维、法国的 R 玻璃纤维和国产的 HS 系列玻璃纤维（表 4－34）。其中国产 HS－4 玻璃纤维产品的性能已接近或达到美国 S－2 玻璃纤维的强度标准。

表 4－34　常用纤维复合材料增强玻璃纤维的性能

纤维类型	S－2	R	T	ВМЛ	HS－2	HS－4	E
拉伸强度/MPa	4 500～4 890	4 400	4 650	4 500～5 000	4 020	4 600	3 445
弹性模量/GPa	84.7～86.9	83.8	84.3	95.0	82.9	86.4	72

在复合装甲应用方面，苏联 20 世纪 60 年代初生产的 T－64 主战坦克最早将玻璃纤维复合材料用于装甲防护，该坦克的炮塔和车体采用了"装甲钢＋玻璃纤维复合材料＋装甲钢"的"三明治"复合装甲结构，成为世界上第一款全面使用复合装甲的主战坦克。其后苏联和俄罗斯研制生产的 T－72、T－

80 和 T-95 等系列主战坦克的复合装甲结构中也都沿用高强玻璃纤维作为装甲夹层防护材料。

美国 M113 装甲输送车采用 S-2 玻璃纤维复合材料制备防崩落衬层（图 4-22），能够显著降低穿甲弹、破甲弹击中车辆后产生崩落碎片的数量和散射角，减少对车内乘员和设备的伤害。

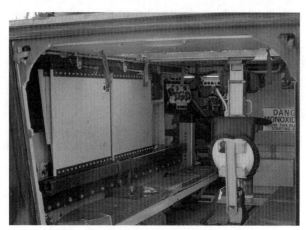

图 4-22　M113A3 装甲输送车防碎片内衬

在结构装甲应用方面，美国在 20 世纪 80 年代初就研制成功了以 S-2 高强玻璃纤维增强的树脂基复合材料，证明该材料具有优良的比承载性能、比防护性能，可以作为轻型装甲车辆的基体装甲结构。美国形成了该材料的军用标准 MIL 46197，并在后续对该标准进行了修改和完善（MIL 46197A）。该类型玻璃纤维复合材料已用于美国"悍马"高机动多用途轮式车辆、CAV-100 轮式步兵车的车身装甲（图 4-23）。

 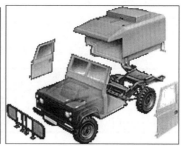

图 4-23　玻璃纤维结构装甲复合材料在"悍马"、CAV-100 轮式步兵战车上的应用

美国和英国较早开始了将玻璃纤维复合材料应用于复合材料炮塔和复合材料战车的技术研究。美国陆军材料工艺研究所（美国原陆军材料与力学研究中心）最早用玻璃纤维复合材料制造炮塔结构件，复合材料制造的炮塔不

仅满足了结构强度和防弹性能要求，而且还使车体的质量减轻了约 12.5%。此后，美国联合防务公司分别于 1989 年和 1997 年制造了"布雷德利"复合装甲型步兵战车和复合装甲型装甲车（CAV），均采用 S-2 高强玻璃纤维和聚酯树脂模压工艺制备结构装甲材料，并在车辆外侧可再镶嵌高硬度陶瓷以提高装甲防护能力（图 4-24）。2000 年，英国原防务鉴定及研究局和维科斯防务系统公司合作制造出了先进复合材料装甲试验车，其车体采用 E 玻璃纤维增强的树脂基复合材料，车体前部和两侧附加被动式装甲，进一步提高了防护水平（图 4-25）。

图 4-24　美国复合材料先进技术演示验证样车

图 4-25　英国先进复合材料装甲车

4.8.2　芳纶纤维复合材料

芳纶纤维、超高分子量聚乙烯纤维复合材料是第二代装甲防护用抗弹复合材料，与玻璃纤维复合材料相比，其材料密度进一步降低，而防护性能得到较大提升。目前主要用于复合装甲和多功能内衬材料。

芳纶纤维包括对位芳纶纤维和间位芳纶纤维两大类，其中在抗弹复合材料领域应用的主要是对位芳纶纤维。对位芳纶纤维是对位芳香族聚酰胺纤维的简称，它是美国杜邦公司在 20 世纪 70 年代开发的一种高性能纤维材料。目前工业化生产的对位芳纶纤维主要是聚对苯二甲酰对苯二胺（PPTA）纤维（图 4-26），我国称为芳纶 1414 或芳纶Ⅱ。对位芳纶纤维具有刚棒形的分子结构和高度取向的分子链结构，赋予纤维高强度、高模量、耐高温特性，同时还具有耐化学腐蚀、耐疲劳等优点，是一种理想的抗弹材料。

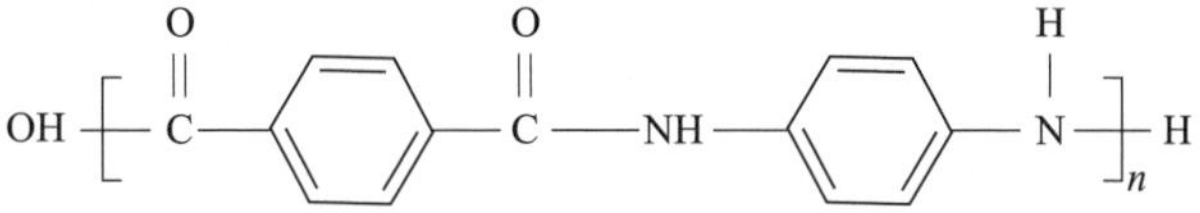

图 4-26　对位芳纶分子结构

目前国外工业化生产的对位芳纶纤维主要有美国杜邦公司的凯夫拉纤维、日本帝人公司的 Twaron 纤维和 Technora 纤维、韩国科隆公司的 HF 系列纤维、俄罗斯的 Armos 纤维等（表 4-35）。根据纤维的力学特性不同，对位芳纶纤维可分为普通型、高强型、高模型三类，其中适用于抗弹防护领域的主要是高强型对位芳纶纤维。

表 4-35　国外对位芳纶纤维产品性能

纤维产品		特性	拉伸强度 cN/dtex	拉伸模量/GPa	断裂伸长率/%
美国杜邦公司	凯夫拉 29	普通型	20.3	74	3.6
	凯夫拉 49	高模型	19.3	113	2.4
	凯夫拉 129	高强型	23.4	99	3.3
	凯夫拉 149	超高模型	15.9	143	1.5
日本帝人公司	Twaron standard	普通型	19.5	70	3.6
	Twaron CT	高强型	23.0	90	3.3
	Twaron HM	高模型	19.5	121	2.1
韩国科隆公司	HF200	高强型	20.3	91	3.2
	HF300	高模型	19.4	118	2.5

美国将芳纶纤维复合材料层压板与陶瓷或钢板复合，用作坦克装甲，如美国 M1 主战坦克采用"钢+凯夫拉芳纶复合材料+钢"结构的复合装甲，能够防护中子弹以及破甲厚度约 700 mm 的反坦克导弹，还能减少因被破甲弹击中而在驾驶舱内形成的瞬时压力效应。随后的改进型坦克 M1A1 的主装甲也采用凯夫拉芳纶复合材料制造，可防穿甲弹和破甲弹。

日本 90 式坦克采用的多层复合装甲是采用冷轧含钛高强度钢的两层结构，中间使用了芳纶复合材料/蜂窝状陶瓷复合的夹层材料，其抗弹能力与美国 M1A1 主战坦克相当。日本 88 式机械化步兵战车的炮塔也采用了由碳纤维和芳纶复合材料制成的复合装甲结构。

美国 M1A2 主战坦克、M2/M3"布雷德利"战车、M113A3 装甲输送车在其车体和炮塔的乘员舱、战斗舱内壁安装了芳纶纤维增强酚醛树脂复合材料内衬，可对破甲弹、穿甲弹和杀伤弹的冲击和侵彻提供后效装甲防护，其厚度为 20 mm，面密度为 25.4 kg/m²，v_{50} 达到 860 m/s，冲击波衰减率达到 50%，中子衰减系数为 6.5，防"陶"式破甲弹二次崩落碎片锥角为 50°，防 APDS 穿甲弹崩落碎片锥角为 20°。俄罗斯 BTR-90 装甲车、瑞士"锯脂鲤"Ⅲ装甲车和"锯脂鲤"Ⅳ基型车以及瑞典 CV90 履带式装甲战车族，也采用芳纶复合材料作为防崩落衬层。

此外,美国 DDG"伯克"级驱逐舰使用了近 70 t 凯夫拉材料用于装甲防护,法国航母"戴高乐"号的关键部位、丹麦的 SF300 多功能舰艇也敷设了凯夫拉装甲。

4.8.3 超高分子量聚乙烯纤维

超高分子量聚乙烯(UHMWPE)纤维是所有高强高模纤维中密度最小的,与芳纶纤维相比,超高分子量聚乙烯纤维具有更高的强度、模量、比强度、比模量及声波传递速度,其耐气候老化性也优于芳纶纤维,并且不吸水,不吸潮,因而对环境的适应性更好;其主要缺点是纤维的耐热性低和阻燃性较差,纤维的最高应用温度不超过 120 ℃,极限氧指数只有 17。

目前国外工业化生产的超高分子量聚乙烯纤维主要有荷兰 DSM 公司的 Dyneema 纤维和美国 Honeywell 公司的 Spectra 纤维等,主要性能如表 4 – 36 所示。

表 4 – 36 国外超高分子量聚乙烯纤维性能

生产厂家	品牌规格	拉伸强度 cN/dtex	弹性模量 cN/dtex	断裂伸长率/%
荷兰 DSM 公司	Dyneema SK60	28	910	3.5
	Dyneema SK65	31	970	3.6
	Dyneema SK66	33	1 010	3.7
	Dyneema SK75	35	1 100	3.8
	Dyneema SK76	37	1 200	3.8
	Dyneema SK77	40	1 400	3.8
美国 Honeywell 公司	Spectra 900	27	752 ~ 814	3.6 ~ 3.9
	Spectra 1000	32	1 000 ~ 1 168	2.9 ~ 3.5
	Spectra 2000	34	1 200	2.8 ~ 2.9

德国"豹"ⅡA5 主战坦克采用超高分子量聚乙烯纤维复合材料制备炮塔内的防碎片、防爆震内衬(图 4 – 27),可大大减少装甲被击穿后的弹片数量,并具有隔热、降噪效应。超高分子量聚乙烯纤维复合材料厚度为 20 mm,防碎片极限穿透速度可达 1 200 m/s,爆炸冲击波衰减率大于 50%,中子衰减系数大于 7.0,导热系数小于 500 mW/(m·k)。该型坦克还装备于荷兰、奥地利、丹麦、瑞典、西班牙等国部队。

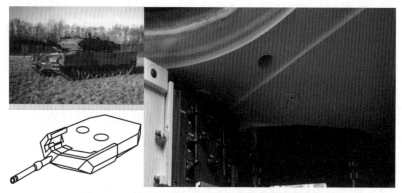

图4-27　德国"豹"ⅡA5主战坦克多功能内衬

4.8.4　PBO 纤维抗弹复合材料

PBO 纤维是聚苯并双噁唑（Poly-p-phenylene benzobisthiazole）纤维的简称，其特有的由苯环和芳杂环组成的刚棒形分子结构（图4-28）以及高度取向的分子链结构使纤维具有极佳的力学性能，并具有很好的耐热性能和阻燃性能，因此被认为是目前强度最高、综合性能最好的高性能有机纤维。

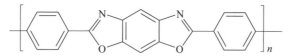

图4-28　PBO 纤维分子结构图

PBO 纤维突出的性能优势主要体现在：

（1）力学性能高，强度达到 5.8 GPa，模量达到 280 GPa，是有机纤维中最高的，同时也高于碳纤维等高性能无机纤维。

（2）耐热性能好，热分解温度达到 650 ℃，是有机纤维中最高的，其工作温度比芳纶纤维高 100 ℃ 左右。

（3）阻燃性能好，极限氧指数是 68（芳纶纤维氧指数仅为 29）。

PBO 纤维突出的高强、高韧性能使其具有极佳的能量吸收特性，同时其微纤化结构和较低的界面黏结性能使其复合材料可通过原纤化和分层变形进一步吸收冲击能量，因此特别适合用于防护领域的抗弹抗冲击材料（图4-29）。在相同的条件下，PBO 纤维复合材料的最大冲击载荷和能量吸收远高于芳纶和碳纤维；PBO 纤维复合材料的最大冲击载荷可达 3.5 kN，能量吸收为 20 J；而 T300 碳纤维复合材料的最大冲击载荷为 1 kN，能量吸收约 5 J；芳纶复合材料的最大冲击载荷约为 1.3 kN。

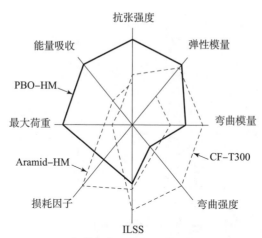

图 4-29 PBO 纤维与芳纶纤维、碳纤维的性能特性对比

美国、瑞典等国对 PBO 纤维在装甲防护领域的应用进行了研究，并已得到一定应用。美国国防部《发展中科学技术清单》（DSTL）把高性能 PBO 纤维在聚合物复合装甲材料系统中的应用列为关键材料技术，用于研制面密度为 $14.7 \sim 19.5 \ \mathrm{kg/m^2}$、具有抗多发弹能力的超轻装甲，以大幅度减轻装甲系统质量。该超轻装甲可用于地面车辆、飞机的防护及人体防护，并可作为附加装甲用于保护重要装备。

4.8.5 混杂纤维抗弹复合材料

混杂纤维复合材料可以弥补单一纤维材料的性能缺陷，使复合材料具有良好的综合性能，同时，可以合理利用价格昂贵的纤维和低成本的纤维混杂增强同一树脂基体，使材料成本降低，更具有实用性。为达到最佳的混杂效果，混杂方式可以采用层内混杂、层间混杂、层内混杂并层间混杂等。

瑞典防务研究所采用 PBO 纤维与碳纤维混杂制备兼具抗弹和结构性能的结构轻质装甲，研究了不同纤维配比、树脂基体和排列结构等因素对混杂装甲材料抗弹及结构性能的影响（图 4-30），在此基础上分别采用 ZYLON AS 织物/环氧树脂和真空 RTM 工艺、ZYLON AS 织物/PVB 膜和模压工艺两条技术路线制备了热固性、热塑性结构装甲材料，可用于装甲车辆、战斗机和战斗舰船。

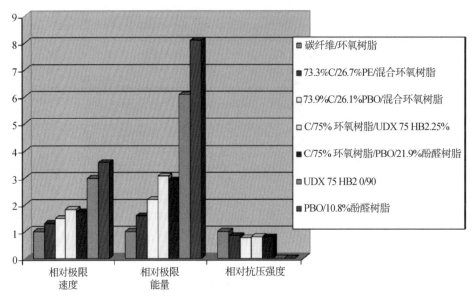

图 4-30 不同纤维配比、树脂基体和排列结构等因素对混杂装甲材料抗弹及结构性能的影响

4.9 透明装甲

透明装甲是指兼具透光、透像功能和一定防弹能力的透明防护材料/结构，主要用于各种窗口和观瞄部位的防护。它最早应用于军用飞机的前风挡及尾舱观察窗，后来逐渐发展到各种军用设施和装甲车辆上。

除少数低级别防护可使用单层透明聚合物材料外，透明装甲一般采用多层叠合结构以提高抗弹性能，一般由面板、背板以及起黏结作用的中间层组成。其防弹原理是通过高硬度、高强度的面板受冲击后破裂来吸收一部分入射能量，同时击碎子弹弹头或使其变形，降低穿透能力，继而通过中间层和背板的变形及黏滞作用来吸收剩余能量，防止穿透并避免产生崩落碎片，从而达到防护的目的。

与传统装甲不同，透明装甲选用的材料必须对可见光透明，这就大大限制了其材料选择的范围。目前透明装甲使用的防护材料主要包括聚甲基丙烯酸甲酯（PMMA）、聚碳酸酯（PC）、聚氨酯（PU）等有机透明材料以及浮法玻璃、透明陶瓷等无机透明材料，使用的夹层黏结材料主要包括聚乙烯醇缩丁醛、聚氨酯、有机硅、丙烯酸酯等。

4.9.1 有机透明材料

根据材料的物理特性和热力学特性的不同,有机透明材料可分为热塑性聚合物和热固性聚合物两大类。其中热塑性聚合物材料是线状或分支聚合物,在加热时变软且可塑,如聚甲基丙烯酸甲酯、聚碳酸酯等;而热固性聚合物材料在加热后即硬化,且具有能限制流动的三维网络结构,如聚氨酯、CR-39 烯丙基二乙二醇碳酸酯等。与无机玻璃不同,有机透明材料的物理特性会随着温度和形变速率的不同产生很大变化。一般来说,聚合物的材料特性在加热到玻璃化温度以上时,会从刚硬的玻璃态转变成缠卷的类似橡胶的结构,该临界温度意味着这些有机透明材料的使用温度达到上限。

具体材料介绍如下:

1. 聚甲基丙烯酸甲酯

聚甲基丙烯酸甲酯(PMMA)即有机玻璃,作为一种热塑性材料,它比大多数种类的无机玻璃拥有更好的抗冲击性。有机玻璃在军事领域的应用可以追溯到第二次世界大战,它是当时飞机上轻型顶盖罩和座舱盖的唯一可选材料。

有机玻璃材料应用于透明装甲一般采用浇铸或挤压工艺制成片状薄板,随后对薄板进行加热形成各种复杂的制品形状,也可采用整体浇铸的方法来制备较厚的板材。不过,整体浇铸的有机玻璃十分易碎,因此在抗冲击能力最为重要的领域中,聚碳酸酯已经替代了有机玻璃。

2. 聚碳酸酯

聚碳酸酯(PC)的冲击强度是有机玻璃的 20 倍,而且比有机玻璃拥有更高的玻璃化温度和更强的耐火性,因而可更好地满足透明装甲提高防弹性能和减重的要求。表 4-37 是聚碳酸酯材料和有机玻璃材料的防弹性能对比(以钢珠为子弹),可以看出,3 mm 厚聚碳酸酯材料和 10 mm 厚有机玻璃材料的防弹性能基本相当,同时聚碳酸酯中弹后只是局部产生直径小于 10 mm 的"鼓包"变形,而其他部分无任何损伤,具有典型的韧性材料特征;而有机玻璃有大面积的裂纹产生,并有碎片溅出,具有脆性破坏特征。

表 4-37 PC 与 PMMA 的防弹性能比较

材料	厚度 /mm	弹道极限速度 $v_{50}/(\mathrm{m \cdot s^{-1}})$	中弹状态	损伤面积直径 /mm
PC	3	240	中弹处产生"鼓包",无裂纹和碎片	<10
PMMA	10	250	出现大面积裂纹,有碎片飞溅物	>50

聚碳酸酯是目前制造透明装甲最常用的有机透明材料，它易于塑型或铸模，且具有极强的防小碎片能力。在航空航天领域，聚碳酸酯被用于制备飞机的座舱罩和挡风玻璃。美国空军 F–111 战斗机采用 Sierracin 公司生产的两层聚碳酸酯层合成的透明件，表面用先进的涂层保护，在最低的寿命周期成本下，耐 1.82 kg 重的飞鸟撞击的速度能达到 1 000 km/h；美国 Lucas Aerospace 中心开发的材料则是由丙烯酸材料将聚碳酸酯包夹，能明显提高座舱的耐撞击程度；West Blaine S 等将聚碳酸酯、丙烯酸、聚亚胺酯和硅树脂等材料压合在一起，作为航空玻璃的材料；同时，在面对更加先进的威胁、需要更强的防护时，聚碳酸酯常被用作背板材料。

聚碳酸酯的缺点是在遇到有机溶剂、紫外线照射、擦伤和磨蚀时性能会降低。为了能够在野外使用，聚碳酸酯需要添加紫外线稳定剂，并且在表面加上硬质涂层，以确保长期耐用性。

3. 聚氨酯

聚氨酯（PU）分子由硬、软段组成，可以通过调节硬、软段的组成或结构对聚氨酯的特性进行调整，以满足不同的应用要求。近年来，聚氨酯材料在透明装甲上的应用越来越广泛。由它制成的产品既可以是坚硬易碎的（用于面板），也可以是柔软易曲的（用于背板）。对一种聚氨酯面罩进行的弹道试验结果显示，在同等质量的基础上，它比由 PC 和 PMMA 制成的面罩的防弹性能要强得多；多种透明的聚氨酯已经表现出比聚碳酸酯更好的耐折能力，同时还具有更强的耐久性和抗划伤能力。

热固性聚氨酯可以通过浇铸或液体注模法进行加工。即使将其制成很厚的形状时，它仍具有很强的透光性和抗冲击能力。

4.9.2　无机透明材料

透明装甲中应用的无机透明装甲材料主要包括无机玻璃和透明陶瓷两大类。

1. 无机玻璃

无机玻璃是最早应用于透明装甲的硬质防护材料，传统的透明装甲主要是由多层浮法玻璃层合而成，在技术上最成熟，且产量大，成本低廉；然而，无机玻璃的密度大，防护效率低，并不适合于航空、装甲车辆等对质量要求严格的场合，如要达到北约 STANAG 3 级防护标准（防护 7.62 mm 枪弹），采用普通无机玻璃制成的透明装甲厚度将达 100 mm，面密度大于 200 kg/m^2。如果将达到 STANAG 3 级防护标准的透明装甲安装在 4×4 轮式装甲车上，仅透明装甲的质量就将达到 250 kg，再加上安装透明装甲所需的钢框等附件,其总质量就会更大。

2. 透明陶瓷

透明陶瓷是具有低密度、高抗弹性能特性的新型无机透明材料,是近年来透明装甲领域技术发展的重点方向。透明陶瓷的硬度比传统无机玻璃高得多,因此,达到相同防护级别的透明陶瓷的质量和厚度将大大低于普通防弹玻璃。

目前,主要有3种透明陶瓷可应用于装甲车辆,分别是铝酸镁尖晶石陶瓷、单晶氧化铝陶瓷和氮氧化铝陶瓷,其基本性能如表4-38所示。

图4-38 典型透明陶瓷基本性能

性能指标	铝镁酸尖晶石陶瓷	单晶氧化铝陶瓷	AlON陶瓷
密度/$(g \cdot cm^{-3})$	3.59	3.97	3.69
弹性模量/GPa	260	344	334
挠曲强度/MPa	184	742	380
断裂韧性/$(MPa \cdot m^{1/2})$	1.7	—	2.4
努普硬度/GPa	14.9	19.6	17.7

1) 铝镁酸尖晶石陶瓷

铝镁酸尖晶石($MgAl_2O_4$)在多晶体形式下是透明的(图4-31),且具有立方晶体结构。该陶瓷具有高熔点(2 135 ℃)、优异的力学性能、良好的化学稳定性和光学性能,好的抗冲击性能,可以用作坦克窗口、士兵的防弹面罩等。美国致力于研究制造大块透明陶瓷,目前已能制备直径达220 mm的铝镁酸材料。

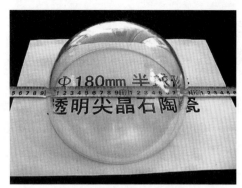

图4-31 透明铝酸镁(尖晶石)陶瓷

2) 单晶氧化铝陶瓷

单晶氧化铝陶瓷（蓝宝石）是一种具有菱形晶体结构的透明陶瓷，从生产和应用的角度看，蓝宝石是最成熟的透明陶瓷。蓝宝石的强度和硬度均高于 AlON，并且从可见光到中红外光之间的光均可透过。但是，由于其本身具有各向异性，导致难以制备和加工，成本较高。

法国圣戈班集团采用边缘约束反馈生长技术制造出一种透明蓝宝石板材，由这种技术生成的蓝宝石比单晶蓝宝石的光学性质要差一些，但其成本要低得多，而且具有相当的硬度和抗划伤能力（图 4-32）。在经过抛光后，可以制造大块板材以满足商业需求。圣戈班集团目前能够生产厚 1.09 cm、尺寸为 30.48 cm × 46.99 cm 的板材，且已经将其应用到 F-35 和 F-22 战斗机上。此外，美军还准备在 C-130 运输机以及 A-10 攻击机、武装直升机上使用"蓝宝石"透明装甲改造驾驶舱窗，因为这些飞机往往更容易成为敌人防空火力的目标。

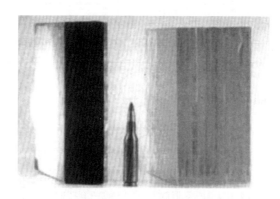

图 4-32 采用蓝宝石的透明装甲（左）与普通无机玻璃透明装甲（右）对比

3) AlON 陶瓷

尖晶石型氮氧化铝（γ-AlON）是 Al_2O_3-AlN 体系中一类重要的单相、稳定的固溶体陶瓷，其分子式可用 $Al_{23}O_{27}N_5$ 表示，晶相是立方尖晶石相。

AlON 陶瓷具有优良的光学、力学和化学性能，其透光率优于普通玻璃，维氏硬度达到 2 500~3 000（普通玻璃的维氏硬度仅为 400~500），同时具有很高的压缩强度及良好的耐久性；作为多晶材料，AlON 陶瓷比单晶蓝宝石更容易制得大尺寸部件，而且用传统的陶瓷制备技术就可以制得形状复杂的透明部件，从而大大降低了成本，因而成为最具潜力的新型透明陶瓷材料。

美国空军研究实验室采用 AlON 透明陶瓷研制了一种新型透明装甲，可用于装甲车辆和飞机的窗户。该透明装甲最外层是 AlON 陶瓷，中间是钢化玻璃，里层是聚酯材料。装甲厚度比传统透明装甲薄许多，在试验中表现出优异的防弹性能。它能挡住 7.62 mm 口径 M-44 狙击步枪和 12.7 mm 口径狙击步枪射出的穿甲弹，普通防弹玻璃则做不到这一点。它甚至还能抵挡多发 7.62 mm 穿甲弹的射击，普通防弹玻璃需要加厚到几十厘米才能具备相同的防弹性。

另外，由于铝氧氮化物具有防擦伤属性，因此由它制成的装甲的透明度也将大大提高。目前使用的玻璃装甲很容易被擦伤老化，蒙上沙尘，从而使其透明度大大降低，很难看清战场的实际情况。而沙尘之类的物体对这种新型透明装甲基本上没有影响，同时这种透明防弹装甲使用年限也是传统玻璃装甲的很多倍，可以使装甲车辆或飞机的窗户保持很高的透明度，从而使车内或飞机内的作战人员更好地观察战场情况。

4.9.3　夹层材料

1. 聚丙烯醇缩丁醛

聚丙烯醇缩丁醛（PVB）是最早使用的透明装甲夹层材料，其分子结构决定了它具有优良的光学清晰度和耐候性，能在较大的温度范围内保持不变形，同时具有优异的抗冲击性能，与各种无机玻璃的表面有极好的黏合效率。因而，将高相对分子质量的 PVB 树脂加入 30%～40% 增塑剂后，可作为透明装甲和传统防弹玻璃的夹层材料。目前，世界上 80% 以上的 PVB 树脂用于透明装甲和防弹玻璃的夹层材料。

2. 聚氨酯

PVB 与各种无机玻璃具有很好的黏结性，但与有机透明材料如有机玻璃、聚碳酸酯等的黏结性能很差，而新型透明装甲往往采用无机玻璃与有机透明材料进行层合，因此传统的 PVB 膜片难以满足要求。透明聚氨酯（PUR）与无机玻璃、有机玻璃以及聚碳酸酯均有良好的黏结性能，是一种理想的黏结材料，在国外已广泛用于透明装甲层合。

4.9.4　透明装甲的应用

透明装甲在军事领域的应用包括对地面车辆、空中平台、人员以及重要装备的防护，其在民用领域的应用包括防弹玻璃、防弹面罩等。

1. 地面车辆

地面车辆是对透明装甲需求最大的应用领域之一，包括主战坦克、步兵战车、装甲输送车及卡车、运输车、其他后勤车辆。这些车辆的观瞄部位、武器护盾、挡风玻璃及侧窗都有应用透明装甲的需求（图4-33）。

图4-33 装甲车辆透明装甲及承受多次打击后的透明装甲样品

首先，这些装甲必须能够承受多次打击，因为它们面临的大多数威胁武器都是自动或半自动式。其次，这些窗户必须是全尺寸的，这样才不会影响驾驶员的视野。用于地面车辆的新一代透明装甲系统的另一个要求是质量轻。透明装甲增加的质量不容忽视，通常会需要增强悬挂和传动系统，以保持车辆的技术性能和载荷能力。同时还要求透明装甲更薄，因为这样就能增加车内空间。未来的透明装甲系统还必须能与夜视镜设备兼容，并能提供激光防护。

为提高士兵在战场行动中的防护能力，美国陆军在极短的时间里为其"悍马"研发并部署了一种附加装甲组件——"透明装甲机枪护盾"（后升级为"炮长防护组件"），如图4-34、图4-35所示，在不到一年的时间里，大约生产了超过4 000套这种装甲生存力组件。

图4-34 2005年美军为"悍马"订购的初级型"透明装甲机枪护盾"

图 4–35 "悍马"上安装的最新型"炮长防护组件"

2. 空中平台

透明装甲应用的空中平台主要包括战斗直升机、地面固定翼攻击机以及其他用作战斗和支援用途且可能会受到地面火力攻击的平台。透明装甲在这些平台中的应用包括挡风玻璃、火焰防护板、下视窗口以及传感器防护。飞机对透明装甲的要求与地面车辆相似,也都用于防御 7.62 mm、12.7 mm 枪弹以及 23 mm 杀伤燃烧弹的攻击。

美军为其 AH–64 "阿帕奇"武装直升机加装了"蓝宝石"透明装甲;美国 Goodyear Aerospace 公司研制成功由两层 9.5 mm 厚的钢化玻璃和 5 mm 厚的聚碳酸酯板复合而成的透明装甲,已应用于 UH–1 型军用直升机。另外,美国陆航技术应用局正在开展一项先进的轻型透明装甲计划,以开发一种面密度小于 0.3 kg/cm² 的先进透明装甲。该计划的目标是要能防御 7.62 mm M1953 式枪弹的攻击。它既要求在质量上比现有系统轻 35%,同时在光学上还要求最少达到 90% 的透光率。该计划的另一目标是在不超过 0.4 kg/cm² 表面密度极限的条件下,能够防御 35 cm 之外一枚 23 mm 杀伤燃烧弹爆炸产生的冲击波和碎片。

3. 人体防护

国外在军用、警用头盔的防弹面罩、防爆面罩及透明防弹盾板等防护产品上广泛采用了透明装甲技术(图 4–36)。

图4-36 透明装甲防爆面罩

第 5 章
复合装甲

装甲防护技术研究

5.1 概　述

　　复合装甲是由两种以上不同性能的材料复合而成的多层装甲。复合装甲包括两种含义，一是装甲用复合材料制成。复合材料种类有很多，有陶瓷类材料、纤维类材料，还有其他非金属类材料。空气作为一种材料，可视为复合装甲不同材料中间的充填材料，成为空气间隙。具有空气间隙的复合装甲称为间隙复合装甲。通常所说的复合装甲，包括了间隙复合装甲。二是装甲采用了复合结构。复合结构为在钢装甲间夹着按一定比例和厚度配置的陶瓷、铝合金和纤维等抗弹材料的多层结构，通过各层材料、厚度、连接方式、细微结构和形状等的不同组合可获得不同的防护效果。

　　20世纪50年代国外就开始了复合装甲的研究工作，60年代末美国首先在飞机、小型舰艇和轻型车辆上采用了复合装甲，后又将陶瓷薄复合装甲用于飞机。70年代初西德在"豹"ⅠA3坦克炮塔上安装间隙复合装甲和其他改进结构装甲。70年代中期，苏联主战坦克（T-72）前装甲上首先采用了金属与非金属厚复合装甲。1972—1976年间英国发明了具有划时代意义的"乔巴姆"（Chobam）复合装甲，之后美国的M1A1、西德的"豹"Ⅱ、英国的"挑战者"均装备了"乔巴姆"复合装甲。80年代末期美国宣布研制成功了贫铀复合装甲，并称贫铀复合装甲为改进M1A1坦克的全面防护能力做出了重大贡献。此后，英国宣布"乔巴姆"复合装甲也有了改进型，具有防破甲与防穿甲同等有效的特点。

现在复合装甲已经应用在诸多领域,如陶瓷复合装甲已经应用在步兵轻装甲、坦克车辆、航空航天、舰船、军事作战重要部位的防护和城市运钞车等领域。在主战坦克中,目前德国的"豹"Ⅱ、苏联/俄罗斯的 T – 72、英国的"挑战者"系列、美国的 Ml "艾布拉姆斯"、以色列的"梅卡瓦"等主战坦克在其顶部、侧屏蔽和底部都装有复合装甲。美国 Ceradyna 和 Cercom 公司成功开发了由防弹陶瓷/复合材料构成的"LAST"轻型复合装甲,到目前为止,LAST 轻型复合装甲已经过多次改进,产品实现了系列化、模块化。用于陆基车辆的 LAST 装甲已经可以有效防护 7.62 ~ 30 mm 中小口径普通穿甲弹,LAST 装甲已在 M113、M2/M3 步兵战车、LAV 轮式步兵战车等美军现役重要装甲车辆上应用。

德国 IBD Deisenroth Engineering 公司于 1993 年前后研制开发了 MEXAS 轻型复合材料与防弹陶瓷复合而成的模块结构,通过叠加可以有效防护 7.62 ~ 30 mm 普通穿甲弹。该复合装甲已经在德国装备的多种轻型装甲车辆上得到了应用。英国采用类似技术开发了系列化 ROMOR – C 轻型陶瓷附加装甲,可有效防护从 5.56 mm 枪弹到 30 mm 穿甲弹的攻击;另外,该复合装甲具有优异的抗多发弹能力。在国际维和行动、海湾战争、科索沃战争中,采用该轻型复合装甲的英军装甲车辆的防弹能力得到了显著提高。

防护技术闻名于世的以色列也研制成功了 FCA(Flexible Composite Armor,柔性陶瓷装甲),已经在其装备的 M113 步兵战车等装甲车辆上获得了成功应用,并经受了多次中东战争的考验,证明了其性能的优越性。

近期德国 IBD Deisenroth Engineering 公司推出的 AMAP(Advanced Modular Armor Protection,先进模块化装甲防护)系统代表了国外防护技术系统集成的最高水平。AMAP 系列产品的装甲防护技术包括 AMAP – B(先进模块化装甲防护 – 弹道)、AMAP – SC(先进模块化装甲防护 – 成型装药)、AMAP – IED(先进模块化装甲防护 – 简易爆炸装置)、AMAP – M(先进模块化装甲防护 – 地雷)、AMAP – R(先进模块化装甲防护 – 顶部),由此看来,目前复合装甲正朝着模块化、多功能化和系列化的方向发展。

复合装甲的特点是由其制作材料及结构形式确定的,而复合材料及复合方式是根据使用要求选定的。例如,T – 72 坦克的车体首上装甲是用中间填有玻璃纤维的复合装甲制成的,该装甲对付破甲弹的效果比较显著,对付穿甲弹的效果就不如陶瓷装甲好。美国 M1A1 坦克使用的贫铀复合装甲,其中间夹层是用提炼核燃料后的核废料制成的,该装甲具有极高的抗穿甲弹性能。陶瓷复合装甲的应用使主战坦克的防护性能发生质的变化,其防护能力与装甲钢相比成倍提高。例如，20 世纪 60 年代主战坦克的防护能力相当于 200 mm 均质装甲钢；80 年代采用了陶瓷复合装甲，其正面防护分别达到了 400 mm（针对穿甲弹）和 600 mm（针对破甲弹）；90 年代陶瓷复合装甲的抗弹能力仍在提高。复合装甲的出现使得主战坦克进入 21 世纪，复合装甲已经成为现代主战坦克的主要标志。

复合装甲之所以能逐步取代均质装甲钢，其根本原因就在于它具有均质装甲不具备的许多优点，主要表现在以下 5 个方面。

1. 减轻质量

由于复合装甲的防护系数大大高于均质装甲，故在同等抗弹能力的情况下，其质量远小于均质装甲。对于破甲弹，防护系数可达 3.0；对于穿甲弹，其防护系数可达 1.5。这就意味着，在同等抗弹能力时，复合装甲的质量与均质装甲相比可以减少 1/3～2/3。在具有同样抗贯穿辐射（如 γ 射线及快中子）能力的情况下，复合装甲的质量也比均质装甲轻得多。

2. 减少厚度

复合装甲抗破甲弹的厚度系数高于均质装甲，故在同等抗弹能力的情况下，其厚度要小于均质装甲。目前复合装甲抗破甲弹的厚度系数最大可达 1.40，这就意味着，在同等抗弹能力时，复合装甲的厚度与均质装甲相比可以减少 30% 左右。现在复合装甲抗穿甲弹的厚度系数为 0.8～1.0。随着材料科学及装甲防护技术的发展，复合装甲抗穿甲弹的厚度系数将达到 1.0。

3. 性能的可设计性

同复合材料一样，复合装甲的性能具有可设计性。这就给设计人员提供了一种在一定范围内可随意设计的结构和材料，以保证在一定的约束条件下能得到最佳的抗弹性能。同时，设计人员可以根据作战环境及使用部位的不同设计出一系列不同性能、不同质量与厚度的复合装甲，从而满足各种各样的使用要求。

4. 结构可变、应用范围广

复合装甲的厚度可在 5～700 mm 变化。它可用于不同车辆、不同部位，以及各种不同的作战环境。它既可用于主战坦克，又可用于其他作战车辆；它既可应用于新型主战坦克设计，又可应用于现役坦克改造；它既可应用于坦克装甲车辆的正面防护，又可用于侧面和顶部防护。

5. 可以采用模块化设计和箱式设计

复合装甲可以采用模块化的灵活设计,以满足不同的使用要求及质量要求。同时又便于拆卸,可实现快速组装和更换。箱式设计可以使在外形尺寸不变的情况下,更换内部的材料和结构。模块化和箱式设计使得复合装甲易于修复与更新换代,从而易于实现性能的持续改进和提高。

5.2 复合装甲的种类

复合装甲通常由不同的单元构成。单元可分为两类,一类是材料单元,主要依靠材料的强度、密度等因素起作用。这类单元包括均质装甲板和复合材料板等。另一类是结构单元,主要依靠特殊的结构效应或材料的综合效应起作用,如间隙、双板、吸能等。不同的单元,导致了多种多样的复合装甲。按照不同的分类方法,可将其分为不同的种类。

按组成材料的种类,可分为金属复合装甲、金属非金属复合装甲、非金属复合装甲三类。金属复合装甲由不同性能的金属材料组成,如钢—钢、钢—铝、钛—钢等复合装甲。金属非金属复合装甲由金属材料与非金属材料组成,如钢与纤维增强复合材料或陶瓷材料组成的复合装甲。非金属复合装甲由不同种类的非金属材料组成,如纤维增强树脂基复合材料与陶瓷材料组成的复合装甲。

按不同组成部分之间的连接方式,可分为固定式复合装甲和附加式复合装甲两类。固定式复合装甲装车后,各组成部分之间已经固定,不能拆卸。附加式复合装甲采用可拆卸的连接方式与装甲车辆的基体装甲相连接。

按复合装甲厚度,可分为薄复合装甲和厚复合装甲两类。薄复合装甲的厚度一般在 100 mm 以下,也称为轻型复合装甲,主要用于步兵战车等轻型装甲车辆炮塔、车体防护,用于抵御枪弹或小口径炮弹。厚复合装甲的厚度一般在 200 mm 以上,最大可达 700 mm,也称为重型复合装甲,主要用于主战坦克炮塔、车体正面部位防护,用于抵御大口径炮弹。

复合装甲在车辆上的布置具有不同的特点,主要有前置式、中置式、后置式三种。前置式为复合装甲首先迎弹,主装甲在其后,如英国的"挑战者"坦克。中置式复合装甲位于厚度相差不大的两层主装甲之间,如美国的 M1 坦克、德国的"豹"Ⅱ坦克等。后置式为主装甲先迎弹，复合装甲在其后，如苏联的 T-72 坦克。

5.3 轻型金属复合装甲

薄复合装甲主要用于抗小口径穿甲弹，主要分为金属复合装甲、金属非金属复合装甲和非金属复合装甲三类。其中，金属非金属复合装甲的结构主要由一层非金属材料和一层金属材料叠合而成。非金属材料通常为陶瓷材料，金属材料为钢、铝合金、钛合金等。非金属复合装甲通常由一层高硬度的陶瓷面板和一层韧性良好的复合材料背板构成。面板可采用氧化铝、碳化硅、碳化硼、硼化钛等陶瓷材料，背板可采用玻璃钢、芳纶纤维增强的复合材料等。上述两类薄复合装甲也可合并称为轻质陶瓷复合装甲。

金属复合装甲主要用于提高抗穿甲弹的能力。按金属材料种类的不同又分为多种。其中仅钢复合装甲、铝复合装甲、贫铀复合装甲获得实际应用。

5.3.1 钢复合装甲及其抗弹性能

钢复合装甲由不同硬度的装甲钢构成。它具有质量轻、抗弹能力好的优点，尤其具有良好的抗多发弹性能；同时，可以兼作结构件。

钢复合装甲根据其截面层数不同可分为双复合（截面为两层）和三复合（截面为三层）两种。钢复合装甲一般厚度为 5~20 mm，但也研制过厚度为 100 mm 左右的钢复合装甲。

双复合钢装甲一般是由一块硬度很高的面板和一块韧性良好的背板组合在一起。面板使穿甲弹弹丸破碎或墩粗，背板吸收冲击能量，使装甲不致破裂或崩落。三复合装甲可以采用软—硬—软结构，或硬—高硬—软的结构。

钢复合装甲层间结合的牢固性十分重要，它可以保证复合装甲受到冲击时面板不致破裂，保持整体的完整。层间结合多采用冶金结合工艺，曾经采用过多种方法，如轧制复合、浇铸复合、电渣重熔复合、电渣焊复合以及爆炸复合等方法。目前已获得实际应用的为轧制复合方法。也有采用感应加热表面处理的方法，获得截面为双硬度或三硬度的钢装甲。由于上述冶金结合工艺比较复杂、装甲的工艺性能差和高抗弹性能复合材料的不断出现，双硬度钢装甲已较少使用。

钢复合装甲不同层的厚度配比对抗弹性能影响很大，厚度配比适当时，复合装甲可以获得最佳抗弹性能。最佳厚度配比与各种因素有关，如各层的强韧性、装甲总厚度和防御的弹种等。通常，双复合钢装甲的最佳厚度配比在40/60~60/40的范围内。

厚度为5~18 mm 的双复合钢装甲美国已用于直升机座椅和海军巡逻艇、突击快艇等。关于该种复合装甲的厚度、硬度及抗弹性能要求，在美军标（MIL-A-46099，轧制复合双硬度装甲钢板）中有规定。有关资料中介绍的该装甲钢板的成分及力学性能如表5-1所示。法国双硬度轧制装甲钢板也已纳入了标准，其最大厚度达90 mm，已用于防大口径炮弹。

表5-1 双复合钢装甲的成分及硬度

序号	部位	化学成分/%							HRc	备注
		C	Si	Mn	Ni	Cr	Mo	V		
1	面板	—	—	—	—	—	—	—	56~46	美军标 MIL-A-46099
	背板	—	—	—	—	—	—	—	48~54	
2	面板	—	—	—	—	—	—	—	60	法国 MARS DD
	背板	—	—	—	—	—	—	—	46.5	
3	面板	0.44	0.40	0.72	0.60	1.00	2.00	0.50	56	—
	背板	0.28	0.25	0.65	3.25	1.00	2.00	0.10	50	
4	面板	0.39	0.96	0.20	—	4.75	1.32	0.51	57	
	背板	0.28	0.35	0.67	—	1.02	2.06	0.10	50	

钢复合装甲分为双复合装甲和三复合装甲。其中研究得最多并获得实际应用的是双复合装甲，即双硬度装甲钢板。

美国双硬度装甲钢板与高硬度均质装甲钢板在30°倾角时抗小口径弹性能的比较如表5-2及表5-3所示。可见，抗7.62 mm穿甲弹时，抗弹极限速度最大可提高165~167 m/s，防护系数达1.34~1.39；抗12.7 mm穿甲弹时，抗弹极限速度最大可提高143~158 m/s，防护系数达1.24~1.27。

表5-2 美国双硬度装甲钢板抗7.62 mm穿甲弹的性能（θ=30°）v_{50}/(m·s^{-1})

装甲类型	T_0/mm						备注
	4.4	5.0	5.9	6.0	6.1	8.0	8.6	
高硬度均质钢板	494	552	—	649	661	822	869	MIL-A-46100
高硬度均质钢板（优质）	496	568	661	664	—	837	884	MIL-A-46186
双硬度复合钢板	661	706	—	776	—	908	946	MIL-A-46099

表 5-3 美国双硬度装甲钢板抗 12.7 mm 穿甲弹的性能（$\theta = 30°$）v_{50}（m·s^{-1}）

装甲类型	T_0/mm							备注
	7.0	8.0	10.0	12.0	12.6	12.9	14.0	16.0	
高硬度均质钢板	452	511	614	702	—	—	780	854	MIL-A-46100
均质钢板（优质）	467	526	630	717	—	—	795	869	MIL-A-46186
双硬度复合钢板	521	588	717	826	854	869	922	1 012	MIL-A-46099

法国 MARS DD 双硬度装甲钢与均质装甲钢抗弹性能的比较和在垂直穿甲时的比较如表 5-4 所示。可见，抗 7.62 mm 穿甲弹的防护系数可达 1.68，抗 20 mm 穿甲弹的防护系数可达 1.24。

表 5-4 法国双硬度装甲钢的抗弹性能（$\theta = 0°$）

弹种	7.62 mm 穿甲弹			20 mm 穿甲弹	
装甲类别	MARS190	MARS240	MARS DD	MARS190	MARS DD
T/mm	14.5	13.4	8.0	62	50
N	0.92	1.00	1.68	1.00	1.24

以 100 mm 长杆形钢弹对 100 mm 厚、60°倾角的不同类型的钢复合装甲进行了试验。靶板的类型及工艺如表 5-5 所示。100 mm 厚、60°倾角中硬度（BHN 285-321）均质装甲钢抗 100 mm 长杆形钢弹时背面强度为 1 260 ~ 1 330 m/s。同样情况，高硬度（BHN 429 ~ 477、HRC 49 ~ 45）均质装甲钢板的背面强度为 1 340 ~ 1 385 m/s。双硬度钢复合装甲的抗弹性能及其硬度值如表 5-6 所示，三硬度钢复合装甲的抗弹性能及其硬度如表 5-7 所示。

表 5-5 100 mm 厚钢复合装甲的类型和工艺途径

类型	硬度配合	表面硬度 BHN	HRc	工艺
双复合	高硬度	415 ~ 514	44 ~ 53	电渣重熔复合、工频表面淬火
	中硬度	285 ~ 341	30 ~ 37	
三复合	中硬度	285 ~ 341	30 ~ 37	电渣重熔复合、工频表面回火、工频表面淬火回火
	高硬度	415 ~ 514	44 ~ 53	
	中硬度	285 ~ 341	30 ~ 37	

表 5-6 双硬度钢复合装甲的背面强度及硬度值

类别	钢号	厚度配比	表面硬度 BHN	截面硬度分布 HRc 硬层	截面硬度分布 HRc 芯部(最低)	截面硬度分布 HRc 软层	背面强度 /(m·s⁻¹)
工频表面淬火	28CrMnMo	30/70	444/331	47~51.5	35	35	1 375
		34/66	444/321	47~50.5	25	31~32	1 375
		30/70	444/285	48~49	27	29	1 355
		31/69	444/302	41~51.5	31	32~36	1 390
		28/72	—	52~54	32	34~36	1 370
		36/64	461/293	38~48.5	24	25.5~28	<1 310
		37/63	461/269	51~53	30	30	<1 310
		—	444/293	49.5	29	29	<1 330
电渣重熔复合	38MnMoV 28MnMoV	45/55	444/302	48	33.5	33.5	1 335
		42/58	477/302	49.5	34	34	1 360
		50/50	444/302	48.5	36	36	1 360
		50/50	444/331	48	34	34	1 330
		40/60	477/269	(49)	—	(27)	1 405
	35MnNiCrMoV 28MnNiMo	50/50	415/302	47	30	30	<1 360
		33/67	415/292	45~47	31.5	32	<1 360
		—	444/388	(46)	—	(42)	1 380
		—	444/388	46	42	42	1 360
		—	444/388	(46)	—	(42)	1 350

表 5-7 三硬度钢复合装甲的背面强度及硬度值

类别	钢号	厚度配比	表面硬度 BHN	截面硬度分布 HRC 软层	截面硬度分布 HRC 硬层	截面硬度分布 HRC 软层	背面强度/ (m·s⁻¹)
工频表面淬火	28CrMnMo	15/67/17	302/363	33~40	42~48	31~43	1 380
		11/67/22	302/363	32~40	40~49	29~40	1 347
		8.5/70/21.5	363/363	39~42	42~49	32~40	1 365
		9/51/40	363/363	39~41	39~44	29~40	1 380
		17/70/13	302/285	33~38	42~45	42~34	1 305
		15/65/20	321/285	32~38	43~47	41~34	1 330
		14/66/20	363/285	28~34	43~47	42~35	1 320
		15/68/17	269/363	33~38	44~47	33~40	1 315
		12/35/53	321/293	33.5~34.5	37~44	27~32	1 295
		9/36/55	321/285	33~35	41~46	32~34	1 305
		9/36/55	341/285	35~38	40~45	30.5~33	<1 285

续表

类别	钢号	厚度配比	表面硬度 BHN	截面硬度分布 HRC			背面强度/(m·s⁻¹)
				软层	硬层	软层	
电渣重熔复合	35MnNiCrMoV 28MnNiMo	13/20/67	285/388	22～24	40～41	37～38	1 335
		12/7/80	311/415	30～31	41～44	38～40	1 320
		23/20/57	293/401	22～25	39～40	35～38	<1 300
		16/24/60	321/444	33.7	49～51.6	42～48	<1 470
		30/32/38	302/385	30～31	17.5～48.5	44	1 435
		38/32/30	311/401	32	46	44	1 405

面硬度（HRC>47）背软的双硬度钢复合装甲与中硬度均质钢相比，其抗弹性能有所提高，背面强度平均值提高约 50 m/s。软－硬－软配合的三硬度钢复合装甲，当中间硬层的平均硬度不超过 HRC 45 时，背面强度平均值提高幅度不大，约为 30 m/s；当中间硬度为 HRC 46～52 时，背面强度可提高 100 m/s 以上。

钢复合装甲抗弹效率的提高与弹丸口径有关，一般随着弹径的增大，其效率降低。例如，抗 7.62 mm 穿甲弹的防护系数为 1.39～1.68，抗 12.7 mm 穿甲弹的防护系数则在 1.27 以上，抗 20 mm 穿甲弹的防护系数仅为 1.24。对于大口径火炮发射的穿甲弹，其抗弹效率提高更少。

影响钢复合装甲抗弹效率提高的另一个重要因素是倾角。在垂直穿甲的情况下，钢复合装甲有可能大幅度提高装甲抗弹性能。但是随着倾角的增大，其抗弹效率明显下降，直至低于均质钢装甲。因此，在使用钢复合装甲时，必须注意其使用位置的倾角，以充分发挥其效益。

5.3.2 铝复合装甲及其抗弹性能

铝复合装甲由不同强度的铝合金构成。与均质铝合金装甲相比，它可以明显地提高抗弹性能，减小质量。

铝复合装甲可以采用双复合或三复合结构。双复合铝装甲通常是由一块强度较高的铝合金和一块强度较低但韧性及可焊性较好的铝合金组成。美国研制的由 7039 铝合金和 5083 铝合金结合而成的双复合装甲，外层强度约 450 MPa，内层强度为 310～385 MPa，内层厚度约占总厚度的 20%。

国外还曾研制出一种热轧三复合铝装甲，即软－硬－软结构。其面层及背层是可焊接的韧性较好的铝锌镁合金（硬铝），而芯部则采用强度高的铝锌镁铜合金（超硬铝）。这种铝复合装甲的抗弹性能比均质铝合金装甲大幅度提高

（表 5-8），其中抗 7.62 mm 穿甲弹的防护系数比 5083 铝合金提高约 0.47；比 7000 系列铝合金提高 0.15~0.31。抗 7.62 mm 穿甲弹的抗弹极限速度比 7073 铝合金提高 4%~14%；抗 20 mm 弹片模拟弹的抗弹性能大于 21%。

表 5-8 铝复合装甲的抗弹性能（垂直穿甲）

类型		弹种	
		7.62 mm 穿甲弹	20 mm 破片模拟弹
N	5083	1.00	—
	7020	1.16	—
	7039	1.27	—
	7017	1.32	—
	复合板	1.47	—
$\Delta v_{50}/\%$	7039	0	0
	7017		
	复合板	4~14	>21

5.3.3 贫铀装甲

自然界存在的铀是 U^{238}、U^{235} 和 U^{234} 三种放射性同位素（α辐射体）的混合物，其含量分别为 99.28%、0.714% 和 0.006%。用于核武器和核燃料的只有可裂变的天然铀 U^{235}，贫铀主要是指 U^{238}，是核武器和核燃料制造产生的副产品。核武器生产大国如美国、俄罗斯积存的贫铀数量颇多。

U-0.75Ti 合金的动态屈服强度为 2055 MPa，为静态的 2.44 倍（见表 5-9）。20 世纪 90 年代初美国能源部公布了在 U-Ti 合金基础上加铌的三元铀合金，用来制造板材，淬透性达到 50 mm，淬火后硬度为 HRA 62~72。

表 5-9 中硬度装甲钢与 U-0.75Ti 力学性能对比

种类	R_m/MPa	$R_{p0.2}$/MPa
Cr-Mo 均质装甲钢板	1 100	1 000
U-0.75Ti 均质板	1 386	841

在相等的塑性应变条件下，贫铀合金比均质装甲钢有较高的屈服强度（图 5-1），贫铀合金断裂时需要的功远大于装甲钢断裂时所需的功。所以，如以贫铀材料作为装甲板，弹坑金属在较高的强度下流动，将吸收较多的弹丸冲击功。

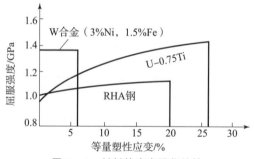

图 5-1 材料的应变强化特性

使用贫铀合金可与装甲钢、陶瓷等其他装甲材料共同组成复合装甲结构,用于抗击大口径穿破甲弹。图 5-2 为美国陆军试验铀合金装甲照片。20 世纪 80 年代末美国又将 M1A1 主战坦克改装贫铀装甲,但关于贫铀装甲的情况,迄今仍在保密中。

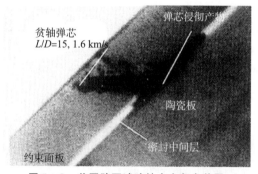

图 5-2 美国陆军试验铀合金复合装甲

5.4 陶瓷复合装甲

陶瓷复合装甲是由陶瓷材料与高强度金属材料或树脂基纤维增强复合材料复合而成的多层装甲,目前在轻型装甲车辆上防护应用更为普遍,应用量更大。1918 年人们发现在金属表面覆盖一层薄而硬的陶瓷,能够提高抗弹性能。陶瓷作为装甲材料被人们所关注始于第二次世界大战末期。20 世纪六七十年代开始对陶瓷复合装甲进行系统的研究。20 世纪 60 年代末美国加利福尼亚大学劳伦斯辐射实验室的 Wilkins 等人提出陶瓷/金属防弹结构,并用 7.62 mm 穿甲弹对其防弹性能进行了试验研究;美国陆军也制定了生产小质量陶瓷面板复合装甲的实用标准 MIL‑A‑46103。Wilkins 等人发现陶瓷能够很好地用作装甲且性能表现良好,弹侵彻过程中陶瓷先是使弹体钝化后形成倒锥体分散冲击载荷。1976 年英国发明的"乔巴姆"复合装甲可谓是陶瓷材料成功应用于坦克装甲的"先驱者",它的问世对陶瓷在防弹领域的应用起到了积极的推动作用。陶瓷装甲在轻型装甲车辆上的广泛使用是在海湾战争之后。

5.4.1 基本结构

由陶瓷面板和韧性背板组合而成的陶瓷复合装甲具有质量轻、抗弹性能优异的特点,成为轻型装甲的经典结构。面、背板之间通常用胶黏剂黏结。薄复合装甲的典型结构、装车结构示意图如图 5‑3、图 5‑4 所示。

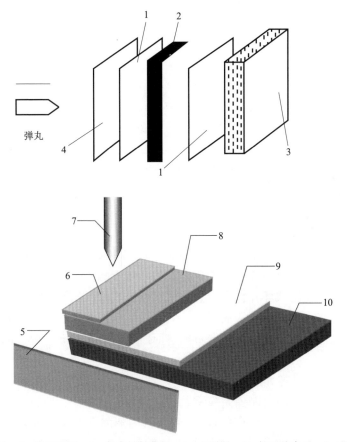

1—黏结层;2—陶瓷面板;3—复合材料背板;4—止裂层;5—侧面约束层;6—顶部约速层;7—穿甲弹丸;8—高硬度层(装甲陶瓷、陶瓷增强金属复合材料等);9—梯度过渡层(阻抗匹配层、缓冲层、应力波发散层等);10—支撑层(铝、镁、钛等轻合金材料)。

图 5‑3 薄复合装甲的典型结构

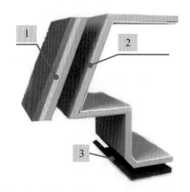

1—侧面披挂装甲（陶瓷、陶瓷增强金属复合材料、钛合金等）；
2—基体装甲（铝合金、镁合金、钛合金）；3—底部披挂装甲。

图 5-4 薄复合装甲装车结构示意图

整个弹靶作用过程中，陶瓷、金属或纤维复合材料具有各自的性能优势，发挥着不同的抗弹作用。陶瓷是弹丸击中背板前破坏、破碎、侵蚀、阻止或者制约弹丸的有效材料。而金属或纤维复合材料背板则始终起到约束、支撑陶瓷块的作用，同时能够捕捉陶瓷和弹丸的破片，并通过塑性变形吸收陶瓷和弹丸碎片的剩余能量。陶瓷的高硬度和金属的强韧性在抗弹过程中的不同阶段分别起着重要作用，只有将二者充分发挥、合理匹配，才能最大程度发挥装甲系统的抗弹能力。陶瓷/金属复合增加了剪切强度，减少了界面的阻抗失配，经证明对促进驻留与延迟陶瓷破坏从而提高抗弹性能具有显著的影响。

5.4.2 抗弹机理

复合装甲抗穿甲弹的能力主要与多层靶板的厚度比例、不同材料的性质、分布状态、结构形式及其放置的倾角等有关。对于陶瓷这类脆性材料，除了有塑性变形引起的损伤破坏外，由拉应力引起的微裂纹损伤及与静水压应力引起的塑性体胀紧密相关的脆性压缩损伤，对其破坏也都有影响。高硬度和脆性特点令陶瓷在撞击过程中会因材料严重损伤而断裂和粉碎，而粉碎区的强度控制着弹道响应。

复合装甲抗弹机理如图 5-5 所示，可描述如下：首先弹丸撞击面板的瞬间，弹丸头部受挫，同时陶瓷面板承载着很强的压缩载荷，导致弹丸与靶板的界面处形成了陶瓷断裂锥（倒圆锥），断裂锥的形成有助于将能量分散在背板的更大面积区域中。在此过程中弹丸在陶瓷面板的作用下会钝化或毁坏，能量、质量均有所减少，从而降低了继续侵彻的能力。随着弹丸及其碎片的继续侵彻，由于不同材料波阻抗的差异、自由表面的反射，不可避免地在压缩载荷过后产生拉伸载荷，装甲在拉伸载荷作用下会引起进一步破坏，此时弹坑周边较大面积的陶瓷已完全碎裂,同时金属背板发生塑性变形,陶瓷面板与金属背板之间出现层间的剥离。虽然陶瓷的进一步碎裂、金属的塑性变形以及这种层间的剥离均吸收大量能量,对抗弹具有有利的一面,但这种由强反射波导致的破坏作用,对于装甲抗多发弹能力具有极其不利的一面。

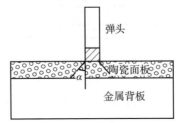

图 5-5　弹体侵彻陶瓷复合装甲原理简图

目前,关于复合靶板的侵彻理论已经有许多论述,主要是根据能量守恒、动量守恒和质量守恒以及材料的本构方程来获得弹道极限速度和侵彻深度等参数,例如 Florence 模型、Ben-Dor 模型、Hetherington 模型、Wang-Lu 模型、Sadanandan 模型。这些模型是针对某一特定的条件下进行简化处理后建立的。

早在 20 世纪 60 年代末,Florence 就提出了一个计算模型,表述为

$$v_P = \sqrt{\frac{\sigma_2 \varepsilon_2 h_2}{0.91 m_P f(a)}} \quad (5-1)$$

其中:

$$f(a) = \frac{m_P}{[m_P + (h_1\rho_1 + h_2\rho_2)\pi a^2]\pi a^2} \quad (5-2)$$

$$a = a_P + 2h_1 \quad (5-3)$$

式中　v_P——弹道极限速度;

　　　σ 和 ε——极限抗拉强度和断裂张力;

　　　m_P——弹丸质量;

　　　h 和 ρ——厚度和密度;

　　　a——陶瓷断裂锥半径;

　　　a_P——弹丸半径;

下标 1 和 2 分别表示陶瓷面板和背板。

Florence 冲击模型示意图如图 5-6 所示。对于穿甲子弹垂直侵彻双层陶瓷/金属靶板,当面板厚度与弹体直径相当时,Florence 模型与试验结果吻合较好。利用 Florence 模型可初步确定陶瓷面板与背板厚度比值。2000 年 Ben-Dor 等人引入一个系数 α,对 Florence 模型加以修正,即

$$v_P = \sqrt{\frac{\alpha\sigma_2 \varepsilon_2 h_2}{0.91 m_P f(a)}} \quad (5-4)$$

显然,原 Florence 模型成为 $\alpha = 1$ 时的特例。

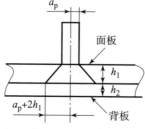

图 5-6　Florence 冲击模型

1992 年,Hetherington 基于 Florence 对两层组合复合板建立了优化设计模式,得出了厚度优化公式:

$$\frac{h_1}{h_2} = \frac{\rho_2(a - a_p)}{2A - \rho_1(a - a_p)} \quad (5-5)$$

式中　A——面密度;

其他参数意义同上。

a 的求解方程为

$$(5\pi\rho_1 A)a^3 - 4\pi A(2A + \rho_1 a_p)a^2 + 3m_p\rho_1 a - 2m_p(2A + \rho_1 a_p) = 0 \quad (5-6)$$

Hetherington 依式(5-5)计算的(受 7.62 mm API 侵彻,面密度为 50 kg/m² 时)陶瓷/铝合金和陶瓷/钢靶板的最佳厚度比分别为 2.9 和 3.3。

而 4 年后 Wang 和 Lu 推得的给定复合靶板总厚度情况下的厚度优化比公式为

$$\frac{h_1}{h_2} = \frac{a - a_p}{T - (a - a_p)} \quad (5-7)$$

式中　T——预设总厚度;

其他参数意义同上。

a 的求解方程为

$$3(\rho_1 - \rho_2)\pi a^4 + 5\pi[(\rho_1 - \rho_2)a_p + (2\rho_2 - \rho_1)T]a^3$$
$$- 2\pi[4T^2\rho_2 - 4(2\rho_2 - \rho_1)Ta_p + (\rho_1 - \rho_2)a_p^2]a^2 + 3m_p a - 2m_p(2T + a_p) = 0$$
$$(5-8)$$

Sadanandan 和 Hetherington 用 7.62 mm 的弹体(硬脆的穿甲弹和软的普通弹)进行了大量冲击陶瓷/铝、陶瓷/钢的试验,并根据试验结果以能量守恒原理为基础结合 Florence 模型总结了计算垂直撞击和斜撞击的弹道极限速度 v_{50} 和面密度 A 的计算方程:

$$v_{50(\theta)} = v_{50(n)} \cos^{-0.5}\theta \quad (5-9)$$

$$A_{(\theta)} = A_{(n)} \cos^{0.5}\theta \quad (5-10)$$

试验和理论研究均发现弹道极限速度随倾角的增大而增加，靶板倾斜配置可以减重。

杜忠华等人针对陶瓷/铝合金（或钢）轻型复合装甲，当其背板较薄时，利用动量法建立了在冲击载荷作用下薄板的动力响应的理论模型，给出了弹道极限速度，并通过试验加以验证。

$$v_\mathrm{P} = \frac{0.33(M_\mathrm{P} + M_\mathrm{r})\eta t}{M_\mathrm{P}} \quad (5-11)$$

式中　M_P——弹丸质量；

　　　M_r——陶瓷的破坏锥角区域，陶瓷和背板的质量。

针对背板厚度为中等厚度，利用能量法，建立了子弹垂直侵彻陶瓷/金属轻型复合装甲的能量模型：

$$v_\mathrm{P} = 2\sqrt[3]{r_\mathrm{d}}\cos(\theta + 1.333\pi) - \frac{b}{3} \quad (5-12)$$

其中：

$$\begin{cases} r_\mathrm{d} = \left(-\frac{p}{3}\right)^{\frac{1}{2}}, \theta = \frac{1}{3}\arccos\left(\frac{q}{2r_\mathrm{d}}\right) \\ p = c - \frac{b^2}{3}, q = \frac{2}{27}b^3 - \frac{bc}{3} + d \end{cases}$$

基于能量模型和椭圆吸能相同假设，建立了小型穿甲弹斜侵彻陶瓷/金属板的分析模型。

2003年杜忠华等人又根据陶瓷复合装甲结构特点和材料的抗弹特性，对于速度在1 000～2 000 m/s的杆式弹，利用能量守恒原理建立了杆式弹丸垂直侵彻限厚陶瓷玻璃纤维/钢板复合靶板的工程分析模型，给出了此类层合板弹道性能的预测公式：

$$v_{50} = v_0 = \exp\left(\frac{6c_\mathrm{p}h_\mathrm{c} - 2a_\mathrm{P}}{l_0}\right)\sqrt{\frac{\varepsilon_\mathrm{r}\sigma_\mathrm{sf}h_\mathrm{f}}{0.91m_\mathrm{p}f(a)} + \frac{\varepsilon_\mathrm{r}\sigma_\mathrm{sf}h_\mathrm{b}D^2}{2m_\mathrm{P}}} \quad (5-13)$$

式中　v_{50}——弹丸的弹道极限速度；

　　　v_0——弹丸的初始初速；

　　　h_c——陶瓷的厚度；

　　　a_P——弹杆的直径；

　　　l_0——弹杆的长度；

　　　ε_r——玻璃纤维材料的最大破坏应变；

　　　σ_sf——材料的抗压强度；

　　　h_f——玻璃纤维板的厚度；

m_p——第一阶段结束时弹丸的剩余质量;

h_b——钢板的厚度;

D——靶板的成坑直径;

c_p——弹杆的塑性波速。

其中,c_p 的计算依下式:

$$c_p = \sqrt{\frac{E_t}{\rho_p}} \quad (5-14)$$

式中 E_t 和 ρ_p——弹杆材料的塑性硬化模量和密度。

另

$$f(a) = \frac{m_p}{[m_p + m_c + m_m \pi a^2] \pi a^2} \quad (5-15)$$

式中 m_c——破碎陶瓷锥角的质量;

m_m——玻璃纤维层板面密度;

a——破碎陶瓷锥角的半径。

1. 陶瓷的作用

陶瓷材料具有高硬度、高抗压强度、耐腐蚀和低密度的特点。因此,经常用它与韧性较好的金属或非金属材料联合使用,作为多层复合装甲的防护单元,以使弹丸发生侵蚀或断裂。在一定速度范围内,弹丸撞击陶瓷面板时,陶瓷面板的裂纹是以着弹点为中心向四周扩散,在陶瓷面板内形成倒置的破碎锥。陶瓷破碎锥角的形成,一方面增加了后续侵彻在背板的作用面积,提高了背板的吸能效果;另一方面,破碎锥角形成后,弹丸在后续侵彻陶瓷介质过程中的靶板阻力主要体现在破碎锥上。因此,倒置破碎锥角的形成是陶瓷复合靶板增强抗弹性的充分条件。

陶瓷破碎锥的形成与陶瓷材料参数、靶板厚度、弹丸撞击速度、弹丸的头部形状、约束条件及背板的支撑条件等因素有关。赵颖华等人给出了某陶瓷破碎锥角大小与不同的撞击速度的关系,即对于平头弹丸的速度在 220 m/s < U_p < 1 000 m/s 范围内,撞击后形成的陶瓷破碎半锥角可以用下列经验公式来近似表示:

$$\phi = \left(\frac{U_p - 220}{780}\right)\frac{34\pi}{180} + \frac{34\pi}{180} \quad (5-16)$$

劳恩等人给出了脆性材料破碎锥角的形成具有自相似性的阐述;同时,在试验中还发现其破碎半锥角的大小为 65°±5°,并指出了角度的大小与弹丸的头部形状、载荷值、材料类型及靶板厚度等条件有关。目前,国外在计算中陶瓷锥半锥角的取值为 65°~68°,该值由钢珠静压试验获得。但钢珠压头形状与实弹不符,实弹头部多为尖头；为此，宋顺成等人在 Hopkinson 装置上利用应力波加载进行了冲击试验并使用了尖头冲击杆，获得了陶瓷锥数据。图 5-7 所示为陶瓷锥试验装置，图 5-8 所示为试验获得的陶瓷锥照片。表 5-10 给出了陶瓷锥的试验统计值。

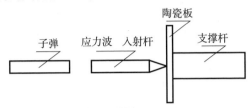

图 5-7　陶瓷锥试验装置

图 5-8　试验获得的陶瓷锥照片

表 5-10　陶瓷锥的试验统计值

序号	1	2	3	4	5	6	7	8	9	10
厚度/mm	3.5	5	6	10	6	3.5	5	6	9	6
半锥角/(°)	63.4	56.6	39.8	37.8	36.9	62	—	51.6	—	55.8

由试验结果看出：①试验获得的陶瓷锥半锥角均小于 65°；②陶瓷锥半锥角的大小与陶瓷板厚度有关，陶瓷板厚度增加，半锥角减小；通过点载荷作用的半无限板分析，最大拉应力线半角为 42°。

Sherman 等人论述了陶瓷/钢板、铝板及复合材料靶板的抗弹性能，分析了不同复合材料与不同厚度面板陶瓷对抗弹性能的影响，得出了陶瓷破碎锥角是影响陶瓷靶板抗弹性能的主要因素。在其他条件相同时，不同的撞击速度形成大小不同的破碎锥角，同时形成破碎锥角的机制也不相同。在低速撞击时，入射的应力波本身和在界面处反射叠加后形成的应力不足以使材料破坏，其破坏机制为冲击压缩破坏；当速度提高到一定值，入射应力波反射叠加后，形成的拉伸应力大于陶瓷材料的抗拉屈服极限时，在分层处陶瓷的背面发生层裂破碎，破碎的发生是从陶瓷的背板面向面板方向传播，因此，陶瓷的破坏机制是冲击压缩和应力波反射叠加共同作用的结果；当速度更高时，在弹头与陶瓷相互作用的界面处产生很强的压缩冲击波，产生的撞击压力远远大于材料的屈服强度,当其强度超过弹体和靶板材料的极限应力,使弹头和陶瓷同时发生破碎,这时可以将材料当成流体来考虑。具体速度范围的划分取决于弹体和靶板材料参数以及弹丸的撞击速度等。

依据 Johnson 理论,同时考虑大多数陶瓷材料的动态裂纹传播速度,用无量纲量 $\rho v^2/Y_c$ 来划分弹丸撞击速度范围,其中 ρ 为弹丸的密度,v 为弹丸的撞击速度,Y_c 为陶瓷材料的动态屈服强度。根据上述理论和材料参数对弹丸的撞击速度进行了划分,如表 5 – 11 所示。

表 5 – 11 弹丸的撞击速度划分

范围	$\rho v^2/Y_c$	近似速度 $v/(\mathrm{m\cdot s^{-1}})$
弹性	10^{-5}	< 2
塑性	10^{-1}	≈ 700
大范围的塑性流动	10	≈ 3 000
超高速撞击	10^3	≈ 10^4

根据表 5 – 11 的数据,将弹丸撞击陶瓷面板的过程分为三种情况。第一种情况为低速撞击,弹丸的撞击速度小于 700 m/s。可用准静态弹性碰撞的 Hertz 理论与刚性弹丸垂直侵彻的萨布斯基理论分析陶瓷破碎锥角的形成。第二种情况为中高速撞击,弹丸的撞击速度范围为 700 ~ 3 000 m/s。可利用冲击压缩模型和球面波在分层介质界面的反射叠加理论讨论陶瓷破碎锥的形成机理。第三种情况为高速撞击,弹丸的撞击速度大于 3 000 m/s。可将陶瓷材料看成流体分析高速撞击下陶瓷的破坏问题。

对于打击速度在 700 ~ 2 000 m/s 的穿甲弹,杜忠华等人把其侵彻靶板过程分为三个阶段:在初始撞击阶段,弹体和陶瓷之间的作用力将超过弹体的屈服应力,弹体发生侵蚀,如果速度非常高,作用力超过陶瓷的屈服应力,那么陶瓷也将发生侵蚀;第二阶段,由于弹体速度降低,作用力减弱,弹体头部变钝;第三阶段,由于速度降得更低,弹体和陶瓷之间的作用力减弱,弹体变成了刚体,和锥形的陶瓷一起作用到背板上,使背板出现了变形,甚至破坏,靶板隆起或形成盘形靶凹陷,或者产生击穿撕裂。

黄良钊从能量角度分析了陶瓷与金属的不同耗能机制:粉碎耗能机制——陶瓷具有比金属高得多的硬度和抵抗压缩变形的能力,可以使弹体粉碎,消耗弹丸材料及所携带的动能,弹丸前方断裂材料区的形成对阻止弹前进的作用很大;机械化学耗能——微观研究发现,陶瓷粉碎时不仅生成了新表面,同时使得固体表面结晶构造发生改变,并且进行着化学和物理化学的变化;声速效应——靶弹声速差越大,靶使弹丸破裂的能力越强。黄良钊等人还通过铬刚玉抗弹陶瓷的研制及其力学性能、抗弹性能的测试,并对侵彻后弹片的 SEM 观察和分析,补充了新的陶瓷耗能机制——犁削机理和自锐作用。他认为表征影响陶瓷抗弹性能的主要因素应是高硬度、高弹性模量、高动态抗压强度和高声速等性能。黄良钊等人推算的穿甲复合系数公式为

$$N = 3.55 Hv^{0.2} \sigma^{1.2} \qquad (5-17)$$

式中 Hv、σ——硬度和抗压强度。

影响 Al_2O_3 陶瓷抗弹能力的主要因素除弹参数、靶板密度和厚度外主要是陶瓷的硬度和抗压强度,而且抗压强度的作用更突出。黄良钊通过对 12.7 mm 钨芯弹侵彻刚玉系列 7 种陶瓷的系统试验研究,采用厚靶板厚背板加紧约束的靶试方法,测出陶瓷的全防护系数,并通过性能对比,发现防护系数与刚玉系列陶瓷的硬度、弹性模量、声速、细弹比例相关性较强。动态抗压强度比静态抗压强度相关性作用趋势增大,是今后探索的方向之一。

陶瓷材料力学特性的研究,主要集中在利用分离式 Hopkinson 压杆(Split Hopkinson Pressure Bar,SHPB)和飞片平板撞击技术测试其在高应变率和高动压下的动态响应特性,如应变率敏感性、Hugniot 弹性极限(σ_{HEL})、脆性材料屈服后效应、高压行为、失效波效应、冲击损伤和动态断裂等,同时进行相应的理论建模和数值方法的研究。

1993 年在第 14 届国际弹道会议上,有报道用 Hopkinson 压杆进行 Taylor 冲击试验,研究了弹冲击功在 Hopkinson 压杆上作用于靶时的能量消耗方式,发现冲击功数值与靶的弹性变形功、弹的塑性变形功、弹的剪切功、弹的弹性变形功之和非常一致。当然,能量消耗还应包括靶的塑性变形功、背板吸收的动能以及破碎、冲塞、飞溅等消耗的能量。Sternberg 建议伴随陶瓷韧性的增加将增加陶瓷靶的弹道性能,但脆性材料撞击损伤的模拟计算表明,断裂能仅相当于初始动能的很小部分(<1.5%),最大的能量耗散机制为陶瓷的碎裂(fragments)和弹体的塑性变形。

Satapathy 等分析认为,对脆性材料的侵彻阻力起主要作用的重要参数是粉碎区性质和压缩强度,拉伸强度的作用是次要的,直至其增加到与完善材料的黏结强度相当时,侵彻响应将转变为弹性—塑性。

至于陶瓷自身的破坏,任会兰等人分析认为,陶瓷材料是晶体材料,材料内存在大量不同取向的微裂纹或气孔,由于这些微缺陷的存在,使得材料在达到最大载荷之前,将经历微裂纹的形成、扩展和连接的损伤过程,而在应力应变关系上表现为在线弹性变形以后存在一个非线性变化过程。在动态压缩载荷下陶瓷材料内大量的压缩损伤产生、累积是导致材料压缩破坏的主要原因。

Hohler 等人在 Al_2O_3 或 SiC 陶瓷作面板、铝合金或 RHA 作背板的双层复合靶板受钨合金模拟弹斜侵彻的比较试验中发现，DOP（Depth of Penetration）试验面密度随陶瓷厚度增加而减小，直至最小值，此时背板残余穿深为 0；铝合金背板抗弹性能优于 RHA 背板，SiC 陶瓷面板抗弹性能优于 Al_2O_3 陶瓷，SiC/Al 复合靶板抗弹性能优于其他配置。

2. 应力波分析

很多文献对复合靶板的抗弹机理从应力波方面加以分析。刘立胜等人认为陶瓷/复合装甲中陶瓷的破裂主要是由于陶瓷材料与复合材料界面对于冲击波的反射产生的在陶瓷中传播的拉应力波。对于给定的冲击波和给定的陶瓷以及背板材料，反射波的强度随着陶瓷面板厚度的增加而减少。反射波的拉压特性也受陶瓷厚度的影响，但是影响效果不是很明显。Shockey 等人提到，由不同材料构成的复合装甲受到子弹垂直撞击时，在子弹撞击点处能量是以压力波的形式传播的。当压力波传播到两种不同材料构成的界面时，由于波阻抗不同，分解为纵向的透射波和反射波以及横向的剪切应力三部分。其中纵向的反射波和横向的剪切应力都是破坏装甲的结构完整性、降低抗弹能力尤其是抗多发弹能力的主要因素，其结果主要表现为陶瓷面板层的进一步粉碎、黏结层的开裂等。

应力波传播至自由面产生反射诱发层裂破坏，除与应力波的峰值、延续时间和波形等有关外，还与应力波传播的方向有关。相同应力波垂直入射至自由面比斜入射至自由面更容易诱发层裂破坏。

层裂是由于高强度压应力波在介质自由表面反射为拉应力波造成的拉伸破坏。是否发生剥落及裂缝，主要取决于 4 个因素：材料的动态断裂强度，应力波的应力大小，应力波的波形及作用时间。

3. 复合材料背板的作用

在目前的陶瓷/复合装甲中，背板材料采用复合材料的装甲应用已经很广泛，作为背板的复合材料一般有纤维类和树脂类。此类陶瓷/复合靶板的抗弹性研究离不开复合材料抗弹性的研究。由于复合靶板的各向异性和弹体几何形状的多样性，关于它的破坏行为和动力行为的机理研究难度较大。国外对非金属和复合材料的破坏过程研究已较为成熟。通过 X 光摄影、超声波探测器、内埋传感器测量，获得了相当多的破坏图像，了解到复合材料的主要破坏形式为基体破碎、分层、纤维的拉伸断裂、剪切冲塞以及脱黏。根据弹体侵彻复合材料靶板的现象，Lee 等人对碎片模拟弹贯穿高强聚乙烯复合板的机理进行了研究，认为复合板吸收弹体能量的方式主要为分层、剪切冲塞和纤维的拉伸断裂。金子明等认为弹体冲击复合板后将产生张力波，张力波沿纤维纵向和横向两个方向传播，由于纤维和基体材料的应变波速不同，导致纤维从基体中拔脱，纤维拔脱所做的功将吸收弹体的部分动能，随着弹体的更深入侵彻，纤维受到拉伸变形以及靶板的局部变形，弹体的动能转化为纤维的弹性势能和靶板局部变形所做的切向功。当纤维的变形大于极限应变时，纤维断裂，进一步消耗弹体的能量。

赵颖华等人探讨了颗粒增强复合材料在三向拉伸载荷作用下逐渐开裂过程及材料弹塑性关系的改变，应用 Weibull 统计学理论描述了界面由局部到全部开裂的过程，对于进入弹塑性阶段的材料本构关系采用切线模量理论。此外，复合装甲及其结构单元对射流侵彻也具有较好的防护效果，复合装甲对高速射流可能存在阻抗匹配效应、夹层厚度效应、密度效应、俘获效应及间隙作用等几种有利于抗射流的作用。Shim 等人通过试验发现凯夫拉、Waron 等芳纶织物在高速冲击时，必须考虑其黏弹性能，并指出动态应力波为静态的 2 倍；并根据金属靶板的穿甲的 Recht – Ipson 关系 $v_r^2 = (v_0^2 - v_l^2)/(1 + M_n/M_p)$，得到纤维织物的相应关系为 $v_r^2 = (v_0^2 - v_l^2)/(1 + M_{eff}/M_p)$，其中，$v_0$、$v_l$、$v_r$ 分别为弹丸的初速度、临界穿透速度和剩余速度，M_n、M_{eff}、M_p 分别为塞块质量、纤维动能转换质量和弹体质量。

研究复合材料和非金属材料的冲击断裂问题，复合材料的强度及增强纤维强度是关键。近年来许多学者运用概率论研究复合材料的断裂强度问题，认为复合材料的破坏是一个随机的过程，破坏模式极其复杂，统计强度理论可以反映复合材料的破坏机理，阐明宏观力学无法解释的现象，沟通宏观性能研究与微观结构研究，多数学者认为纤维强度呈 Weibull 函数分布。

5.4.3 设计基础

1. 应力波在不同介质中传播理论分析

采用应力波理论进行了宏观界面特征对应力波传播的影响规律分析。图 5 – 9 假设应力波从介质 1 向介质 2 传播，在界面上发生入射、透射和反射。界面上的粒子速度和应力分别遵循三波守恒定律：

$$v_I + v_R = v_T \quad (5-18)$$

$$\sigma_I + \sigma_R = \sigma_T \quad (5-19)$$

其中，下标 I、R、T 分别表示入射波、反射波和透射波。由界面上的动量守恒方程可以得到界面上的间断条件：

$$[\sigma] = -\rho c [v] \quad (5-20)$$

式中 ρc——应力波的声阻抗。

于是,式(5-20)可改写为

$$\frac{\sigma_I}{\rho_1 c_1} - \frac{\sigma_R}{\rho_1 c_1} = \frac{\sigma_T}{\rho_2 c_2} \quad (5-21)$$

图 5-9 应力波在不同介质中传播

将式(5-21)与式(5-20)联立求得透射应力波、反射应力波与入射应力波的独立关系:

$$\sigma_T = \frac{2k}{1+k}\sigma_I = T_\sigma \sigma_I \quad (5-22)$$

$$\sigma_R = \frac{k-1}{1+k}\sigma_I = F_\sigma \sigma_I \quad (5-23)$$

式中 $k = \frac{\rho_2 c_2}{\rho_1 c_1}$;$T_\sigma = \frac{2k}{1+k}$,$F_\sigma = \frac{k-1}{1+k}$——应力波透射系数和应力波反射系数。

由式(5-22)、式(5-23)可以看出,$k=1$ 时,$T_\sigma = 1$,$F_\sigma = 0$,$\sigma_T = \sigma_I$,$\sigma_R = 0$,即入射波通过完全相同的材料界面,透射波等于入射波,此时没有反射波;$k>1$ 时,$T_\sigma > 1$,$F_\sigma > 0$,$\sigma_T > \sigma_I$,$\sigma_R = F_\sigma \sigma_I$,即入射波通过材料界面后,透射波强于入射波并且同号,此时反射波也与入射波同号;$k<1$ 时,$T_\sigma < 1$,$F_\sigma < 0$,$\sigma_T < \sigma_I$,$\sigma_R = F_\sigma \sigma_I$,即入射波通过材料界面后,透射波弱于入射波并且同号,此时反射波与入射波符号相反。

设 n 种介质组成的结构,有 $(n-1)$ 个界面,

$$k_i = \rho_{i+1} c_{i+1} / \rho_i c_i \quad (5-24)$$

$$T_{\sigma i} = 2k_i/(1+k_i) \quad (i=1,2,\cdots,n-1) \quad (5-25)$$

如果 $k_i < 1$,则 $T_{\sigma i} < 1$,应力波通过第 i 个界面产生衰减。初始应力波为 σ_1,则应力波通过这 $(n-1)$ 个界面后强度衰减为

$$\sigma_n = \prod_{i=1}^{n-1} T_{\sigma i} \sigma_1 \quad (n>1) \quad (5-26)$$

设两种介质组成的有 $(n-1)$ 个界面的结构,两种介质互为相间,并且 $k_{i+1} = 1/k_i$,$T_{\sigma i+1} = 2/(1+k_i)$,则应力波通过这 $(n-1)$ 个界面后强度为

$$\sigma_n = \left[\frac{4k_1}{(1+k_1)^2}\right]^{\frac{n-2}{2}} T_{\sigma 1}\sigma_1 \qquad (n=3,5,7,\cdots) \qquad (5-27)$$

$$\sigma_n = \left[\frac{4k_1}{(1+k_1)^2}\right]^{\frac{n-2}{2}} T_{\sigma 1}\sigma_1 \qquad (n=4,6,8,\cdots) \qquad (5-28)$$

由于 $4k_1/(1+k_1)^2 < 1$（$1+k_1^2 > 2k_1$），所以式（5-27）、式（5-28）表示了应力波的衰减。

作为分析实例，考察美国陆军实验室研究的 4 种防护结构，这 4 种轻型结构为等面密度结构，如图 5-10 所示。其中，材料参数如表 5-12 所示。

表 5-12 材料参数

材料	弹性模量/GPa	密度/(kg·m^{-3})	声阻抗/(MPa·m^{-1}·s^{-1})
Al$_2$O$_3$ 陶瓷	310.3	3 500	33
三元乙丙橡胶	0.36	810	0.54
铝泡沫	0.177	350	0.25
玻璃钢	10	1 780	4.22

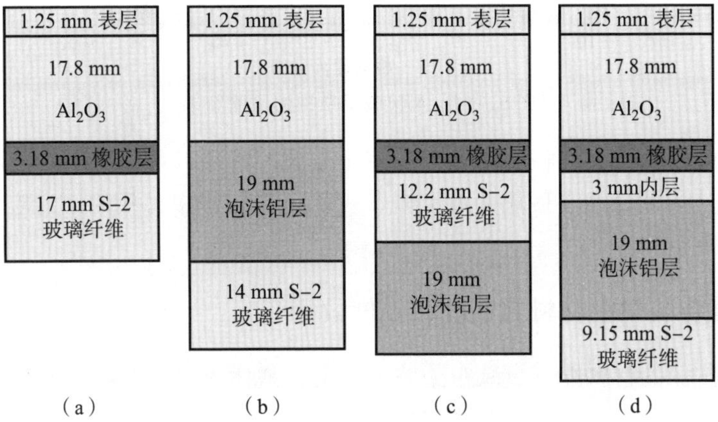

图 5-10 试验用 4 种轻型装甲结构
（a）标准装甲；（b）方案 1；（c）方案 2；（d）方案 3

对于上述 4 种装甲结构，设入射到陶瓷内的应力为 σ_0，根据式（5-26）式和表 5-12 中的材料参数，可分别计算每一种装甲结构最后一层内的应力，如表 5-13 所示。试验结果与分析结果一致，即应力波衰减快的背板位移小，如图 5-11 所示。

表 5-13　4 种装甲结构最后一层内的应力对比

装甲结构名称	最后一层内的应力波 σ_0	对比/标准装甲
标准装甲	0.057	1.0
方案 1	0.028	0.49
方案 2	0.006	0.11
方案 3	—	—

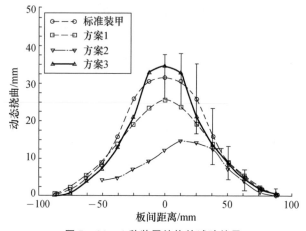

图 5-11　4 种装甲结构的试验结果

以上分析得知，材料的声阻抗影响应力波的传播，声阻抗低的材料可以衰减应力波。因此，为了使应力波衰减，在复合板组合中材料的排列应尽量按照声阻抗由高到低排列。

2. 复合装甲中材料的密度和强度效应

声阻抗低的材料能够衰减应力波。但是，弹体对装甲的破坏不仅是应力波的破坏，更重要的是弹体材料和装甲材料的相互作用。

弹体侵彻靶体的能量方程和侵彻深度公式为

$$\frac{1}{2}\rho_P(U-V)^2 + Y_P = \frac{1}{2}\rho_T V^2 + R \quad (5-29)$$

$$P = \int_0^t V \mathrm{d}t \quad (5-30)$$

式中　ρ_P，ρ_T——弹体和靶体的密度；

U 和 V——弹体速度和侵彻速度；

Y_P,R——弹体和靶体的流动强度;

P——侵彻深度。

将式(5-29)的解代入式(5-30),得到侵彻深度的计算式:

$$P = \int_0^t V \mathrm{d}t P = \int_0^t \left[\frac{U - \sqrt{\gamma U^2 + (1-\gamma)\dfrac{2Y_P(\sigma-1)}{\rho_P}}}{1-\gamma} \right] \mathrm{d}t \quad (5-31)$$

式中 $\sigma = R/Y_P$;

$\gamma = \rho_T/\rho_P$。

在冲击起始阶段,弹体速度 U 为 U_0 或接近 U_0,式(5-31)中 $\sqrt{}$ 内起主导作用的是第一项。例如,对于 14.5 mm 穿燃弹撞击 Al_2O_3 陶瓷,初速为 980 m/s,在该阶段 $\sqrt{}$ 内第一项值为 5.04×10^5,第二项值为 1.68×10^5,第一项起主导作用。在该阶段忽略第二项后,侵彻计算式为

$$P = \int_0^t \left[\frac{U - \sqrt{\gamma U^2}}{1-\gamma} \right] \mathrm{d}t = \int_0^t \left[\frac{U}{1+\sqrt{\gamma}} \right] \mathrm{d}t \quad (5-32)$$

由此看出,在冲击起始阶段,起决定影响作用的是靶板材料的密度,密度增加时 γ 增大,侵彻深度 P 减小,防护增强。

在冲击末端,弹体速度 U 降至很小值,在式(5-31)中 $\sqrt{}$ 内起主导作用的是第二项。此时忽略 $\sqrt{}$ 内的第一项,侵彻计算式为

$$P = \int_0^t \left[\frac{U - \sqrt{(1-\gamma)\dfrac{2Y_P(\sigma-1)}{\rho_P}}}{1-\gamma} \right] \mathrm{d}t \quad (5-33)$$

再作近似计算:

$$P = \int_0^t \left[(1+\gamma)U - \left(1+\frac{1}{2}\gamma\right)\sqrt{\dfrac{2Y_P(\sigma-1)}{\rho_P}} \right] \mathrm{d}t \quad (5-34)$$

由此看出,在冲击后阶段,密度增加,γ 增大,P 不一定减小。因为 γ 增大,积分号内前后两项的值都增大。但是如果靶板材料强度增加,σ 增大,侵彻深度 P 减小,防护增强。

数值计算得到了同样的结果。1995 年本书作者利用数值计算给出了模拟弹在不同速度阶段冲击 603 钢、铝合金、铅等不同材料的穿深—速度降无量纲曲线(图 5-12~图 5-15)。计算结果显示,在冲击初始阶段密度高的铅使弹体的速度降最快,在冲击末端强度高的装甲钢使弹体的速度降最快。

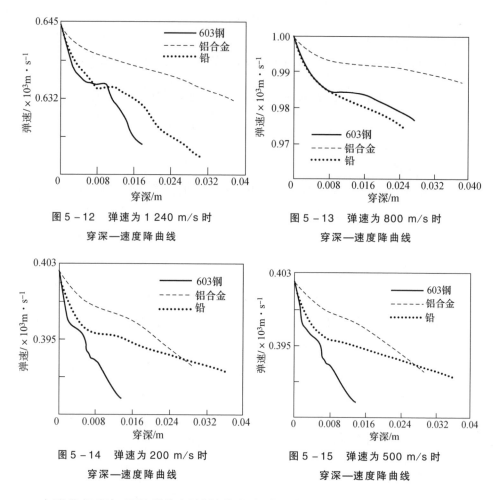

图5-12 弹速为1 240 m/s 时穿深—速度降曲线

图5-13 弹速为800 m/s 时穿深—速度降曲线

图5-14 弹速为200 m/s 时穿深—速度降曲线

图5-15 弹速为500 m/s 时穿深—速度降曲线

在弹体侵彻初始阶段靶板材料的密度效应起主导作用，在弹体侵彻末端靶板的强度效应起主导作用。因此，为了有效提高防护能力，在复合板组合中面板应尽量采用密度较高的材料，背面尽量采用强度较高的材料。

3. 复合装甲不同阻抗夹层材料对应力波传播的影响

选取组成的复合结构为研究对象，利用 Hopkinson 压杆（SHPB）试验，研究不同阻抗夹层材料对复合结构应力波传播的影响，并通过抗枪弹靶试验，研究了不同阻抗夹层材料对复合结构抗弹性能影响（表5-14）。

图5-16 为陶瓷装甲钢 SHPB 试验得到的应力曲线，图（a）~图（f）分别为无夹层、铜夹层、铝合金夹层、玻璃钢夹层、聚四氟乙烯夹层及橡胶夹层。

表 5-14　夹层材料性能参数

材料	密度 ρ/(g·cm^{-3})	声阻抗/($\times 10^{10}$g·m^{-2}·s^{-1})	弹性模量/GPa
5052 铝合金	2.7	1.41	70
Q235 钢	7.85	4.10	210
H62 黄铜	8.43	3.4	120
橡胶	1.2	0.11	2.0×10^{-3}
聚四氟乙烯	0.76	0.17	3.65
玻璃钢	1.76	0.42	10

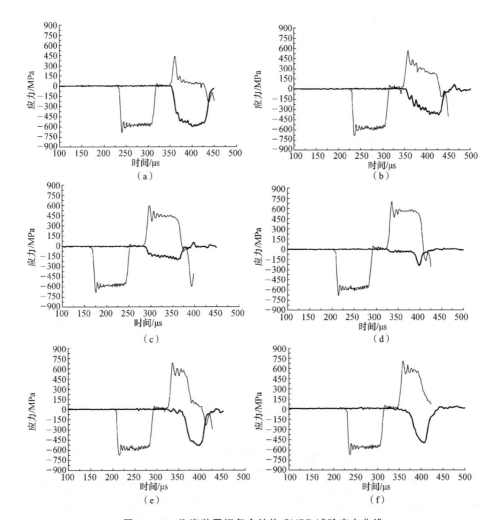

图 5-16　陶瓷装甲钢复合结构 SHPB 试验应力曲线

(a) 无夹层；(b) 铜夹层；(c) 铝合金夹层；(d) 玻璃钢夹层；
(e) 聚四氟乙烯夹层；(f) 橡胶夹层

从图 5-16 可以看出，由于引入不同种类的夹层，对透射波产生不同的影响。无夹层结构其透射应力幅值为 600 MPa。引入夹层结构后，透射应力幅值下降，图 5-16（b）~（f）其透射应力幅值分别为 389 MPa、201 MPa、238 MPa、541 MPa、514 MPa。玻璃钢夹层结构及铝合金夹层结构的透射应力幅值分别为 238 MPa 及 201 MPa，约为入射应力幅值的 30%，可见透射波衰减较大，反映出这两种夹层材料对阻滞应力波在陶瓷/装甲钢结构中传播性能较好。

4. 复合装甲声阻抗匹配

当射流或者高速弹丸侵彻装甲时，在装甲中产生极强的应力波，其强度足以使装甲材料发生破坏。该应力波的速度大于射流或者高速弹丸的侵彻速度，所以在该应力波的作用下，在射流和高速弹丸尚未到达的区域，装甲就可能发生了破坏，从而降低装甲的抗弹能力。

当射流或者高速弹丸在装甲中产生的应力波由装甲材料 1 传入装甲材料 2 时，应力波在界面发生反射和透射，反射波的性质（拉伸或压缩）及反射波、透射波的强弱由构成界面的两种材料的声阻抗决定。声阻抗是材料对波的阻力。部分材料的声阻抗见表 5-15。入射波（I）、反射波（R）与透射波（T）的强弱（波幅）由下面的关系式确定：

$$R = \frac{n-1}{n+1} I \qquad (5-35)$$

$$T = \frac{2n}{n+1} I \qquad (5-36)$$

式中　n——声阻抗比，

$$n = \frac{\rho_2 C_2}{\rho_1 C_1} \qquad (5-37)$$

ρ_1、ρ_2——装甲材料 1 和装甲材料 2 的密度；
C_1、C_2——装甲材料 1 和装甲材料 2 的声速。
R 为负值时，表示反射波是拉伸波，为正值时表示为压缩波。

表 5-15　材料的声阻抗

材料	钢	铝	铜	铬刚玉	玻璃钢	投影膜	聚氨酯
声阻抗/（$\times 10^{10}$ g·m^{-2}·s^{-1}）	4.12	1.37	3.27	3.79	0.53	0.30	0.26

复合装甲中的声阻抗匹配技术，就是利用波在不同材料界面的反射与透射原理，尽量降低透射波的强度，使未侵彻区的装甲材料保持完好，提高其抗弹

性能，同时尽量提高反射波的强度，因为反射波可与射流或者高速弹丸发生作用，减弱其侵彻能力；同时，反射波可使弹坑边缘产生崩塌作用，对射流或高速弹丸产生干扰，甚至堵塞射流或高速弹前进的通道，进一步降低其侵彻能力。

表 5 – 16 不同装甲材料匹配的破甲试验结果

方案	复合装甲的夹层结构	防护系数	厚度系数
全陶瓷夹层	20 mm 铬刚玉 ×9	1.41	0.79
	（20 mm 铬刚玉 ×3 + 1.2 mm 炸药）×2 + 20 mm 铬刚玉 ×3	1.36	0.74
全陶瓷夹投影膜夹层	（0.1 mm 投影膜 + 20 mm 铬刚玉）×8 + 0.1 mm 投影膜	1.62	0.91
	（0.1 mm 投影膜 + 20 mm 铬刚玉）×4 + 0.1 mm 投影膜 + （22 mm 玻璃钢 + 0.1 mm 铜片）×3 + 20 mm 高硬度装甲钢	2.13	1.01
陶瓷夹投影膜、玻璃钢夹铜皮、高硬度装甲钢夹层	（0.1 mm 投影膜 + 20 mm 铬刚玉）×4 + 投影膜 + （18 mm 玻璃钢 + 0.1 mm 铜片）×3 + 20 mm 高硬度装甲钢	2.01	1.01
	（0.1 mm 投影膜 + 20 mm 铬刚玉）×4 + （18 mm 玻璃钢 + 0.1 mm 铜片）×2 + 18 mm 玻璃钢 + 20 mm 高硬度装甲钢	2.06	1

表 5 – 16 说明，全铬刚玉陶瓷夹层复合装甲，其防护系数只有 1.36 ~ 1.41，即使是铬刚玉夹投影膜夹层复合装甲的防护系数也只有 1.62，而铬刚玉夹投影膜、玻璃钢夹铜皮、高硬度装甲钢夹层复合装甲的防护系数达到 2.01 ~ 2.13。

在相同的装甲材料层之间夹上声阻抗相差较大的薄层材料，如在陶瓷材料之间、钢之间夹 0.1 mm 的投影膜，在玻璃钢之间夹 0.1 mm 的铜皮。表 5 – 17 为不同声阻抗匹配的试验结果。

表 5 – 17 不同声阻抗材料匹配的破甲试验结果

方案	复合装甲的夹层结构	防护系数	厚度系数
铬刚玉夹薄钢片	（20 mm 铬刚玉 + 3.5 mmA3 钢）×7	1.37	0.86
铬刚玉夹薄铝片	（20 mm 铬刚玉 + 3 mm 铝板）×7	1.57	0.84
铬刚玉夹投影膜	（0.1 mm 投影膜 + 20 mm 铬刚玉）×8 + 0.1 mm 投影膜	1.62	0.91
铬刚玉夹聚氨酯	（3 mm 聚氨酯 + 20 mm 铬刚玉）×8 + 3 mm 聚氨酯	1.85	0.87

比较表 5 – 16 与表 5 – 17，可以看出，防护系数的大小跟铬刚玉陶瓷与所加薄层材料的声阻抗差有关，声阻抗差越大，防护系数越高。当铬刚玉之间夹薄钢板，在波从铬刚玉进入钢时（图 5 – 17），有

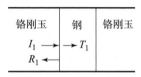

图 5-17　波在铬刚玉/钢界面的反射与透射

$$\frac{R_1}{I_1} = 4.17\% \quad (5-38)$$

$$\frac{T_1}{I_1} = 104.17\% \quad (5-39)$$

当波从钢中进入第二层铬刚玉时（图 5-18）

$$\frac{T_2}{T_1} = 95.8\% \quad (5-40)$$

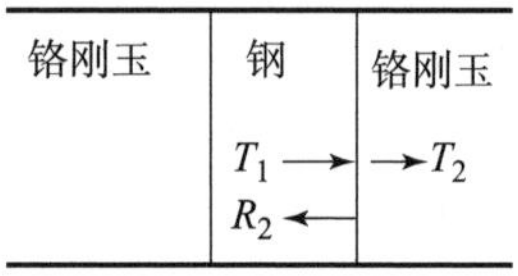

图 5-18　波在钢/铬刚玉界面的反射与透射

将式（5-39）代入式（5-40），得

$$\frac{T_2}{I_1} = 99.8\% \quad (5-41)$$

计算结果表明，铬刚玉之间夹薄钢板时，反射进入第一块铬刚玉的波的强度为入射冲击波的 4.17%，而透射到第二块铬刚玉中的波强度为入射波的 99.8%。

同理，可以计算铬刚玉之间夹铝片、投影膜及聚氨酯时，反射进入第一块铬刚玉的波强度与透射到第二块铬刚玉中的波强度。结果如表 5-18 所示。

表 5-18　不同夹层的反射波与透射波强度（与入射波强度的比值）

铬刚玉之间夹的材料	反射入第一块铬刚玉中的波强度/%	透射入第二块铬刚玉的波强度/%
钢	4.17	99.8
铝	-46.95	77.86
投影膜	-85.30	27.24
聚氨酯	-87.20	23.96

计算结果表明，铬刚玉之间加入薄层材料后，薄层材料与铬刚玉的声阻抗差越大，反射波强度就越大，透射波强度就越小，防护系数就越高。

5.5 重型复合装甲

重型复合装甲兼有良好的抗大口径穿甲弹和破甲弹的能力，因此普遍用于现代主战坦克。它也是研究最多、应用最广泛的一种复合装甲。如前所述，厚复合装甲可分为大倾角复合装甲和小倾角复合装甲。其中小倾角复合装甲又可分为前倾、侧倾、侧前倾三种，其特点如表 5-19 所示。

表 5-19 小倾角复合装甲的分类

类别	面板倾角		举例
	与水平面夹角 $\alpha/(°)$	入射线与垂直面夹角 $\theta/(°)$	
前倾	45~60	90	所有主战坦克的车首，英国"挑战者"坦克
侧倾	90	25~35	德国"豹"Ⅱ坦克炮塔，法国"勒克莱尔"坦克
倾前侧	30~35	20	美国 M1 坦克炮塔，韩国 88 式坦克炮塔

5.5.1 基本结构及抗弹性能

重型复合装甲的垂直厚度范围为 200~500 mm，其水平厚度范围为 530~700 mm。该类复合装甲的面密度为 2.50~3.00×10³ kg/m²，相当于等重钢厚度为 318~382 mm（表 5-20），由于巨大的厚度，使得该复合装甲的内部结构变得更为复杂。一般来说，它可以分为下列几个组成部分：面层装甲，一般称为面板；背层装甲，包括背板和基体装甲；侧面装甲，如边框或侧板；夹层结构和材料，包括内部特种结构单元；连接装置。有时面板、背板、侧板焊接成一个壳体，内部再填放夹层材料形成一个模块。模块通过连接装置与基体装甲连接，实现所谓的"模块化"。在进行复合装甲设计时，除了考虑抗弹性能、工艺性能和经济性外，还必须考虑到便于制造、安装、修复和更新。

表 5-20 各国复合装甲的厚度及质量

国别	车型	厚度/mm		质量	
		垂直	水平	$\rho_t/(×10^3 \text{ kg}·\text{m}^{-2})$	水平等质量厚/mm
美国	M1	≈606	≈700	2.50~2.90	318~369
德国	"豹"Ⅱ	563	650	2.50~2.90	318~369

续表

国别	车型	厚度/mm		质量	
		垂直	水平	$\rho_t/(\times 10^3 \text{ kg}\cdot\text{m}^{-2})$	水平等质量厚/mm
瑞士	PZ68	520	600	2.80~3.00	357~382
苏联	T-72	200	545	2.61	322
罗马尼亚	TR800	200	534	2.70	344

现代复合装甲的壳体及内部结构件几乎全部采用薄板，所用装甲钢板厚度一般为 10~35 mm，最厚可达 50 mm。薄板结构的采用为提高复合装甲的抗弹性能提供了最大限度的可利用的质量及空间，为使用和生产高性能的装甲创造了条件，为采用先进而可靠的焊接结构和其他组合技术提供了可能，也为复合装甲的更新换代提供了方便。

复合装甲内部采用隔板的方法将复合装甲分割成多个相对独立的单元。这种结构有利于提高抗多发弹的性能，便于安装、修复及更新。

现代复合装甲内部大多采用了间隙结构。采用这种结构除了利用其间隙效应提高抗弹性能之外，还作为泄压结构，大大提高复合装甲抗多发弹的性能，同时便于制造、安装和修复。以色列的"梅卡瓦"坦克在乘员舱地板和车底板之间留有 ≈280 mm 的空气隙，构成双复合的复合装甲，能有效地防止地雷碎片与爆轰波的攻击，提高了乘员的生存能力。必要时此空气隙内可以储存物品或作为箱式结构，内装附加装甲。

该类复合装甲的面板、背板及夹层是由不同材料构成，它们在不同倾角下对不同的弹种有着不同的倾角效应。因此，在设计时，应该充分考虑这种倾角效应，并予以合理利用。例如，西方的主战坦克在进行车体复合装甲设计时，就采用了车前方迎弹面小倾角与顶甲板（前上装甲）大倾角相结合的结构。这种结构能够更加充分地发挥复合装甲性能，有利于提高抗穿甲弹、破甲弹及多发弹的性能。

复合装甲用于不同部位时，各部分的零部件尽量采用标准件、通用件，以便于制造、安装和修复。例如，坦克车体复合装甲和炮塔复合装甲中特种单元就可设计成标准尺寸，二者可以互相通用。而特种单元中材料厚度也可规格化。复合装甲裙板也可设计成标准裙板，任何车辆都可以根据质量、防御弹种等进行选择。该类复合装甲结构特点对各项性能的影响如表 5-21 所示。

表5–21　金属非金属厚复合装甲结构对性能的影响

结构特点	抗弹性能			工艺性能			使用时间性
	穿甲弹	破甲弹	多发弹	制造	安装	修复	(更新换代)
薄板结构	√	√	√	√	—	√	√
合理倾角	√	√	√	—	—	—	√
单元分割	—	—	√	√	√	√	—
间隙	√	√	√	√	√	√	—
标准化	—	—	—	√	√	√	√
模块化	—	—	—	√	√	√	√

由于重型复合装甲具有大的厚度和复杂的内部结构,因此有很高的总体抗弹性能及抗弹效率。20世纪80年代,世界各国主战坦克所采用的金属非金属复合装甲的抗穿甲弹的能力(R)已达到450～500 mm(均以标准均质装甲钢板计),抗破甲弹能力达到550～750 mm。20世纪90年代初期该类装甲抗穿甲弹能力已达到700 mm,抗破甲弹能力达到1 000 mm。20世纪80年代,该类装甲抗穿甲弹的防护系数达到1.10～1.35,抗破甲弹防护系数达到2.00～3.00(表5–22)。2000年以后,防护系数已经进一步提高。

表5–22　厚复合装甲的抗弹性能及其增益

国别	20世纪80年代						20世纪90年代			
	抗穿甲弹			抗破甲弹			抗穿甲弹		抗破甲弹	
	R/mm	N	N_h	R/mm	N	N_h	R/mm	N	R/mm	N
美国	400	1.10	0.64	700	2.0	1.00	600	1.50	1 000	3.5
	≈450	≈1.30	≈0.8	≈750	≈3.0	≈1.20	—	—	≈1 300	—
德国	≈400	1.15	0.60	650	2.0	1.00				
	≈1.20	≈0.7		≈700	≈3.0	≈1.20				
英国	450	1.15		700	2.0	1.00	—	1		
		≈1.20		≈750	≈3.0	≈1.20				
以色列	420	1.1	≈750	2.5	1.1					
	≈460	≈1.25	—	≈3.0	—1.30					
瑞士	460	≈1.35	≈0.8	≈750	2.2	≈1.17	550	130	950	3.5
	≈480	—	—		≈2.5					
苏联	350	1.05	0.64	450	1.3	0.77	550	1060		
	≈450	≈1.15	—	≈600	≈1.5					

5.5.2 抗弹机理

复合装甲结构形式的不同首先影响它们的抗弹性能。这种影响是由于复合装甲在其倾角、垂直厚度及覆盖部位等方面的差异而造成的。

1. 复合装甲倾角对抗弹性能的影响

当装甲的倾角增大时，其抗弹能力相应增加，且在一定的倾角时发生跳弹。这种观点是建立在对普通穿甲弹的认识上。20 世纪 70 年代以来，破甲弹和新型长杆形穿甲弹完全取代了普通穿甲弹。由于这两个弹种与装甲的作用机理与普通穿甲弹不同，故表现出的倾角效应也不相同。一般来说，普通穿甲弹为正效应，长杆形穿甲弹则可能为负效应，而破甲弹可能为零效应。对破甲弹而言，当装甲倾角从 0°增大到 80°时，其水平穿深变化不大，而且在装甲倾角增大到 86°之前，破甲弹仍能正常引爆。因此，增大倾角不能有效地提高装甲抗破甲弹的能力。对长杆形穿甲弹而言，钢装甲在其水平厚度不变的情况下，增大倾角，其抗弹能力并不相应增加。恰恰相反，装甲在小倾角（0°~50°）的范围时，具有较高的抗弹性能；当装甲倾角增大到 60°~70°时，抗弹能力有所下降；装甲倾角在 75°以上时，抗弹性能又有所增加，直至 82°以上时出现长杆形弹的跳弹现象。M1 坦克及"豹"Ⅱ坦克车首采用了小倾角复合装甲，其主迎弹面装甲为小倾角（30°），次迎弹面的顶装甲为极大倾角，即跳弹角，两者均处于有利抗弹区域。而 T–72 坦克车首复合装甲处于大倾角范围，极不利于抗弹。由此可见，小倾角复合装甲抗穿甲弹性能优于大倾角复合装甲，而抗破甲弹性能两者相当。

2. 装甲垂直厚度对抗弹性能的影响

显而易见，在同样水平厚度的情况下，小倾角复合装甲的垂直厚度远大于大倾角复合装甲。表 5–23 列出了不同倾角时，水平厚度分别为 500 mm、600 mm 情况下复合装甲的垂直厚度。30°倾角复合装甲的垂直厚度为 68°倾角复合装甲垂直厚度的 2.3 倍。垂直厚度的增大，有可能使复合装甲沿厚度方向的内部结构和材料具有更大的可变性，从而有利于抗弹性能的提高。首先，有利于提高复合装甲中高性能材料的质量百分数。在同样水平厚度及面密度的情况下，如果采用同样的面、背板结构，则小倾角复合装甲具有更多的剩余空间，从而可以采用更多的高性能材料。根据复合材料的复合法则，随着高性能材料质量百分数的增大，复合装甲的防护系数相应提高。其次，有利于采用多种复杂的内部结构。由于复合装甲厚度方向空间增大,便于采用多层次、多种类的较复杂的内部结构形式,其中包括大的内倾角(图 5 – 19),从而有利于抗弹性能的提高。而大倾角复合装甲由于垂直厚度小,难以容纳复杂的内部结构形式。

表 5 – 23　不同倾角时复合装甲的垂直厚度　　　　　　　　　mm

倾角/(°)	水平厚度为 500 mm	水平厚度为 600 mm
0	500	600
30	433	520
40	383	460
50	321	386
60	250	300
68	187	225
69	179	215
70	171	205

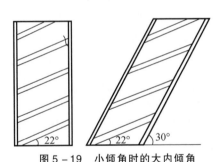

图 5 – 19　小倾角时的大内倾角

3. 覆盖部位对抗弹性能的影响

现代战场上,坦克受到立体攻击。通常情况下,对于地面攻击,火炮高低角为 0°左右;对于空中攻击来说,高低角为 30°~ 45°。小倾角复合装甲为前覆式,复合装甲覆盖在车体或炮塔的前部。而顶部仍为均质钢装甲,且倾角极大,这样在受到空中攻击时防护力下降很大。对于 82°首上甲板,受空中攻击时其防护面密度仅为受水平攻击时的 1/5.75 ~ 1/4.44(表 5 – 24)。为此,必须增加首上甲板的厚度或采用变截面甲板。大倾角复合装甲为上覆式,车体上部也由复合装甲覆盖。尽管其抵御空中攻击的能力不如正面,但下降较小。对于 68°倾角复合装甲,受空中攻击时其防护面密度为水平攻击时的 1/2.45 ~ 1/2.10(表 5 – 24),较有利于防御空中攻击。

综上所述,由于装甲倾角及垂直厚度的影响,小倾角复合装甲抗弹性能明显优于大倾角复合装甲。但是从覆盖部位来看，小倾角复合装甲抵御空中攻击的能力下降较大。

表 5-24 不同高低角度时装甲厚度的变化

装甲倾角 θ/(°)	82			68		
高低角/(°)	0	30	45	0	30	45
攻击角 θ'/(°)	82	52	37	68	38	23
$\sec\theta'$	7.19	1.62	1.25	2.67	1.27	1.09
$\sec\theta/\sec\theta'$	1.00	4.44	5.75	1.00	2.10	2.45

5.5.3 设计基础

重型复合装甲的夹层是提高抗弹性能的核心部分，是复合装甲设计的重点。目前，在重型复合装甲中已经获得实际应用的复合装甲材料大致可归纳为：金属材料，包括装甲钢、铝合金、钛合金及铀合金；复合材料，主要是树脂基复合材料，如玻璃钢、芳纶增强复合材料；陶瓷材料，包括氧化铝、碳化硅、碳化硼、氮化硅、氧化铍、硼化钛等；有机材料，包括橡胶、环氧树脂、酚醛树脂等。

厚复合装甲的主要结构形式为层状结构，即沿着厚度方向由多层不同材料或结构组成。当装甲以任何倾角放置时，保证装甲任何部位的抗弹性能基本一致。图 5-20 为某复合装甲的结构示意图。该装甲由装甲钢和陶瓷材料构成。

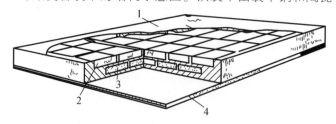

1，4—装甲钢；2，3—陶瓷。

图 5-20 金属非金属厚复合装甲的层状结构

厚复合装甲内部往往采用了"单元分割法"，即采用隔板的方法将复合装甲内部分割成多个相对独立的单元。根据复合装甲结构形式的不同，单元分割的方法也不相同。对于小倾角复合装甲，可以采用厚向单元分割方法。例如，对于炮塔用复合装甲，可以沿厚向分为 A、B 两个单元（图 5-21），对于车体用复合装甲也可采用类似的方法（图 5-22）。对于大倾角复合装甲，由于其垂直厚度较小,通常采用纵横向单元分割法。图 5-23 所示为某车体用复合装甲内部单元分割的情况。

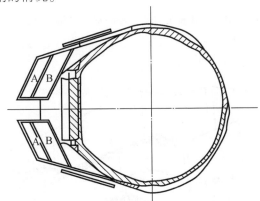

图 5-21　炮塔挂装复合装甲的结构

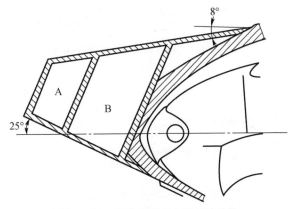

图 5-22　车体挂装复合装甲的结构

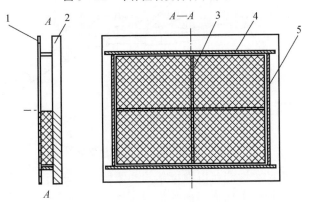

1—面板;2—背板;3—支撑物;4—横向密封条;5—纵向密封条。

图 5-23　复合装甲内部单元分割图

随着复合装甲技术的发展，模块化的设计得到越来越多的应用。所谓模块化，就是在装甲车辆基体装甲上通过连接结构附加一块质量、厚度均一定的装甲块，以使装甲的总体抗弹性能达到一定要求。"梅卡瓦"坦克炮塔首先采用了模块化设计，其基体装甲为铸造成型（图5-24），在其上附加各种不同的模块（图5-25）。模块化结构的优点为：

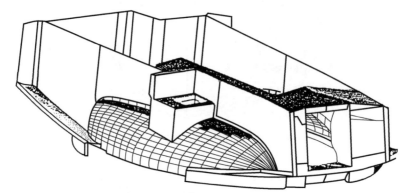

图5-24　"梅卡瓦"坦克炮塔主铸件

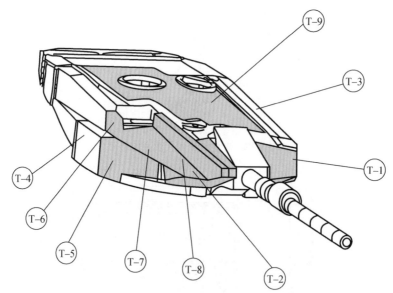

图5-25　"梅卡瓦"坦克炮塔模块配置

（1）模块的质量、性能可以根据不同的需要进行更换。
（2）有利于提高装甲性能，便于更新换代。
（3）模块化能够以其他形式的附加装甲出现（图5-26）。

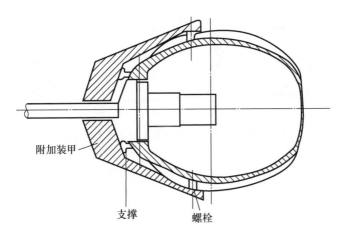

图 5 – 26　主战坦克炮塔附加装甲

如前所述，当复合装甲主迎弹面的倾角大于 60°时，称为大倾角复合装甲；当复合装甲主迎弹面的倾角小于 50°时，为小倾角复合装甲。所谓主迎弹面，是指装甲迎弹面投影面积中占比例最大的装甲板的迎弹面。西方各国主战坦克，如美国 M1/M1A1、德国"豹"Ⅱ、英国"挑战者"、法国"勒克莱尔"等主战坦克的车首、炮塔均采用了小倾角复合装甲。而苏联 T – 72/T – 80、罗马尼亚 TR800 型等主战坦克的车首均采用了大倾角复合装甲（表 5 – 25、图 5 – 27）。

表 5 – 25　各国主战坦克复合装甲的倾角　　　　　　　　（°）

国别	主战坦克型号	车首复合装甲倾角		炮塔复合装甲倾角		炮塔装甲倾斜方式
		主迎弹面	次迎弹面	与水平面(α)	与入射线垂直面(θ)	
美国	M1/M1A1	30	≈80	30~35	20	侧前倾
德国	"豹"Ⅱ	30	≈85	90	≈35	侧倾
英国	"挑战者"	≈30	≈45	45~50	90	前倾
法国	"勒克莱尔"	≈30	≈85	90	≈30	侧倾
日本	90 式	≈30	≈85	90	≈30	侧倾
韩国	88 式	≈30	≈82	30~35	≈20	侧前倾
苏联	T – 72	≈68	60	10~15	弧形	弧形
	T – 80	≈68	60	22	—	—
罗马尼亚	TR800	≈68	60	10~15	弧形	弧形

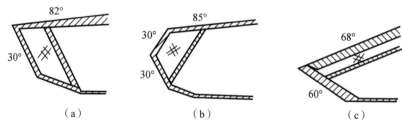

图 5-27　典型的主战坦克车首复合装甲结构

(a) M1；(b) "豹"Ⅱ；(c) T-72

两种不同结构形式的复合装甲之间除了倾角的差异外，还有随之而来的另外两个差异：

（1）复合装甲垂直厚度不同。小倾角复合装甲垂直厚度较大，一般在 350 mm 以上，最大可达 550 mm，侧截面的长厚比小于 2。而大倾角复合装甲的垂直厚度较小，一般不大于 250 mm，最小的不到 200 mm，侧截面的长厚比一般大于 5（图 5-27）。

（2）覆盖部分不同。小倾角复合装甲通常覆盖在车体或炮塔的前部，称为前覆式。而大倾角复合装甲则覆盖在车体的上方，称为上覆式。两种结构形式复合装甲的特征比较如表 5-26 所示。

表 5-26　不同结构形式复合装甲的特征

特征	装甲类型	
	小倾角复合装甲	大倾角复合装甲
外倾角	<50°，多采用 0°~35°	>60°，一般 68°~69°
垂直厚度	>350 mm，最大达 550 mm	≤250 mm，最小 200 mm 左右
截面长厚比	<2	>5
覆盖部分	前覆式	上覆式

复合装甲这种结构形式的差异首先影响其抗弹性能，同时对其总体设计及其他性能也带来明显的影响。关于结构形式对抗弹性能的影响请参见抗弹效应的相关章节。采用小倾角复合装甲的主战坦克的总体设计及其他性能有如下优越性：

（1）复合装甲通用性强。当主战坦克采用小倾角复合装甲时，其炮塔与车体可以采用同一内部结构和材料的复合装甲。这样不仅便于复合装甲的试验研究，而且有利于复合装甲的设计制造，易于实现复合装甲的标准化、系列化、通用化。而大倾角复合装甲可以用于车体，难以用于炮塔，因此不利于实现车体炮塔装甲通用化。

（2）便于采用箱式结构。箱式结构又称口袋式结构。该结构可以在外形结构、尺寸不作变动的情况下，实现内部结构、材料的更新，达到复合装甲更新换代的目的。例如，德国的"豹"Ⅱ、英国的"勇士"坦克和法国的"勒克莱尔"坦克就采用了这种结构。而大倾角复合装甲由于垂直厚度的限制，难于采用箱式结构。

（3）增大了车体内部有效空间。在车体高度及车首长度相同的前提下，小倾角复合装甲可以获得较大的内部空间。图5-28为两种结构形式车体复合装甲的比较，其中小倾角复合装甲内部空间约为大倾角复合装甲的2倍。

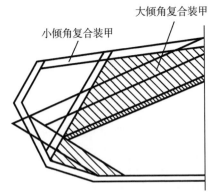

图5-28 两种不同结构形式车体复合装甲内部空间的比较

小倾角复合装甲与大倾角复合装甲相比，也有其不利之处：

（1）减小了火炮俯角。由于车首顶甲板接近水平位置，故影响了火炮射击时的俯角，使俯角减小，射击死界增大。

（2）增大盲区。由于车首顶甲板接近水平位置，故影响了驾驶员的视界，使盲区增大。为了保证驾驶员的视界，有时将驾驶员的窗口位置适当前移和上移。

（3）制造较复杂。由于小倾角复合装甲垂直厚度大，厚度方向结构与材料变化较复杂，同时前板与顶板分开，因此加工制造较复杂。

5.6 复合装甲设计方法

5.6.1 复合装甲抗弹能力的设计

复合装甲抗弹能力设计是一个复杂的问题，不仅涉及抗弹指标和约束条件的确定,而且涉及装甲结构、材料的选择及其综合优化。因此,必须按一定的程序逐步实施。

一般来说,复合装甲抗弹能力的设计可按下述 7 个步骤进行(图 5 – 29),即装甲抗弹能力指标的确定、装甲约束条件的确定、装甲类型的选择、装甲结构的确定、装甲材料的选择、抗弹能力的计算、材料结构综合优化、最后确定设计方案。其中,装甲抗弹能力指标就是目标函数,装甲的质量和厚度就是其约束条件。而装甲结构材料的选择及综合优化,则是实现这一目标函数的具体措施和途径。

装甲抗弹能力指标由使用部门根据战术和技术需要来确定。通常可按以下公式计算:

$$R = R_{max} + T_r \tag{5-42}$$

式中　R——装甲抗弹能力(mm);

　　　R_{max}——穿、破甲弹威力,即在一定射击距离上的最大穿、破甲深度(mm);

　　　T_r——装甲抗弹能力的余量(mm),即后效板穿深。

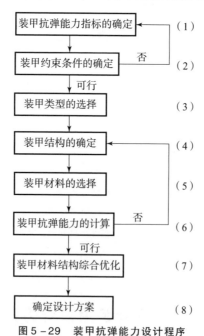

图 5 – 29　装甲抗弹能力设计程序

首先要确定防御对象,即防御的弹种。根据弹种找出其穿、破甲深度。对于穿甲弹,穿深随着速度变化,所以应注意其不同射击距离,也即不同着速时穿深的差异。对于破甲弹,要注意其不同炸高时的破甲深度的差异。关于装甲抗弹能力的余量问题，应根据装甲允许穿透的概率来决定，同时要考虑到装甲性能的波动和弹的穿、破甲性能的波动。不同的设计师在考虑这一问题时，所取的余量不尽相同。一般来说，在允许穿透概率为零的情况下，对穿甲弹可取 T_r 值为 50 mm 左右；对破甲弹，可取 T_r 值为 100 mm 左右。

装甲的约束条件主要指质量和厚度的限制。装甲的质量和厚度由于总体设计的控制不能过大，但由于装甲本身性能的影响，也不能过小。

装甲质量的确定首先应从它的抗弹能力考虑，即通过其防护系数来计算所需要的面密度：

$$\rho_A = \frac{R \cdot \rho_h}{1\,000 \cdot N} \quad (5-43)$$

式中 ρ_A——装甲所需面密度（$\times 10^3$ kg·m^{-3}）；

R——装甲抗弹能力指标（mm）；

ρ_h——标准均质钢装甲的密度，一般取 $\rho_h = 7.85 \times 10^3$ kg·m^{-3}；

N——装甲可以达到的防护系数值。

对于穿、破甲弹应分别计算其 ρ_A 值。在式（5-43）中，共有 3 个可变量，即装甲面密度 ρ_A、装甲抗弹能力 R 和装甲的防护系数 N。此 3 个可变量称为装甲抗弹能力计算的三要素。根据有关资料和试验、设计数据，可以作出"装甲抗弹能力三要素图"（图 5-30）。根据三要素图，可以在已知任何 2 个要素的情况下，查出另一个要素的数值。这样，在已知装甲抗弹能力及防护系数的情况下，可以查出所需的装甲面密度。

装甲厚度的确定与质量确定相类似，首先从它的厚度效益考虑，即通过其厚度系数来计算所需的厚度：

$$T_0 = \frac{R \cdot \cos\theta}{N_h} \quad (5-44)$$

式中 T_0——装甲所需厚度（mm）；

R——装甲抗弹能力指标（mm）；

θ——装甲倾角（°）；

N_h——装甲可达到的厚度系数。

对于穿、破甲弹分别计算其 T_0 值。

在式（5-44）中，共有 4 个变量，即装甲厚度 T_0、装甲倾角 θ、装甲抗弹能力 R 和厚度系数 N_h，如已知 3 个变量，则可求出另一变量。

装甲厚度确定之后，就可以确定装甲的内部结构。采用优化设计方法，对可能选用的结构进行组合和优化，从而选择并确定最佳的内部结构，如图 5-31 所示。在陶瓷复合装甲结构设计中，陶瓷面板的设计、陶瓷面板抗弹性能

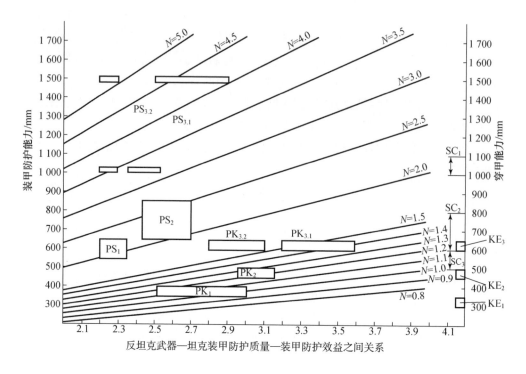

图 5-30　装甲抗弹能力三要素

注：$KE_{1,2,3}$、$SC_{1,2,3}$ 分别代表 20 世纪 70、80、90 年代反坦克动能弹（KE）和破甲弹（SC）威力；$PK_{1,2}$、$PS_{1,2}$ 分别代表 20 世纪 70、80 年代间隙复合装甲对穿、破甲弹防护水平及防护质量范围；$PK_{3,1}$、$PK_{3,2}$ 分别代表 20 世纪 90 年代间隙复合装甲、反应装甲对动能弹防护水平及防护质量范围；$PS_{3,1}$、$PS_{3,2}$ 分别代表 20 世纪 90 年代间隙复合装甲、反应装甲对破甲弹防护水平及防护质量范围

的好坏将直接影响到装甲体系的防护水平。陶瓷面板的抗弹性能主要体现在 3 个方面：①弹丸撞击的瞬间应能使弹头破碎，减小弹丸侵彻的后续动能；②陶瓷在使弹头破碎的同时，自身也发生破碎，形成一个倒置的破碎锥角，增加背板吸能的面积；③破坏的陶瓷与弹体相互磨蚀，进一步消耗弹体的动能，减少传递到背板上的能量。因此，陶瓷面板的设计应包括陶瓷片的厚度、单层与多层组合、陶瓷片尺寸与外形等方面。另外，对于背板设计，背板的作用是一方面支撑陶瓷面板，延迟面板的破坏时间；另一方面提供足够的变形，吸收弹体和面板的剩余能量。这样既要求面板材料有足够的刚度，又要求背板具有一定的变形能力。

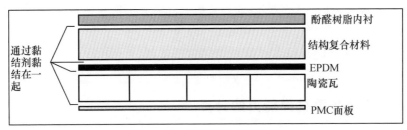

图 5-31　CAV 复合装甲结构

在复合装甲结构优化组合设计中，应考虑以下的设计因素和设计原则：

1. 设计因素

（1）抗弹性能指标；

（2）结构的约束条件（厚度、质量、尺寸）；

（3）材料抗弹性能，力学性能；

（4）结构的抗弹效应；

（5）面板和背板之间的力学性能和阻抗匹配；

（6）层状结构之间的厚度匹配；

（7）层间夹层材料阻抗；

（8）约束（面层约束、边框约束）影响；

（9）复合黏结材料、黏结强度、黏结工艺；

（10）安装、连接工艺、制造工艺。

2. 设计原则

（1）对于多层装甲材料的复合结构，其阻抗匹配规律为装甲材料的排列顺序应尽可能使声阻抗沿应力波传播方向递减；其相邻材料的匹配应选择阻抗差较小的。

（2）在复合板组合中面板尽量采用密度较高的材料，背板尽量采用强度较高的材料。其匹配的背板材料应按材料性能和阻抗大小两方面进行匹配，应优先选择强度和韧性比较高的，如钛合金、铝合金、装甲钢等。

（3）对于陶瓷/背板复合结构，其抗弹性能与陶瓷厚度有较大关系，在进行结构设计时，其夹层陶瓷厚度应大于等于 2/3 进攻弹丸弹径。用多层陶瓷情况下，其厚度较厚，应放置在厚度较薄的陶瓷前。

（4）对于陶瓷/背板复合结构，在陶瓷前应增加一层薄（1～2 mm）但韧性高的金属面板作为约束面板。

（5）对于陶瓷/背板复合结构，引入夹层材料可衰减应力波透射强度，但低刚强度弹性材料如橡胶类作陶瓷与背板之间的夹层材料,会带来抗弹性能下降,应慎用。

(6)任何装甲材料的选择都必须综合考虑抗弹、工艺、经济三个方面的性能。

5.6.2 复合装甲抗弹能力的计算

复合装甲的设计及其试验研究是一项极其复杂的工作,它涉及几十个因素及其相互之间作用的问题。装甲防护研究人员多年来一直致力于实现"理论分析—计算及模拟—试验验证"三位一体的装甲防护研究体系,以期用最少的耗费取得最大的进展。而装甲抗弹能力的预测及计算则是其中一个关键的环节。下面介绍的混合律计算方法简便实用,结果可靠,适用范围广,为复合装甲研究工作提供了一种有效方法。但是,该计算公式没有反映出装甲结构配置、材料结构交互作用等因素对抗弹能力的影响,因此给出的结果是粗略的,只能用于初步预测复合装甲的抗弹能力。

在复合装甲的抗弹能力设计中,研究人员也采用了混合律来预测复合装甲的抗弹能力。对于双组分复合装甲,即由一种金属材料和一种非金属材料组成的复合装甲,存在如下的混合律通式:

$$N = N_f W_f + N_j W_j = N_f W_f + N_j (1 - W_f) \qquad (5-45)$$

式中　N——复合装甲的防护系数;

N_f、N_j——非金属材料、金属材料的防护系数;

W_f——非金属的相对质量含量(%);

W_j——金属的相对质量含量(%)。

式(5-45)可用于预测复合装甲的抗弹能力,论证战技指标的可行性,判断复合装甲结构的合理性等,具有较大的实用价值。但是,其应用范围具有很大的局限性,仅适用于两种材料组成的复合装甲,对于两种以上材料或结构单元组成的复合装甲则无法应用。为此,需要将该混合律加以扩展,以适用于材料多样、结构复杂的复合装甲。

双组分复合装甲的防护系数可以采用式(5-45)进行计算。对式(5-45)的进一步分析可以看出,复合装甲的防护系数是其中每一种材料的防护系数与其质量分数乘积的累加。由此,可以对三组分复合装甲防护系数的计算进行类推,得出其混合律的公式:

$$N = N_1 W_1 + N_2 W_2 + N_3 W_3 \qquad (5-46)$$

采用几种不同口径的破甲弹,对由普通装甲钢、玻璃钢和陶瓷三种装甲材料组成的三组分复合装甲进行了大量的实弹试验,并将试验值与式(5-46)

得出的计算值进行比较。结果表明,计算值与试验值吻合较好,表明式(5-46)具有实用性。

进而,将式(5-46)类推至由 i 种材料组成的复合装甲,则得出:

$$N = N_1W_1 + N_2W_2 + \cdots + N_iW_i \tag{5-47}$$

式中　N_i——第 i 种材料的防护系数;

W_i——第 i 种材料的质量分数(%)。

由此,得出多组分复合装甲混合律的通式:

$$N = \sum N_iW_i \tag{5-48}$$

多年来,对于各类复合装甲进行的大量实弹试验结果表明,采用式(5-48)得出的计算值与试验值基本吻合。所以,式(5-48)具有较普遍的适用性。

根据装甲抗弹能力评定方法的有关计算公式得知

$$R_t = NL_t \tag{5-49}$$

式中　R_t——复合装甲抗弹能力(mm);

L_t——复合装甲水平等重厚度(mm)。

$$W_i = L_i/L_t \tag{5-50}$$

式中　L_i——第 i 种材料的水平等重厚度(mm)。

将式(5-49)、式(5-50)代入式(5-48)后,得出如下通式:

$$R_i = \sum N_iL_i \tag{5-51}$$

式(5-51)即为多组分复合装甲混合律的另一通式。由于该公式中采用了复合装甲设计中常用的"水平等重厚度",故使用方便。由于任何一种复合装甲都是层状装甲,故实际应用时,可以把复合装甲的每一层看作一个组分,从前至后依次进行计算。该公式适用于任何一种多种材料多种结构组成的复合装甲。

在应用多组分复合装甲混合律计算复合装甲抗弹能力时,一般分为4个步骤:

(1)计算各材料层或结构单元层的水平等重厚度。

根据复合装甲的内部结构情况,将其分成若干层,按下式计算各层的水平等重厚度:

$$L_i = \frac{\rho_i\delta_i}{7.85\cos\alpha_t} \tag{5-52}$$

式中　ρ_i——第 i 层材料的密度或结构单元层的平均密度($\times 10^3$ kg/m^3);

δ_i——第 i 层材料或结构单元的垂直厚度(mm);

α_t——装甲的倾角(°)。

(2)选用各种材料层和结构单元层的防护系数。

根据复合装甲所采用的材料和结构单元,查阅有关资料,选用相应的防护系数。表5-27、表5-28为采用模拟试验方法测定的各种装甲材料抗杆式穿甲弹和破甲弹的防护系数。对于防护系数未知的材料或结构单元,应事先测定其防护系数值,以供计算用。

表5-27　各种装甲材料抗杆式穿甲弹的防护系数

类别	名称	$\rho/(\times 10^3 \text{ kg} \cdot \text{m}^{-3})$	σ_b/MPa	N	备注
钢	普通装甲钢	7.85	850	1.00	
	高硬度装甲钢	7.85	1 600	1.32	
铝合金	防锈铝	2.70	350	1.40	
	硬铝	2.80	550	1.65	
钛合金	α+β钛合金	4.42	900	1.73	
塑料	PVC	1.35	50	0.84	
复合材料	玻璃钢	1.95	460	1.67	$\alpha_t = 0°$
	玻璃钢	1.95	460	1.30	$\alpha_t = 60°$
	芳纶增强塑料	1.25	560	1.65	$\alpha_t = 0°$
陶瓷	氧化铝	3.90	400	1.48	
	氮化硅	3.20		2.58	

表5-28　各种装甲材料抗杆式破甲弹的防护系数

类别	名称	$\rho/(\times 10^3 \text{ kg} \cdot \text{m}^{-3})$	σ_b/MPa	N	备注
钢	普通装甲钢	7.85	850	1.00	
	高硬度装甲钢	7.85	1 600	1.35~1.37	
铝合金	防锈铝	2.70	350	1.95	
	硬铝	2.80	550	2.13	
钛合金	α+β钛合金	4.42	900	1.75	
塑料	PVC	1.35	50	2.55	
复合材料	玻璃钢	1.95	460	3.00	$\alpha_t = 0°$
	玻璃钢	1.95	460	2.50	$\alpha_t = 60°$
	芳纶增强塑料	1.25	560	4.02	$\alpha_t = 0°$
陶瓷	氧化铝	3.90	400	2.82	
	氮化硅	3.20		5.00	

在选用防护系数时,应注意到防护系数测定条件与实际应用条件的一致性。考虑到弹丸口径、倾角以及其他材料和结构因素不同而引起的差异,尽可能选用与实际应用条件相同或相近的情况下测定的防护系数值,以保证计算结果的准确性。

(3) 计算各材料层或抗弹单元层的抗弹能力。

按 $R_i = N_i \cdot L_i$,从第 1 层开始,依次计算各层的抗弹能力。

(4) 计算复合装甲总体的抗弹能力。

由式 (5-51),将各层的抗弹能力值进行累加,得出复合装甲总体的抗弹能力值 R_t。R_t 的数值表示该复合装甲所相当的标准均质装甲钢的厚度。

为了说明多组分复合装甲混合律的应用情况,现以苏 T-80 坦克和美 M1 坦克的复合装甲为例,进行计算。

例 1:苏 T-80 坦克车首复合装甲抗弹能力预测

据有关情报资料报道,T-80 坦克车首复合装甲为 4 层,第一层钢板厚 16 mm,第二层钢板厚 60 mm,第三层玻璃纤维厚 105 mm,第四层钢板厚 50 mm。

根据上述资料,对该复合装甲各层材料及性能作进一步分析。其中,第二层 60 mm 厚钢板应为高硬度装甲钢,第三层玻璃纤维应为玻璃钢。现按上述步骤计算如下:

(1) 查阅该装甲用 3 种材料的密度,并计算各层的水平等重厚度,填入表 5-29。

(2) 查阅并选用 3 种装甲材料抗穿破甲弹的防护系数,填入表 5-29。在选用玻璃钢的防护系数时,注意倾角效应的影响。

(3) 依次计算第 1~4 层材料的抗弹能力 R_t,结果填入表 5-29。

(4) 将各层抗弹能力累加,得出该复合装甲抗穿、破甲弹的能力,结果如表 5-29 所示。可见,T-80 坦克车首复合装甲抗穿甲弹能力相当于 474 mm 的标准均质装甲钢,抗破甲弹能力相当于 559 mm 的标准均质装甲钢。

表 5-29 T-80 坦克车首复合装甲抗弹能力计算

层次	1	2	3	4	$\sum$
$\rho_i / (\times 10^3 \text{ kg} \cdot \text{m}^{-3})$	7.85	7.85	1.85	7.85	—
L_i/mm	42.7	160.2	66.1	133.5	402.5
N_i(抗穿甲弹)	1.00	1.32	1.30	1.00	—
N_i(抗破甲弹)	1.00	1.36	2.50	1.00	—

续表

层次	1	2	3	4	Σ
$N_i L_i$（抗穿甲弹）	42.7	211.5	85.9	133.5	473.6
$N_i L_i$（抗破甲弹）	42.7	217.9	165.3	133.5	559.4

例2：美M1坦克车首复合装甲抗弹能力分析及估算

美M1坦克车首采用了小倾角复合装甲。据有关资料报道，其首下甲板倾角为30°，装甲水平总厚度约为650 mm。其面板厚度为40 mm，背板厚度为127 mm，其中采用了玻璃钢材料。国外刊物还多次报道，M1坦克采用了多层、很薄的两面粘有钛合金板的尼龙材料，该结构能很好地防御破甲弹的冲击。显然，这种结构就是双板结构。

根据上述资料并作进一步分析，可以推测M1坦克车首复合装甲内部的结构及材料情况，如表5-30所示。按照上面介绍的步骤分步计算，并将结果列入表5-31。

表5-30 M1坦克车首复合装甲的结构与材料

层次	1	2	3	4
δ_i/mm	40	200	200	127
材料或结构	普通装甲钢	钛合金双板	玻璃钢	普通装甲钢
倾角/(°)	30	外30，内>60	30	30

表5-31 M1坦克车首复合装甲抗弹能力计算

层次	1	2	3	4	Σ
ρ_i/（×10³ kg·m⁻³）	7.85	2.25	1.90	7.85	—
L_i/mm	46.2	66.2	55.9	146.6	314.9
N_i（抗穿甲弹）	1.00	1.73	1.67	1.00	—
N_i（抗破甲弹）	1.00	4.00	3.00	1.00	—
$N_i L_i$（抗穿甲弹）	46.2	114.5	93.4	146.6	400.7
$N_i L_i$（抗破甲弹）	46.2	264.8	167.7	146.6	625.3

估算结果表明，美M1坦克车首复合装甲抗穿甲弹能力相当于401 mm的标准均质装甲钢，抗破甲能力相当于625 mm的标准均质装甲钢。

将上述T-80坦克和M1坦克车首复合装甲抗弹能力计算结果列入表5-32，并计算出相应的防护系数。表中同时列出T-72坦克的有关数据，以供比较。

表 5-32 三种复合装甲的抗弹能力及其防护系数

坦克型号	$\alpha_1/(°)$	δ_1/mm	$\delta_1\cos\alpha$ /mm	$\rho_{A1}/(\times 10^3 \text{ kg}\cdot\text{m}^{-2})$	L_i/mm	R_{t0}/mm	R_{t1}/mm	N(抗穿甲)	N(抗破甲)
T-72	68	204	545	2.61	332	353	432	1.06	1.30
T-80	68	231	617	3.16	403	474	559	1.18	1.39
M1	30	567	655	2.47	315	401	625	1.27	1.99

可见，M1 坦克车首复合装甲的面密度较低，而防护系数大大高于 T-80 坦克复合装甲。

5.6.3 装甲材料结构的综合优化

目前，在装甲材料结构的综合优化方面获得广泛应用的是正交试验法。正交试验法是一种科学的试验设计方法。它以数理统计学为理论基础，应用有关数学方法合理安排试验，使试验工作量少，而试验结果可靠。正交试验法对于复杂的问题可以很快地找出一般规律，有效地减少试验次数，大大缩短试验周期，便于推广应用。由于上述优点，该方法在装甲防护科研，尤其是装甲材料结构综合优化设计方面获得广泛的应用。

例如，某主战坦克用间隙复合装甲，其面板为 δ_1 厚的装甲钢，背板为 δ_2 厚的装甲钢，总厚度为 T_0，面密度为 ρ_A，均已确定。欲使该复合装甲防御 350 mm 穿深的穿甲弹和 500 mm 穿深的破甲弹，现对其内部结构及选用材料进行综合优化。

（1）分析研究，选定因素及位级。首先采用鱼刺图对复合装甲抗破甲性能影响因素进行分析。由于该装甲的面板、背板厚度、防护面密度及总厚度均已由设计确定，故选定需要研究的因素及位级如表 5-33 所示。

表 5-33 因素及位级表

位级	因素			
	材料名称 A	陶瓷材料尺寸及方向 B	间隙数 C	间隙距离/mm D
位级 1	陶瓷	$\phi 35 \times 30$，立式	1	10
位级 2	陶瓷+玻璃钢	$\phi 35 \times 30$，卧式	2	15
位级 3	玻璃钢	$\phi 45 \times 38$，立式	1	5

(2) 选用正交表。根据上述因素及位级,选用 $L_9(3^4)$ 正交表。将相应的试验因素及位级填入正交表,得到试验方案(表 5-34)。

表 5-34 试验方案表

试验号	列号	因素			
	ABCD	A	B	C	D
	1234	材料	单元尺寸及方向	间隙数	间距
1	1111	陶瓷	$\phi35\times30$,立式	1	10
2	1223	陶瓷	$\phi35\times30$,卧式	2	5
3	1332	陶瓷	$\phi45\times38$,立式	1	15
4	2123	陶瓷+玻璃钢	$\phi35\times30$,立式	2	5
5	2231	陶瓷+玻璃钢	$\phi35\times30$,卧式	1	10
6	2312	陶瓷+玻璃钢	$\phi45\times38$,立式	1	15
7	3132	玻璃钢	$\phi35\times30$,立式	1	15
8	3213	玻璃钢	$\phi35\times30$,卧式	1	5
9	3321	玻璃钢	$\phi45\times38$,立式	2	10

(3) 进行试验及评定。根据方案表进行正交试验,并记录试验结果。对试验结果进行分析计算,采用效益—质量—厚度综合评定法进行评定,其结果如表 5-35 所示。

表 5-35 试验结果表

试验号	因素				
	A	B	C	D	$\Delta/\%$
1	1	1	1	1	45.1
2	1	2	2	2	109.0
3	1	3	3	3	102.0
4	2	1	2	3	75.4
5	2	2	3	1	60.2
6	2	3	1	2	83.6
7	3	1	3	2	44.2
8	3	2	1	3	44.7
9	3	3	2	1	82.7

续表

试验号		因素				Δ/%
		A	B	C	D	
位级之和	Ⅰ	256.1	120.6	382.8	288.0	
	Ⅱ	219.2	169.2	267.1	236.8	
	Ⅲ	174.5	185.6	—	225.1	$T_0 = 649.9$
位级之和的平均值	K_1	85.3	60.3	63.8	62.7	
	K_2	73.1	84.6	89.0	78.9	
	K_3	58.2	92.8	—	75.0	
极差	R	27.1	32.5	25.2	16.0	

（4）作趋势图。对表 5-35 的结果作出趋势图。由表 5-35 及趋势图可以看出，影响最大的因素是陶瓷材料尺寸和方向，其次是材料种类、间隙数。而且随着陶瓷材料单元的增大、间隙数的增加，其抗破甲性能提高。确定主次因素：$B \rightarrow A \rightarrow C \rightarrow D$。

给出较优水平的组合方案：$A1\ B3\ C2\ D2$。

（5）试验验证。对上述较优水平的组合方案进一步分析改进，得出正式设计方案。对此方案同时进行大型破甲试验，试验结果均达到战术与技术指标的要求，表明该方案完全可行，予以采用。

装甲材料结构综合优化结果经试验验证后，全面达到战术与技术指标的要求，则该方案便确定为设计方案。装甲设计方案应明确以下参数：

（1）外倾角；
（2）总厚度，包括垂直厚度、水平厚度；
（3）各层厚度；
（4）各层材料，包括层结构件和单元结构件；
（5）单元形状、尺寸及设置方向；
（6）结构配置；
（7）总质量；
（8）重心确定及其他。

5.7 复合装甲装车应用研究的程序

以复合装甲在主战坦克上的应用为例,在复合装甲的设计工作完成之后,便可开始进行装车应用的研究。装车应用时,会遇到各种复杂的问题,如装车兼容性问题、射击试验的精度问题等。因此必须按一定程序进行。一般来说,复合装甲的装车应用应按7个步骤进行(图5-32),即确定装车结构设计方案、缩比样车模型制作、全尺寸样车模型制作、样车用特种装甲结构设计及制造、车辆兼容性试验、样车综合性能试验、样车结构设计定型。

图 5-32 装甲的装车应用程序

5.7.1 装车的结构方案设计

当装车应用的装甲结构方案确定之后,装甲的总体结构与内部结构材料即已基本确定。但是,在进行装车时还需要作进一步的修改与补充设计,这类工作包括:

(1)壳体设计。装车应用的装甲壳体必须与整车的外形、结构相一致。

(2)内部结构、材料的组装及连接方式的确定和设计。

(3)连接系统设计。连接系统可采用多种形式,如固定式、可拆卸式等。

应根据总体设计要求和性能进行设计。

5.7.2　缩比样车模型制作

制作缩比样车模型的目的是通过缩比模型发现和解决装车设计中存在的问题。对于其中特种装甲部分应制作出细部模型。缩比模型可按 1：（3～10）的比例进行。

通过样车及其特种装甲的缩比模型，可以检查特种装甲壳体、内部结构及组装、连接系统等方面的合理性，发现其中存在的问题，同时进行必要的改进。

5.7.3　全尺寸样车模型制作

在对缩比样车模型进行修改的基础上，制作全尺寸样车模型。全尺寸样车模型按照修改后的装车结构方案进行制造。对于特种装甲，要求在模型中能够反映装甲的全部细节。

由于全尺寸样车及其特种装甲模型采用 1：1 的比例，故细部更加清楚，更容易发现问题，从而可以作进一步的改进。允许以木材或其他轻质材料制造用来检查结构和尺寸用的结构件。

5.7.4　样车用特种装甲结构的设计及制造

在全尺寸样车模型制作之后，可以进行样车用特种装甲的结构设计及制造。可分三步进行：

1. 工程图纸设计

根据全尺寸样车模型可以直接进行工程图纸绘制，包括零件图、部件图及装配图。在绘制工程图纸过程中，由于要确定所采用的实际材料，故对其加工精度及材料性能要求要予以注明。

2. 零件制造

对工程图纸进行工艺性审查，并编排工艺路线，以加工及制造零部件。此时，零件的性能及尺寸应完全符合图纸设计要求。

3. 零部件组焊及装配

各项零件首先组焊成部件，然后进行特种装甲壳体的组焊。对于固定式特种装甲，在壳体组焊时可以同时将内部结构件装入。对于可拆卸式特种装甲，可将内部结构件先装入壳体，再在壳体及车辆本体上焊接连接系统，然后进行装配。

5.7.5 车辆兼容性试验

车辆兼容性试验的目的是检验特种装甲应用后对车辆总体性能的影响。车辆兼容性试验一般可分为机动性试验、平稳性试验、适应性试验、火炮运转操作试验。试验过程中，采用有关仪器测试和记录试验结果。

车辆兼容性试验不仅对于装甲车辆的研制是必需的，对于现役装甲车辆的改造显得更为重要。因为现役车辆的装甲防护进行改造后，一方面大幅度提高了装甲的抗弹性能，另一方面也会使车辆的质量和尺寸明显改变，从而影响车辆的总体性能，为此必须进行该项试验。现役车辆改造后的部分兼容试验也可以采用模拟配重的方法进行。

车辆兼容性试验结果，往往会引起装甲方案的局部修改，甚至重新设计。

5.7.6 样车综合性射击试验

车辆兼容性试验通过之后，应当对样车进行综合性射击试验。样车综合性射击试验的目的，是通过实弹射击考核下列各项性能：

（1）装甲防护系统的抗弹性能；
（2）装甲连接系统的可靠性；
（3）车内仪器设备震动冲击后的损伤情况；
（4）车外装置的破坏情况；
（5）车内二次效应引起的各种破坏情况。

5.7.7 样车装甲结构设计定型

经过上述各项设计、制造及试验工作之后，还可能进行某些修改，直至各项性能达到指标要求。此时，样车结构设计，其中包括特种装甲的结构设计，即可定型。该项工作按如下步骤进行：

（1）连接系统结构方案修改；
（2）全车工程图纸修改；
（3）兼容性补充试验；
（4）总体协调；
（5）整车设计定型并编制说明。

5.8 复合装甲的应用前景

复合装甲正在朝着轻量化、模块化、多功能化、系列化方向发展，复合装甲在装甲车辆上应用的范围也将进一步扩大。近代战场上出现了远近结合、地空结合的三维反装甲武器体系。装甲车辆除了遭受正面、侧面的攻击之外，还将受到顶部、底部以至后面的全方位攻击。加强这些部位的装甲防护，无疑是一项基本的手段，而采用复合装甲正是可以用较小的质量和空间去换取较大的防护力。所以，在装甲车辆正、侧面之外的部位采用复合装甲是装甲防护发展的必然趋势。目前，顶部防护复合装甲已开始应用，底部防护采用复合装甲、透明复合装甲等。

复合装甲的制造及安装使用，将会从当前这种简单、固定和形状各异的状况，向着标准化、系列化、通用化的方向发展。随着模块化及箱式结构的应用，复合装甲的质量、厚度可以随着作战环境及使用部位的不同而变化，从而获得一系列不同防护能力的装甲。复合装甲的同一零部件，可以用于主战坦克的不同部位。当前，由模块化而带来的快速组装技术，正是推行"三化"的有效手段。而只有在"三化"的基础上，快速组装技术才能获得更好的应用。

新结构或新概念主战坦克正在酝酿之中，诸如无炮塔顶置火炮坦克、高机动性坦克和主战坦克轻型化等。这类新概念坦克都将要求更高性能的装甲防护系统为之服务，否则这类新概念是难以实现的。

目前看来，复合装甲仍然是旧坦克性能升级和新坦克开发的首选技术。复合装甲是当前具有最高综合防护性能的防护措施，而且在坦克各个部位（包括顶、底、侧、背等部位）几乎均可配置。标准化、系列化和通用化以后的复合装甲将更容易实现由复合装甲构成的"骨架"，为坦克提供高刚度与高强度的结构，使主战坦克有走向"全向防护"的可能。

当前正在发展中的新型防护技术，如主动装甲（Active Armor）、电子技术（高灵敏度传感器与微处理技术操控）介入的智能装甲（Smart Armor），以及拟议中的电磁装甲（Electromagnetic Armor）等技术尚不够成熟，即便能付诸应用的也只是对低速和迎风面面积较大的破甲战斗部有效，对付高速长杆形动能穿甲弹依然是装甲防护技术研究需要解决的技术问题。

复合装甲是一个复杂的系统，因为它要在极端的工作条件及环境下使用。

不仅要经受瞬时、高能量的冲击，还要能够经受低温、热冲击、腐蚀、仓储等环境因素的影响。这些都对装甲提出了多方面苛刻的要求。如果考虑复合装甲结构及坦克总体设计方面的因素，则问题更为复杂。对于这种多变量复杂系统的研究，系统的尝试法或静态分析法已经不再适用。

因此，必须在装甲防护应用理论的基础上采用系统工程的方法，对复合装甲进行系统研究，深入开展材料、结构、计算、模拟及试验等方面的研究工作，从而使该项研究工作沿着"理论分析—计算及模拟—试验验证"三位一体的方向发展，以实现按更高使用性能的要求进行复合装甲的设计，大幅度提高复合装甲的性能。

提高复合装甲抗弹性能的技术途径有3个方面。

（1）材料性能的提高。复合装甲用材料性能的提高包括两方面，一方面提高原有材料的性能，例如提高原用装甲钢、铝合金的强度和韧性等。另一方面是研究并采用性能更高的新材料，这主要指陶瓷和复合材料。为此，必须开展材料基本抗弹性能的研究、材料微观结构—力学性能—抗弹性能间相互关系的研究、材料外在因素对抗弹性能的影响等方面的研究工作。

（2）复合装甲结构的研究。发现或创造新的抗弹性能更高的结构单元，要探索复合装甲智能化的问题。进行结构抗弹效应和结构材料综合抗弹效应研究，发挥更大的抗弹效应，研究结构配置的影响与作用。

（3）继续应用现代优化方法，利用防护原理中各类数学物理模型，应用数值仿真与计算技术，开展复合装甲材料结构的综合优化工作，以便在复合装甲的质量、厚度及成本一定的前提下，获得更高的抗弹性能和效益。

第 6 章
反应装甲

6.1 概 述

传统的装甲车辆防护手段是利用装甲材料的强度、韧性等综合性能以及装甲板的厚度、倾角、间隙等抗弹效应来阻止各种弹丸的侵彻、破坏作用。由于穿甲和破甲弹药技术取得了长足的进展,为获得坦克和武器装备在战场上的生存权,发展特种装甲势在必行。虽然陶瓷、玻璃纤维复合装甲是各国研究的主流方向,但一些研究人员另辟蹊径,试图通过其他方式来提高装甲对破甲弹的防护能力。

1969 年,Held 在试验时发现一个奇怪现象,采用两块金属板中间夹一层炸药的"三明治"结构,能显著地降低聚能射流的侵彻能力,并于 1970 年申请了专利,这就是反应装甲的雏形。Held 提出的反应装甲是装甲防护的一场革命。它具有质量轻、体积小、成本低、抗弹能力强等诸多优点,在主战坦克、自行火炮和装甲车辆上得到广泛应用。

以长杆形动能穿甲弹侵彻倾斜布置的装甲钢板为例,对传统反应装甲和反应装甲抗弹原理进行简要的说明。

长杆形穿甲弹的穿甲过程由 3 个阶段组成,即开坑阶段、侵彻阶段和穿透阶段,如图 6-1 所示。长杆形穿甲弹打击靶元时,在弹丸头部与靶接触处产生巨大的压力,如为钨合金,压力约为 50 GPa,铀合金则为 30 GPa,都远远超过钢的屈服强度。在这样等级的压力下,弹与靶相交的界面附近金属开始流动,并形成金属流向外喷溅。图6-1(a)为开坑过程,靶材与弹体材料喷溅流动,弹体飞行姿态稳定。图6-1(b)、(c)为侵彻过程,由于弹孔上部靶材流失,弹体偏转入射方向,并在惯性作用下继续前进。图6-1(d)为开始穿透,靶材背面强度不足,弹体向强度最低的方向(距背面最近的方向)偏转穿出。

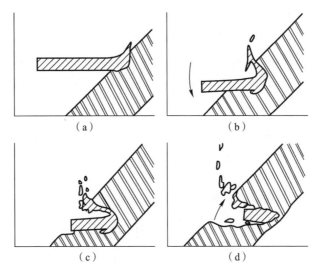

图6-1 长杆形穿甲弹穿过靶板过程的模拟计算结果
(a) 50 μs; (b) 100 μs; (c) 150 μs; (d) 200 μs

在上述侵彻过程中,将弹体简化为简单的圆柱体,则在达到一定的打击速度时,利用纯流体力学的理论公式,可将近代长杆形次口径穿甲弹弹体或破甲弹的金属射流对装甲进行高速侵彻时的穿深用式(6-1)来概略表示。如果进行防护设计,则均质装甲钢的厚度至少等于 L。

$$L = l \sqrt{\frac{\rho_\mathrm{p}}{\rho_\mathrm{t}}} \quad (6-1)$$

式中 L——穿甲弹体或射流的穿深;
 　　 l——穿甲弹体或射流的有效长度;
 　　 ρ_p——穿甲弹体或射流的密度;
 　　 ρ_t——均质装甲的密度。

则在沿入射线方向上的装甲面密度可以用式(6-2)表示。

$$L \cdot \rho_\mathrm{t} = l \sqrt{\rho_\mathrm{p} \cdot \rho_\mathrm{t}} \quad (6-2)$$

随着反装甲弹药技术水平的提高,l 和 ρ_p 不断加大。从式(6-1)和式(6-2)可以看出,增加装甲防护能力的途径有两条:

(1) 增加装甲在入射方向上的面密度（$L \cdot \rho_t$），使之与不断增加的 l 和 ρ_p 相匹配，以保证装甲不被击穿。这是传统的装甲防护设计方法。增加装甲板的厚度是最常采用的方法。但是装甲车辆日趋苛刻的质量和尺寸约束，限制了这条技术途径的发展。

(2) 降低侵彻弹体或射流的长度 l，从而降低反装甲弹药的威力。其核心是对侵彻弹体或射流进行"侧向干扰"，造成弹体或射流的侵彻过程失稳，甚至发生断裂，迅速消耗其威力。这条技术途径为装甲防护设计开辟了一个新的领域。

图 6-1（b）表明，通过倾斜布置，均质装甲和复合装甲虽然可以对侵彻体造成一定程度的侧向干扰，但是其作用较为有限。反应装甲技术是形成侧向干扰的有效技术途径，其基本原理是在穿甲弹体或射流侵彻装甲过程中，驱动装甲板从侧向对侵彻体进行不断的切割、破坏，并利用其间发生的能量转换，迅速消耗其能量，最终造成侵彻威力显著降低。

6.2 反应装甲的种类

在驱动装甲板的方式方面，人们进行了多种尝试。目前比较成熟的主要有电磁能、应力波和化学能驱动 3 种。利用电磁能驱动装甲板的技术正在研究中，但可以归为电磁装甲的范畴，这里不做深入讨论。

所谓"应力波驱动"是指有意识地选择装甲板材料，使其在侵彻过程中的应力波作用下，能够发生强烈变形，从而对侵彻体实现侧向干扰。在高应变速率下具有良好韧性的纯铁、贫铀合金、低碳钢等是理想的装甲材料。这类反应装甲也被称为"惰性反应装甲""非爆炸反应装甲"或"无含能材料反应装甲"（Non-Energetic Reactive Armor，NERA），其基本工作原理如图 6-2 所示。由图可见，这种装甲利用高强度装甲钢面板的硬度、倾角和厚度消耗侵彻体的能量。紧靠其背面布置的多层高韧性材料在应力波的作用下局部脱离面板，发生激烈变形。在变形过程中从侧向切割、干扰弹体或射流，使其有效长度明显减小。这种装甲在结构和性能上的显著特点是：

(1) 必须有一定强度和厚度的面板，在抗击侵彻弹丸的同时传导应力波，驱动韧性层变形。

(2) 在结构上必须给韧性层变形预留充分的空间。

因此，非爆炸反应装甲通常作为间隙复合装甲中的结构单元进行应用，很少以附加或披挂的方式使用。

利用炸药爆炸等化学能驱动装甲板的技术较为成熟，这就是"爆炸式反应装甲"。爆炸式反应装甲的基本结构是在一层装药（通常选用钝感炸药）的两侧各放置一块钢板，其基本工作原理如图 6-3（以破甲弹射流为例）所示。

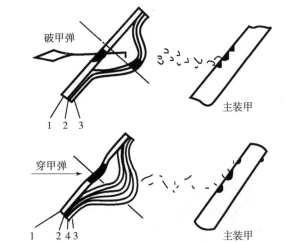

1—高强度装甲钢板；2，4—高分子材料；3—高韧性装甲钢板。

图 6-2 非爆炸反应装甲工作原理图

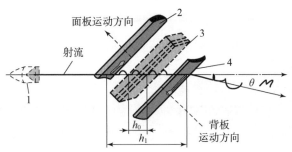

1—破甲弹战斗部；2—面板；3—装药；4—背板。

图 6-3 爆炸式反应装甲基本原理示意图

由图 6-3 可见，在射流击穿面板后，装药被引爆。爆轰波将面板和背板向相反的两个方向推出，面板和背板在飞行过程中均对射流形成切割作用。因此，爆炸式反应装甲的防护作用有以下主要特点：

（1）由于面板、背板的运动，使得爆炸式反应装甲能够在更大的厚度范围内对侵彻体发挥干扰、破坏作用，即：防护动态厚度 h_1 明显大于原始厚度 h_0。

（2）在爆炸式反应装甲的作用下，侵彻方向有不同程度的偏转。

(3) 装药爆炸形成的爆轰波裹挟着爆炸产物,对侵彻体具有较大的分散、破坏作用,能够有效降低其威力。

(4) 爆炸式反应装甲的防护效果与法线角(侵彻方向与爆炸式反应装甲的法线之间的夹角)密切相关。法线角变小时,由于面板和背板对射流的切割距离明显降低,其防护效能明显降低。

(5) 尽管爆炸式反应装甲具有很好的防护效果,但是逃逸和被干扰后的残余侵彻体依然具有一定的威力。因此爆炸式反应装甲必须与其他装甲配合使用,才能确保装甲车辆的安全。

图 6-4(a)展示了实弹测试过程中拍到的高速 X 光照片,图 6-4(b)为射流在背板上形成的狭长弹孔,很好地印证了爆炸式反应装甲的防护作用和工作原理。

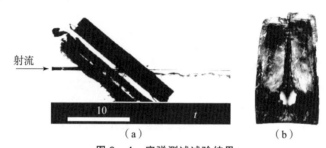

图 6-4 实弹测试试验结果

(a) 高速 X 光照片;(b) 背板上的狭长弹孔

爆炸式反应装甲作为附加防护结构的基本优点是:

(1) 防护效益高。

(2) 作为披挂装甲,使用灵活方便。

(3) 质量轻,一般使坦克增重不超过 2 t,对机动性没有明显影响。

(4) 成本成低,在同等防护力条件下,反应装甲成本是均质钢装甲的 1/3~1/2。

(5) 使用安全,反应装甲使用的是钝感混合炸药,具有良好的使用安全性,枪击、火烧、火焰切割均不爆炸,中弹后,相邻反应装甲不会殉爆。

通过能量转换,充分发挥对侵彻体的侧向干扰作用,是爆炸式反应装甲的基本技术特点。结构设计、装药和板体材料选择是爆炸式反应装甲的技术核心。经过 30 余年的发展和工程应用,爆炸式反应装甲理论框架、技术体系已经基本形成。爆炸式反应装甲已经成为现代装甲防护的重要组成部分,在装甲车辆技术领域占据重要地位。本书重点对其进行讨论。

6.3 惰性反应装甲及其应用

6.3.1 惰性反应装甲基本特点

如表 6-1 所示，惰性反应装甲通常作为间隙复合装甲中的一个内置结构单元，其基本结构由高强高韧性装甲钢板和高分子材料多层复合而成。其使用的金属材料主要包括：

表 6-1 惰性反应装甲应有在不同装甲结构中对不同弹种的防护效能

	装甲类型		不同装甲对不同弹种的防护效能					主要使用时间及坦克
			穿甲弹	高爆破甲弹	脱壳穿甲弹	破甲弹	单装药火箭弹和反坦克导弹	串联装药火箭弹和反坦克导弹	
1		一级装甲；单层轧制均质钢装甲或铸造装甲	+	—	—	—	—	—	1950-1970年，M47,M48,M60,"豹"Ⅰ,T-62,AMX30,PZ61,T-54/55
2		一级装甲；双层间隔轧制均质钢装甲	++	++	+	—	—	—	1970-1980年,"豹"ⅠA1/2/3/4,"梅卡瓦"1和2
3		一级装甲；多层间隔轧制均质钢装甲	+++	++	++	—	—	—	
4		一级装甲；多层间隔膨胀板轧制均质钢装甲	+++	+++	++	++	+	—	1980-1990年"豹"ⅡA4,"挑战者"1/2,M1/M1A1；1970-1980年，T-64,T-72

续表

装甲类型		不同装甲对不同弹种的防护效能						主要使用时间及坦克
		穿甲弹	高爆破甲弹	脱壳穿甲弹	破甲弹	单装药火箭弹和反坦克导弹	串联装药火箭弹和反坦克导弹	
5	一级装甲；多层复合或组合装甲	+++	+++	++	++	+	—	1980－1990年"豹"ⅡA4,"挑战者"1/2,M1/M1A1；1970－1980年，T－64,T－72
6	两级装甲：一级为一代轧制均质钢装甲，二级为被动式特种装甲	+++	+++	++	+	++	+	1980－1990年，T－64B,T－72BM,T－80/T－80B
7	两级装甲：一级为二代轧制均质钢装甲，二级为被动式特种装甲	++++	++++	+++	+++	+++	++	1980-1990年，T－80U/T－80UD,1990－2000年，T－84/T－84U,T－90
8	两级装甲：一级为被动式特种装甲，二级为被动式特种装甲	++++	++++	+++	+++	+++	++	1990－2000年，"豹"ⅡA5/6,M1A2/SEP,Strv.122,"梅卡瓦"3

1. 轧制均质装甲钢

装甲车辆的传统材料是一系列的特种镍/铬合金钢。这种合金钢的生产涉及轧制工艺，以便得到正确的厚度，并产生理想的金相特性。利用这种方法生产的装甲称为轧制均质装甲。

2. 铸造装甲钢

如果要求的形状复杂，不便于用轧制均质装甲来制造，那么就必须用铸造装甲钢。对于给定的装甲防护力，铸造装甲大约要比轧制均质装甲厚5%，原因是金属内部结构由于铸造工艺的关系而不够密实。

3. 轻金属合金

铝合金装甲是好的装甲材料，特别是对一系列比较轻的装甲车辆来说。与轧制均质装甲相比，使用钛合金装甲防轻武器子弹可以节省大约30%的质量。然而，钛仍是一种比较稀有的金属，难以焊接加工，并且比轧制均质装甲昂贵10~20倍。

惰性反应装甲的特点：①具有最大的空间系数与质量系数；②当射流穿过惰性反应装甲之后，其本身没有重大的结构损坏，仍可留在原处。这两个特点的形成是由于惰性反应装甲结构单元在抗弹过程中，能将射流的巨大能量与冲量的相当大的部分，转换为惰性反应装甲单元的变形与损伤所需的能量。

6.3.2 惰性反应装甲基本结构

由两块金属板和夹在其中的中间层材料组成的结构是惰性反应装甲的基本结构。"三明治"结构单元是由两块金属板和一块中间层材料组成，如图6-5所示。正对破甲弹攻击方向的一块金属板称为面板，与面板相隔的另一块金属板称为背板。面板、背板可以采用各种金属板，如纯铁板、低碳钢板、钛合金板、铝合金板、铀合金板等。对于金属板，要求其具有高的动态力学性能、高的硬度、高的膨胀率以及较高的密度。中间层材料为非金属材料，如橡胶、塑料、复合材料、水或其他低密度高分子材料。

1—面板；2—中间层；3—背板。

图6-5 惰性反应装甲基本单元

1. 惰性反应装甲单元结构中的面板

根据试验证实，惰性反应装甲中的面板厚度，虽然对背板的受力状态有影响，但对惰性反应装甲单元的抗弹性能影响不大。面板厚度的变化，在同一试验条件下，对鉴定板上的残余穿深 T_{rp} 没有明显的差别，仅对背板弹孔的内接圆直径有影响。所以，面板厚度的选择要考虑惰性反应装甲单元的质量和尺寸因素。当以面板厚度与背板厚度之和及标准均质靶板厚度计算防护系数 N 时，面板的厚度才发生影响，但计算所得防护系数失真颇大。这是由于中间层的能量转换过程不能反映在防护系数的计算公式中。所以，惰性反应装甲常以在鉴定板上的残余穿深作为衡量惰性反应装甲抗弹性能的指标。只有在考虑惰性反应装甲单元结构兼防动能穿甲弹时，才增加面板厚度及提高面板强度。

2. 惰性反应装甲单元结构中的中间层

中间层的材料与厚度对惰性反应装甲单元结构的性能有着重要的影响。选择中间层材料时应以面板与背板中间无中间层（空气隙）时鉴定板上的残余穿深 T_{rp} 作为参比值，然后通过一系列试验进行优选。图 6-6 为一种待选材料的厚度与鉴定板上残余穿深的关系曲线。

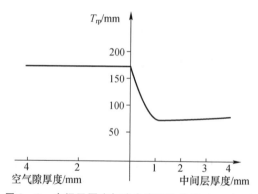

图 6-6　中间层厚度与残余穿深的关系（$\alpha = 30°$）

无中间层结构单元的背板具有最小的损伤，即弹孔内接圆最小，背板变形也小。随中间层厚度的增加，内接圆直径相应增大，但单元的抗弹效益并不增大。这种现象说明了中间层的厚度与被动冲量（Passive Impulse）的转换关系。

影响中间层性能的关键技术参数为弹性波在该材料中的传播速度和界面上的弹性波反射比，而不是常规的材料强度与韧性指标。在工程应用中，中间层的化学稳定性是应予注意的问题，如抗老化、阻燃、自熄和射流击中后无有害气体释放等。

3. 惰性反应装甲单元结构中的背板

背板的作用是通过高速动态变形，根据射流拉伸的特性，对射流进行干扰，使其被干扰的长度尽可能地长。背板弹孔损伤中的相对切槽长度为被干的射流长度的定性指标。

试验证明，不同材料的背板，针对不同拉伸特性的破甲射流，存在着各自的最佳厚度。图6-7为典型的背板厚度与残余穿深曲线。

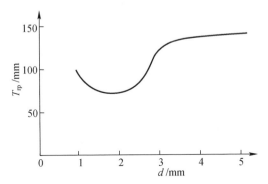

图6-7　背板厚度 d 与残余穿深 T_{rp} 的关系，背板为低碳钢，$\alpha = 30°$

背板对破甲射流打击冲量的动态反应决定着惰性反应装甲单元结构的抗弹性能。所以，背板的动态变形量、变形速度对其动态反应有着重要的意义。影响材料动态变形特性的材料性能指标主要为厚度、密度、杨氏模量和动态延伸率（A_δ）。

背板材料的选择可以用工业纯铁（Armco）板作为参比，通过试验优选出理想的背板材料。所以，寻找既具有高密度、高杨氏模量和高动态延伸率，又具有良好工艺性能和经济性的材料作为背板材料是正确的途径。由于背板材料不需很厚，采用某些具有上述动态性能的重金属合金是可行的。

"三明治"结构作用可综合成以下三点：

（1）惰性反应装甲的面、背板使破甲的射流受到侧向干扰，失去射流的大部分破甲能力。

（2）面、背板的运动及变形消耗了射流的能量，这是因为面、背板激烈变形和高速运动的能量均来源于射流的能量。

（3）结构单元能有效地吸收弹、塑性波。

6.3.3　惰性反应装甲基本原理

惰性反应装甲原理为当穿甲弹或射流击中装甲面板时，面板发生的机械变形和应力波（压缩波与稀疏波）的作用，使面板后的材料产生激烈变形与穿甲弹体或射流形成相对的切割运动和换能作用，从而有效地对穿甲弹体或射流进行"侧向干扰"。选择具有特殊性能的不同材料复合的多层惰性反应装甲结构单元可以产生优异的侧向干扰性能。图6-8为产生侧向干扰作用的惰性反应装甲结构单元原理图。

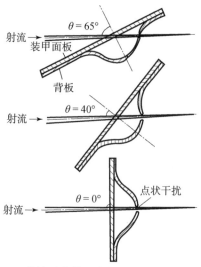

图 6-8 惰性反应装甲结构单元侧面干扰原理图

图 6-9 中，1 为高强度装甲钢板，具有消耗破甲射流与穿甲弹体的功能；2、3、4 三种材料在应力波作用下被反射波推离面板而沿弹体前进方向激烈变形，在变形过程中横向切割弹体和射流。在高应变速率下具有很好韧性的金属材料能有效地使射流或穿甲弹的有效长度减小，这类材料中纯铁、低碳钢和贫铀合金等都可能是理想的选择对象。

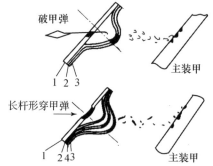

1—高强度高韧性装甲钢板，改变穿甲弹飞行姿态；2—高分子材料，干扰射流；
3—高韧性装甲材料，干扰射流，改变穿甲弹飞行姿态；4—高分子材料，功能同 2。

图 6-9 惰性反应装甲结构单元反应动作示意图

1. 应力波在惰性反应装甲中的传播

破甲弹射流击中惰性反应装甲时，射流的能量与冲量靠惰性反应装甲结构内的应力波（弹性波及塑性波）作用或质量传递而进行转换。射流与中间层及背板的能量转换过程是弹性波及塑性波的传播与衰减过程。图 6-10（a）为射流穿入惰性反应装甲面板时激起的弹性波及塑性波。

弹性波以速度 $v_e = \sqrt{E/\rho}$ 进行传播；塑性波假设以同样速度 $v_e = \sqrt{E/\rho}$ 传播，但 E 值不是杨氏弹性模量值，而是该材料的状态方程中的数值。所以选用不同材料为中间层的意义是改变材料界面上的反射比，从而改变弹性波的传播速度。在中间层衰减了的弹性波以同样方式传播到背板中，如图 6-10（b）所示。

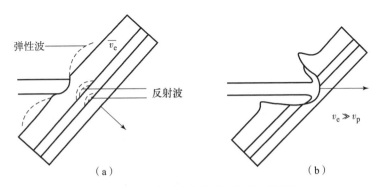

图 6-10 应力波在惰性反应装甲内的行为
（a）弹性波及塑性波；（b）衰减后的弹性波传播到背板中

2. 背板的受力状态

应力波沿输出面的振幅分布，决定了背板的受力状态。背板上的应力分布状态和光线透过栅网的投射状态相同，在光束中心有一极强的光斑，光斑向外侧扩散时光环的光强递减。所以应力波（主要是纵向弹性波）最终在背板上形成一高应力区，应力强度分布如同光线透过栅网形成的光强分布。应力在惰性反应装甲结构内的传播与弹性波同步，即以速度 $v_e = \sqrt{E/\rho}$ 传播，速度 v_e 较声速要高很多。传播速度 v_e 与应力 σ 的关系为 $v_e = \alpha/\rho C_1$，其中 ρ 为材料密度，C_1 为弹性波纵波传播速度，ρC_1 为声阻抗。图 6-11 中的弹孔内接圆直径 d_i 的大小与受力强度的强弱作相应变化；图 6-11 中 S 为干扰射流时，被射流切割的槽，其长度随干扰程度不同而变化。

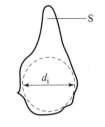

图 6-11 背板弹孔示意图
d_i—弹坑内接圆直径；S—切割槽

"三明治"结构单元效应是材料与结构的综合抗弹效应,它的存在有赖于材料与结构的相互匹配。概括来说,其结构单元效应要具备以下 4 项结构因素:

(1) 面板、中间层及背板材料的匹配。

并不是任何中间层材料与面、背板的组合都可以产生双板效应。这两种材料之间必须互相匹配,即材料的波阻抗(应力波传播速度与密度的乘积),见图 6 - 12。

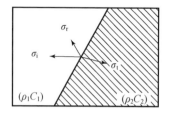
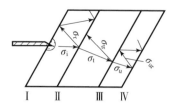

图 6 - 12 应力波传播示意图

以 σ_i、v_i、σ_r、v_r、σ_T、v_T 分别表示入射应力波、反射应力波和透射应力波的应力 σ 及质点运动速度 v。两种介质的密度和波速为 $\rho_1 C_1$、$\rho_2 C_2$。

应力波通过不同声阻抗的介质时,均要在界面处发生波的透射、反射,其计算公式为

$$\sigma_r = F\sigma_i$$

$$\sigma_t = T\sigma_i$$

式中 F——应力波反射系数;

T——应力波透射系数。

其中

$$F = \frac{\rho_2 C_2 \cos\theta_1 - \rho_1 (C_1^2 - C_2^2 \sin^2\theta_1)^{1/2}}{\rho_2 C_2 \cos\theta_1 + \rho_1 (C_1^2 - C_2^2 \sin^2\theta_1)^{1/2}} \qquad (6 - 3)$$

$$T = \frac{2\rho_2 C_2 \cos\theta}{\rho_2 C_2 \cos\theta_1 + \rho_1 (C_1^2 - C_2^2 \sin^2\theta_1)^{1/2}} \qquad (6 - 4)$$

$$\theta_2 = \arcsin\left(\frac{C_2}{C_1}\sin\theta\right)$$

式中 θ_1、θ_2——入射方向、透射方向与法向之间的夹角。

当垂直入射时,式 (6 - 3)、式 (6 - 4) 可简化为

$$F = \frac{2\rho_2 C_2 - \rho_1 C_1}{\rho_2 C_2 + \rho_1 C_1} \qquad (6 - 5)$$

$$T = \frac{2\rho_2 C_2}{\rho_2 C_2 + \rho_1 C_1} \qquad (6 - 6)$$

当 $\rho_2 C_2 > \rho_1 C_1$ 时，$F > 0$，反射波与入射波性质相同；当 $\rho_2 C_2 < \rho_1 C_1$ 时，$F < 0$，反射波与入射波性质相反，即压缩波反射后成为拉伸波。

当射流与"三明治"结构单元发生作用后，首先在面板中产生近似球面形状的冲击波，如图 6 – 12 所示。

在图 6 – 12 中，面板中的应力波（为压缩波）首先在界面Ⅱ发生反射和透射；反射波将在界面Ⅰ发生反射而引起面板弯曲变形；透射波在界面Ⅲ发生反射和透射；该透射波将在界面Ⅳ发生反射而引起背板弯曲变形。由式（6 – 5）、式（6 – 6）可知，当夹层材料的波阻抗小于面背板波阻抗时，上述应力波将在双板中反复反射和透射而发生振荡，引起面、背板的连续弯曲变形，直到应力波因衰减而消失或面、背板达到变形极限为止。

为了获得较佳的振荡效果，应力波在界面Ⅱ、Ⅲ上反射与透射比例应近似相等，由式（6 – 4）可得

$$\rho_1 C_1 / \rho_2 C_2 = 3 \tag{6 – 7}$$

当中间层材料的波阻抗小于面、背板材料的波阻抗时，将产生"三明治"结构单元效应，而且当中间层材料的波阻抗与面背板的阻抗之比在 1/3 ~ 1/2 时，该效应显著。

（2）"三明治"结构单元的板厚。

当板壳受到冲击载荷作用后，将在板中产生压缩应力波，并在板中传播。当该应力波到达板壳另一表面时将发生反射和透射，其大小视板壳后面材料的波阻抗大小而异（如板后为空气，则发生全反射）。试验表明，当板厚小于应力波波长时，反射的应力波使板壳发生剪切变形而弯曲。因此，产生"三明治"结构单元效应的首要条件之一是结构单元的板厚小于应力波波长。射流在装甲材料中形成的应力波波长可以用下式近似估计：

$$\lambda = \frac{a d_j C_p}{v_j} \tag{6 – 8}$$

式中　λ——应力波波长；

　　　a——材料常数，与射流及靶板材料有关；

　　　d_j——射流头部直径；

　　　C_p——应力波在靶板材料中的传播速度；

　　　v_j——射流头部速度。

所以，结构单元的板厚 δ 可以用式（6 – 8）近似估计，即

$$\delta \leq \lambda \tag{6 – 9}$$

例如，对 85 mm、110 mm 及 120 mm 破甲弹，结构单元厚度估算值如表 6 – 2 所示。

表 6-2 对不同破甲弹的结构单元板临界厚度 (λ)

弹种	d_j/mm	C_p/(m·s^{-1})	v_j/(m·s^{-1})	λ/mm
φ85	2	5 420	7 500	3~4
φ110	4	5 420	7 500	6~7
φ120	6	5 420	8 000	8~10

因此，对于上述三种破甲弹，只有当结构单元厚度分别小于 3~4 mm、6~7 mm、8~10 mm 时，背板才能弯曲变形，产生结构单元效应。

（3）"三明治"结构的倾角。

当射流对结构单元进行倾斜穿甲时，才能产生结构效应。倾角越大，效果越好。垂直破甲时不产生结构效应。这是因为"三明治"结构膨胀弯曲时，不与射流发生切割或相交，起不到干扰作用，从而不会产生结构效应。所以倾斜穿甲也是"三明治"结构单元效应产生的必要条件之一。

（4）"三明治"结构单元界面连接。

当冲击波在结构内部振荡时，结构单元界面应连接在一起，才能保证结构单元中部弯曲变形和凸起，起到切割及干扰射流作用。如界面不连接，则造成结构单元的整体运动，不产生结构单元中部的变形，从而不产生结构效应。

6.3.4 惰性反应装甲设计基础

通过对结构单元效应作用原理及条件的分析可知，结构单元效应作用的大小受到多种因素的影响。这些因素主要有三方面。

（1）材料因素：面、背板材料和夹层材料的种类、力学性能、密度等。

"三明治"结构可由不同的金属材料构成，但不同金属材料的结构效应是不相同的。这主要取决于金属材料的强度、塑性和密度。随着材料强度和塑性的提高，其结构效应有所提高。所以，寻求更加理想的材料来优化结构的效率（η 值）是应予以高度重视的问题。

采用标准穿深为 225 mm 的 40 mm 破甲模拟弹进行试验。面板为标准均质装甲钢，中间层为橡胶，背板为不同的金属材料。其结构和试验结果如表 6-3 所示。钛合金板的效应可以接近钢板，而铝合金板的效应则较低。

以 40 mm 破甲模拟弹进行试验。面板为低碳钢，中间层材料为橡胶，背板为不同的金属材料，其结构情况和试验结果如表 6-4 所示。钛合金板与低碳钢板的防护效应相近，而铝板的防护效应较低。考虑经济性，采用低碳钢板为宜。

表6-3 "三明治"结构单元与材料的影响(一)(α=60°)

方案号	结构/mm	背板材料	背板强度/MPa	T_r/mm	N
1	6/2/2	软钢	400	74	9.10
2	6/2/2	钛合金	500	80	8.73
3	6/2/4	钛合金	500	126	5.96
4	6/2/4	铝合金	300	173	3.13

表6-4 "三明治"结构单元与材料的影响(二)

方案号	结构/mm	背板材料	背板材料强度/MPa	N(平均值)
1	6/2/2	低碳钢	400	6.79
2	6/2/2	钛合金	500	5.73
3	6/2/4	铝合金	300	1.87

（2）结构因素：面、背板厚度、夹层材料厚度、倾角、间隙等。

面板的厚度首先影响其变形的大小。当面板厚度超过一定值时，面板不会发生弯曲变形。在不发生弯曲变形的情况下，面板的厚度对"三明治"结构的抗弹效应没有明显影响，反而由于面板厚度增加引起质量增加，使其防护系数值下降。

以40mm破甲模拟弹进行试验。面、背板均采用低碳钢，夹层材料为橡胶，其结构情况及试验结果如表6-5所示。随着面板厚度的增加，其防护系数下降。

表6-5 面板厚度的影响

方案号	结构/mm	试验发数	平均防护系数
1	2/2/2	3	12.41
2	6/2/2	3	6.78
3	15/2/2	3	3.06

当面板厚度较薄时，会发生很大的弯曲变形可提高结构单元效应。但这种结构不适用于自由空间较小的间隙复合装甲（如坦克车首、炮塔部位），仅适用于车体侧裙板部位，有利于减轻质量，提高防护系数。

背板厚度是影响结构单元效应的一个重要因素。因为结构单元效应取决于背板对射流的动态干扰。背板过薄时,其干扰作用小;过厚时,则响应较慢,变形不够充分,且质量增加。因此,结构单元效应与背板厚度之间存在着一个优化关系。一般来说,结构单元效应首先随着背板厚度增加而增加。超过最佳厚度时,则随着背板厚度增加而结构单元效应下降。另外,结构单元的最佳厚度与弹种有关。

采用3种不同口径的破甲弹进行了试验。面板为10 mm 装甲钢板,中间层材料为3 mm 橡胶,背板为不同厚度的低碳钢。存在着一个最佳厚度,其范围为4~5.5 mm。以40 mm 破甲模拟弹进行了同样的试验,面、背板均为低碳钢,中间层材料为橡胶,其结构情况及试验结果如表6-6所示,同样存在着一个最佳的背板厚度,其范围为1.5~2.0 mm。闪光X射线摄影结果表明,不同背板厚度时对射流的干扰不同,从而直接影响防护效应。

表6-6 背板厚度对结构效应的影响

方案号	结构/mm	试验发数	N(平均值)
1	6/2/1	3	6.50
2	6/2/1.5	3	7.00
3	6/2/2	3	6.79
4	6/2/2.5	3	5.77
5	6/2/3	3	3.72
6	6/2/4	3	3.25
7	6/2/5	3	2.32

背板的最佳厚度与射流的能量、直径有关。一般随着射流能量及直径的增大,最佳厚度也增大。对于多"三明治"结构,从第一个结构单元往后,由于射流能量的降低,背板的最佳厚度递减。因此应按此规律选取背板厚度,否则会显著降低多结构单元的防护系数。

结构中背板强度是影响结构单元效应的一个关键因素,它对结构单元效应有显著的影响。一般来说,随着背板强度的提高,其抗破甲弹的结构单元效应逐步提高。与此同时,抗穿甲弹的效应也有所提高,有利于提高结构的综合抗弹性能。

以110 mm 装药进行不同强度背板的倾斜破甲试验。面板均为高强度装甲钢板(σ_b = 1 700 MPa),中间层材料为橡胶,背板为不同强度的钢板。其结构及试验结果如表 6-7 所示。图 6-13 表明,背板强度从 400 MPa 提高到 1 730 MPa 时,结构效率提高 17% 以上,防护系数提高 0.5。

表 6-7 背板强度对抗破甲性能的影响

方案号	结构/mm	背板材料	背板材料强度/MPa	η(平均值)/%	N
1	20/4/6	低碳钢	400	72	6.0
2	20/4/6	中碳钢	600	77	6.4
3	20/4/10	装甲钢	930	81.4	5.9
4	20/4/10	装甲钢	1 150	84.0	6.1
5	20/4/10	装甲钢	1 730	89.4	6.5

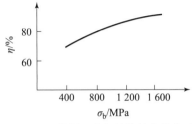

图 6-13 背板强度与结构效率的关系

为了测定背板强度与抗穿甲性能的关系,采用模拟穿甲试验方法测定了"三明治"结构单元中背板强度的影响。结构单元的面板均为高强度装甲钢板,中间层材料为橡胶,背板为不同强度的钢板,试验弹种为 105 mm 穿甲模拟弹。结构及其防护系数的试验结果如表 6-8 所示。背板强度从 600 MPa 提高到 1 400 MPa 时,抗穿甲弹的防护系数提高 0.20 左右。

表 6-8 背板强度对抗穿甲性能的影响

序号	结构/mm	倾角/(°)	背板材料	背板材料强度/MPa	N
1	10/4/5 + 均质装甲钢	60	中碳钢	600	0.87
2	10/4/5 + 均质装甲钢	60	高强度装甲钢	1 400	1.08

倾斜穿甲是"三明治"结构单元效应存在的必要条件之一,倾角大小对结构单元效应有着明显的影响。一般来说,随着倾角增大,结构单元效应也增大。以 100 mm 口径的模拟破甲弹对单结构单元、双结构单元进行了试验。面、背板均采用低碳钢,中间层材料为橡胶。单结构单元结构为 10/3/4,双

结构单元结构为 20/4/6 + 20/3/3。固定炸高下的试验结果如图 6 – 14 所示，不同炸高下和试验结果如图 6 – 15 所示。随着倾角的增大，残余穿深明显减小，其残余穿深与倾角之间存在如下关系：

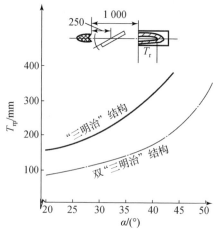

图 6 – 14　"三明治"结构倾角与残余穿深的关系（固定炸高）

$$\frac{T_{rp1}}{T_{rp2}} = \left(\frac{\cos\alpha_1}{\cos\alpha_2}\right)^{3.6} \qquad (6-10)$$

式中　T_{rp}——残余穿深（mm）；
　　　α——倾角（°）。

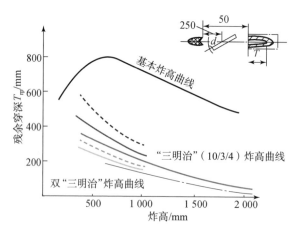

图 6 – 15　"三明治"结构不同炸高与残余穿深的关系

以 40 mm 模拟破甲弹进行了同样的试验。面、背板均为低碳钢，中间层材料为橡胶，其结构及试验结果如表 6 – 9 和图 6 – 16 所示。同样，随着倾角增大，残余穿深减小。有关试验表明，倾角的影响与破甲弹威力有关，随着破甲弹威力的增大，倾角影响有所减小。

表6-9 倾角的影响

结构类型	方案号	结构/mm	倾角 α /(°)	残余穿深 (平均)/mm
单结构单元	1	6/2/2	40	251
	2	6/2/2	50	164
	3	6/2/2	60	125
	4	6/2/2	70	105
双结构单元	1	6/2/2.5 + 6/1/1.5	35	208
	2	6/2/2.5 + 6/1/1.5	45	127
	3	6/2/2.5 + 6/1/1.5	55	96
	4	6/2/2.5 + 6/1/1.5	65	80

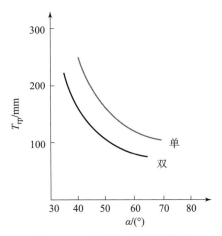

图6-16 倾角和残余穿深关系

当"三明治"结构单元用于间隙复合装甲时，其背板后面的自由空间，即间隙的大小对其抗弹效应也有影响。

间隙大小直接限制了背板变形程度，也即影响结构单元与射流的动态作用。一般来说，间隙越大越有利于结构单元变形，有利于提高结构单元效应。但与此同时会使间隙复合装甲的厚度增大，降低厚度系数，因此应选择允许的最小间隙。

试验表明,用于防御大口径破甲弹的"三明治"结构,其结构单元后最小间隙约为 30 mm,进一步减小间隙时,结构单元效应降低(表 6 – 10)。对于"三明治"结构,间隙距离在结构中呈递减趋势。

以长杆形模拟穿甲弹对不同"三明治"结构单元间隙的复合装甲进行对比试验,其结果如表 6 – 10 所示。可见,间隙从 35 mm 减少到 25 mm 时,该装甲的防护系数可减小 0.24 ~ 0.40。但是背板厚度过大时,间隙大小几乎不发生影响。

表 6 – 10 "三明治"结构单元及间隙对防护系数的影响

"三明治"结构/mm	间隙/mm	
	25	35
20/4/3	1.43	1.45
20/4/6	1.82	2.23
20/4/8	2.02	2.26
20/4/11	2.04	2.04

(3) 材料与结构的匹配:面、背板和中间层之间材料和结构的相互匹配。

如前所述,中间层材料的波阻抗与面、背板材料波阻抗的匹配是产生"三明治"结构单元效应的必要条件之一。因此,中间层材料种类的影响主要表现在其波阻抗的大小。

以不同破甲弹进行不同中间层材料的试验研究。面、背板均采用钢板 ρ = 7.85 g/cm^{-3},波阻抗为 4.12×10^6 g/(cm$^2 \cdot$ s),中间层材料为多种。采用 3 种破甲弹进行试验,其结构情况及试验结果如表 6 – 11 所示。

表 6 – 11 中间层材料种类的影响

弹种	方案号	结构	夹层材料	夹层材料密度 /($\times 10^3$ kg·cm^{-3})	夹层材料波阻抗 /($\times 10^6$ g·cm$^{-2} \cdot$ s^{-1})	局部防护系数 N
40 mm 模拟破甲弹	1	6/2/7	空气	1.21×10^{-7}	4.15×10^{-9}	0.98
	2	6/2/7	黄铜	8.9	3.34	1.13
	3	6/2/7	铝	2.7	1.35	4.75
	4	6/2/7	铅	11.4	1.38	3.87
	5	6/2/7	橡胶	1.0	0.16	6.79

续表

弹种	方案号	结构	夹层材料	夹层材料密度 /($\times 10^3$ kg·cm^{-3})	夹层材料波阻抗 /($\times 10^6$ g·cm^{-2}·s^{-1})	局部防护系数 N
110 mm 破甲弹	6	10/10/6	橡胶	1.0	0.16	4.75
	7	10/10/6	黄油	~1.0	-0.15	5.12
	8	10/10/6	甲醛	~1.0	-0.10	5.05
	9	10/10/6	水	1.0	0.15	5.05
130 mm 破甲弹	10	20/10/10	橡胶	1.0	0.16	3.02
	11	20/10/10	玻璃钢	1.95	0.53	2.88

表 6-11 结构中间层材料的波阻抗小于面、背板波阻抗的 1/3 时，产生结构单元效应，当其波阻抗过小时，由于冲击波不能在结构单元之间形成振荡，而使效应消失，空气夹层就是如此。黄铜夹层由于其波阻抗与面、背板波阻抗相差不多，结构单元效应很弱，尽管铅的密度比钢大很多，但其波阻抗为钢的 1/3，所以结构单元效应明显。铝也同样，而橡胶、黄油、水等则表现出强烈的结构单元效应。

在波阻抗良好匹配的情况下，应尽量选择密度较低的材料，有利于减轻质量，同时应尽量选择强度较高的材料，有利于提高抗穿甲弹的性能。

中间层材料的厚度对"三明治"结构单元效应有显著的影响。因此应进行分析，以选择合理的厚度。

以 40 mm 模拟破甲弹进行不同夹层厚度的试验。面、背板采用低碳钢，中间层材料均是橡胶。其结构情况及试验结果如表 6-12 所示。可见，中间层材料厚度达到一定值之后，其效应不再增大，但仍存在着一个最佳厚度，一般可取其厚度为背板厚度的 1/3~1。

表 6-12 夹层材料厚度的影响

方案号	结构/mm	试验发数	防护系数（平均值）
1	6/0.5/2	3	4.18
2	6/1.5/2	3	6.59
3	6/2/2	3	6.79
4	6/3/2	3	6.34
5	6/4/3	3	6.03

6.3.5 惰性反应装甲的应用

惰性反应装甲具有很高的空间系数、质量系数和成本系数。惰性反应装甲的防护系数随所防御的弹种特性有所不同，通常作为间隙复合装甲中一个内置的结构单元，很少以附加装甲的形式应用。惰性反应装甲结构单元能十分有效地减少主装甲的负担。

惰性反应装甲应以在鉴定板上的残余穿深 T_{rp} 作为衡量抗弹性能的指标，所以在计算结构单元的效应，即防护系数与"换能"效率时，必须以残余穿深为主要参数。

结构单元减少破甲弹穿深的能力与破甲弹在标准靶板上反映出来的破甲威力之比，为结构单元的效率，以 η 表示。

$$\eta = \frac{T_b - T_{rp}}{T_b} \times 100\% \qquad (6-11)$$

式中　T_b——破甲弹对标准均质装甲钢的穿深（mm）；

　　　T_{rp}——结构单元以外的标准均质装甲钢的残余穿深（mm）。

结构单元防护系数与结构单元效率之间存在如下换算关系：

$$N = \frac{T_b - T_{rp}}{T_d/\cos\alpha} = \frac{(T_b - T_{rp})/T_b}{T_d/T_b \cdot \cos\alpha} = \frac{T_b \cdot \cos\alpha}{T_d} \cdot \eta \qquad (6-12)$$

式中　α——水平倾角（°）；

　　　T_d——结构单元的垂直等质量厚度（mm）。

"三明治"结构单元的防护系数与其等质量厚度有关，而结构单元效率则未考虑质量因素。

试验证明，惰性反应装甲结构单元的效率可达 70% ~ 90%，针对破甲弹的防护系数可达 5 ~ 10，用于大炸高的侧屏蔽装甲的防护系数可达 15 以上。双结构单元的效率可达 95%，但防护系数为 3 ~ 5，用于大炸高的侧屏蔽装甲的防护系数可达 8。例如，用破甲能力为 600 mm 的 100 mm 口径的破甲弹，对侧屏蔽装甲用双结构单元进行静破甲试验（图 6-17），试验结果如表 6-13 所示。结构单元的效率为 80% ~ 88.3%，防护系数为 16 ~ 17，双结构单元的效率达 90% ~ 95%，防护系数为 8.6 ~ 9.6。

"三明治"结构效应应用于间隙复合装甲时，可获得高抗弹性能的复合装甲。用于坦克车首复合装甲时，抗破甲防护系数为 2.5 ~ 3.5，厚度系数为 1.2 ~ 1.4；用于抗长杆形重金属穿甲弹时，防护系数在 1.30 以上，厚度系数可达 0.6 ~ 0.8。

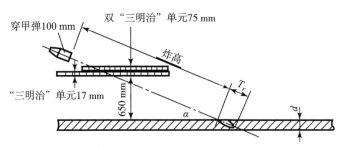

图6-17 双结构单元静破甲试验

表6-13 侧屏蔽装甲用"三明治"结构的抗破甲性能

类别	60°			65°		
	T_r/mm	η/%	N	T_r/mm	η/%	N
单结构单元	120	80	17.1	70	88.3	16.0
双结构单元	60	90	9.6	30	95.0	8.6

注：T_b = 600 mm，T_d = 14 mm。

惰性反应装甲本身的结构限制了能量的继续传递并产生反弹，故可削弱来袭弹头的穿透力。应用惰性反应装甲的例子是苏联T-55M与T-62M坦克，它们是加装在炮塔正面的弧形盒状物与车体正面的平板盒状物，其内部填充着固态的聚氨酯、数片5 mm钢板间隔地夹在其中，作用就像是弹簧一般。

美国原FMC公司发明了一种无炸药的被动式箱形反应装甲单元。其特点是，在一个单元中设置若干飞板层，它们由许多独立的飞板（嵌入反应装甲单元的小钢块）构成。穿甲弹或破甲弹射入该单元时，飞板被烧蚀和破碎，从而干扰和破坏射弹的侵彻能力。这种箱形反应装甲单元质量轻、体积小，用于保护装甲车辆的倾斜前端、尾端以及两侧。它们的形状随安装部位不同而有变化，但其内部结构类似。

瑞典FFA公司发明了一种对付空心装药射流的不爆炸反应装甲单元，其结构为钢或钨板 + 不可压缩的夹层材料 + 钢或钨板。当射流触及密度不同的外板和夹层材料时，消耗能量，产生具有不同压力的冲击波。这两种冲击波的压力差，使穿孔周围板材隆起阻挡射流通道，从而减弱射流的能量。夹层材料最好为固态或液态的。

在20世纪70年代初，由于材料技术的进步以及对防动能和化学能的能力的更好了解，研制出了第一代间隔夹层复合装甲，如德国"豹"Ⅱ主战坦克的"膨胀板装甲"、英国"挑战者"主战坦克的"乔巴姆"装甲以及美国的M1"艾布拉姆斯"主战坦克的"乔巴姆"装甲。设计和结构的细节是高度保密的,但是已经公布的信息表明,这种间隔夹层装甲大大增强了防护力,可防当时的许多威胁,其中包括长杆弹芯动能弹(尾翼稳定脱壳穿甲弹)。在20世纪90年代初,美国装备了采用新研制的特种贫铀装甲的M1A1"艾布拉姆斯"主战坦克。这种新式装甲使得最受威胁的坦克正面具有足够的防护力,能防90年代使用的动能弹和化学能弹。德国则继续发展其"豹"Ⅱ主战坦克的特种装甲。

|6.4 爆炸反应装甲及其应用|

6.4.1 爆炸反应装甲基本特点

爆炸式反应装甲是"矛"与"盾"互相斗争、相互促进、交替发展的产物。随着反装甲弹药技术的突飞猛进,爆炸式反应装甲技术和结构也日趋复杂,种类也呈多样化发展趋势。每种爆炸式反应装甲在设计上都考虑了不同层面和角度上的功能、性能需求,因此出现了轻型、重型、局部反应型、混合型、整体式等多种多样的爆炸式反应装甲。在对这些成果及其工作原理进行分析后,可以看出,爆炸式反应装甲技术的发展主要是以功能为核心,通过材料和结构上的创新,形成了各种各样性能各异的爆炸式反应装甲。由此可见,梳理爆炸式反应装甲不断拓展的功能,关注这些功能的实现途径,分析其功能和结构的组合方法,可以帮助我们了解爆炸式反应装甲的技术关键和性能影响因素,开拓设计思路,不断推进爆炸式反应装甲技术的创新和发展。

表6-14列出了爆炸式反应装甲主要功能拓展情况,并对实现每种功能所采用的结构、材料技术途径进行了梳理。可以看出,爆炸式反应装甲的功能逐渐从抗弹能力的提高拓展到后效控制,反映出装甲车辆对爆炸式反应装甲的应用提出了更高的要求,同时也标志着该项技术的工程化水平提高到一个新的阶段。

仅从抗弹能力本身,爆炸式反应装甲也经历了多次跨越。采用最基本的平板装药结构的爆炸式反应装甲,只能防御破甲弹。随着引爆条件研究的深入,在采用新型装药后,爆炸式反应装甲具备了既能防破甲弹又能防穿甲弹的"双防"能力。

表6-14 爆炸式反应装甲主要功能及其技术途径

功能分类	主要技术途径		典型结构示意图或照片
	材料	结构	
防破甲	面 板：钢 背 板：钢 装 药：黑索金等	单层"三明治"药室	
防破甲 防穿甲 （双防）	面 板：钢 背 板：钢 装 药：奥克托今、改进型低燃烧率炸药	单层"三明治"药室 （面板厚度增加）	
		预置角度（下同）	
		整体式/内置式	
		非对称ERA （面板、背板厚度不同）	
		异型装药	
防破甲 防穿甲 防串联 战斗部 （三防）	面 板：钢 背 板：钢 装 药：奥克托今等 隔爆层：复合材料、聚合物等 药型罩材料、传爆药、聚能装药等	双层/多层药室 药室楔形布置	
		双层/多层药室 药室串联布置	
		平板装药 聚能装药	略
小倾度防护	药型罩材料、传爆药、聚能装药等	聚能装药	

续表

功能分类	主要技术途径		典型结构示意图或照片
	材料	结构	
低后效抗多发弹	惰性层：金属、复合材料、陶瓷、树脂等 装　药：C-40、R-80s	局部起爆（自限制） 调整装药 惰性减震层	剖面 正面
	NERA材料 IRA材料（低燃烧率装药） 复合装甲材料	ERA/NERA 或 ERA/IRA 或 ERA/复合装甲等 混合布置	ERA NERA
	面板、背板材料：尼龙、凯夫拉、玻璃纤维板 装　药：低能炸药	新型"三明治"结构	

在此阶段，爆炸式反应装甲的研究非常活跃，尤其是在防穿甲弹能力方面出现了许多新的技术手段。其中，随着对面板、背板在防穿甲弹过程中作用认识的深入，设计人员对面板和背板厚度分配进行了优化，出现了非对称药室结构，进一步提高了爆炸式反应装甲的综合性能。

另外，采用内置药室的整体式反应装甲，将复合装甲和爆炸式反应装甲的优势有机结合，使整体的防护能力得到进一步提高。从原理上讲，整体式反应装甲是把装甲劈为内外两层，并分开一定间隔，然后把爆炸反应装甲"三明治"放在中间（图6-18）。使用敏感度很低的炸药，采用背板明显比面板薄的不对称"三明治"结构。面板较厚，能够向长杆形穿甲弹提供足够的横向动量，使长杆弯曲和破碎，还有助于防止炸药夹层被较小威胁起爆。不过，为了能被外层装甲包容，前"三明治"板不能过重。背板较薄，所以背板对内层装甲的冲击问题不大。这种布置能保护"三明治"免受轻武器、炮弹碎片和其他形式损伤，并降低坦克周围由飞板和冲击波引起的危险。经过最优化设计，整体爆炸反应装甲能够为未来坦克提供对付尾翼稳定脱壳穿甲弹弹丸和空心装药武器（即使带有串联战斗部）射流的高效防护。

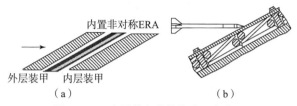

图 6-18 内置药室的整体式反应装甲

（a）内置式原理图（以色列）；（b）内置式应用方案（俄罗斯）

在"双防"基础上，为了应对专用于打击反应装甲的串联战斗部，出现了多层平板装药的多种布置形式。同时，在引入先进聚能装药技术的基础上，加强了爆炸式反应装甲对先进战斗部的干扰、破坏能力。爆炸式反应装甲抗弹性能拓展为防破甲、防穿甲、防串联战斗部的"三防"能力。

随着爆炸式反应装甲的广泛应用，出现了许多新的需求。首先是爆炸式反应装甲对倾角的依赖性，使其在装甲车辆侧面等小倾角，甚至是垂直面的应用受到了很大限制。而随着作战样式的发展，装甲车辆侧面受到的威胁迅速加大，使得这一问题迫切需要解决。其次是爆炸式反应装甲引爆形成的爆轰和背板的拍击，会对基体装甲造成较大的破坏，后效控制需求强烈。

实践证明，采用聚能装药的新型爆炸式反应装甲技术是实现小倾角下对侵彻体进行侧向干扰的有效手段。如图 6-19 所示，该种技术利用了传爆技术和聚能装药技术，其结构与传统平板装药相比明显不同。在侵彻过程中，形成的刀状聚能束直接切割侵彻弹体。传爆技术的应用大大降低了聚能装药爆炸式反应装甲对倾角的依赖。

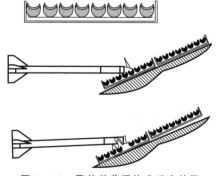

图 6-19 聚能装药爆炸式反应装甲

爆炸式反应装甲的后效控制技术在轻型车辆上有迫切需求。爆炸反应装甲用于轻型装甲车存在着两个问题：①爆炸反应装甲"三明治"的飞行背板本身就对轻型装甲车造成严重的损伤；②较薄的轻型装甲车板不能抵抗射流的残余穿甲能力。为解决上述问题，曾经尝试在爆炸反应装甲后面安装附加钢板，结果造成车重明显增加，而且大部分轻型装甲车无法接受。在控制爆炸式反应装甲对车辆损伤方面，人们提出了"局部起爆"的技术，也称为局部反应装甲。该装甲采用小能量的炸药，限制了射流的反应区域，使板不再飞开，从而成功地解决了"三明治"飞行背板对轻型装甲车严重损伤的问题。更有研究采用高性能纤维板替代钢板作为面板材料。

为了解决残余射流的问题，将爆炸反应装甲和非爆炸反应装甲或复合装甲串联排列（图6-20），利用非爆炸反应装甲或复合装甲进一步消耗穿过爆炸式反应装甲的残余射流。这种混合型爆炸反应装甲比爆炸反应装甲与后部钢板组合型要轻，既可以降低聚能装药战斗部射流残余的侵彻能力，又可以吸收背板的撞击。

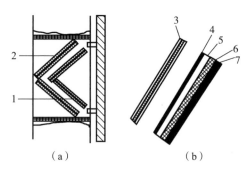

(a) ERA/NERA；(b) ERA/复合装甲

1—NERA；2—ERA；3—反应装甲；4—面板；

5—陶瓷；6—玻璃纤维；7—背板。

图6-20　混合型反应装甲典型结构

需要说明的是，实用型爆炸式反应装甲针对其应用对象的特殊要求，可以通过结构和材料设计实现以上功能的组合，这一点将在爆炸式反应装甲应用情况介绍中结合实例进行分析。

6.4.2　爆炸反应装甲基本结构

1969年，Held在用大型聚能装药战斗部射击内部装有弹药筒的坦克时偶然发现，射流在引爆车内弹药筒后，威力明显降低（图6-21）。在这一试验现象启发下，他发现，在某一倾斜角度下，高能炸药夹层会产生极好的防护效果，并在德国于1970年申请了专利：使用一层高能炸药和至少一块惰性板子并将其设置成一定倾斜角度，从而使板子与聚能装药射流或动能弹之间发生相互作用。1973 年以色列利用该项技术研制出了爆炸式反应装甲，并在 1982 年黎巴嫩战争中首次使用，效果良好，引起轰动。

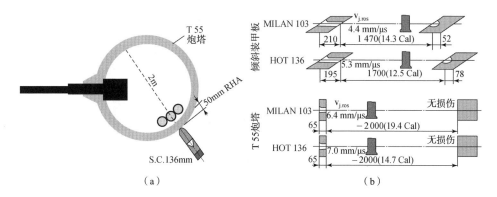

图 6-21　爆炸式反应装甲基本原理的发现
（a）试验布置示意图；（b）试验结果示意图

爆炸反应装甲最基本的结构如图 6-22 所示。由图可见，爆炸式反应装甲主要由壳体和药室组成。壳体具有封装、保护药室的作用。药室通常由面板、装药和背板组成。设 d_F 为面板的厚度，d_B 为背板的厚度，d_p 为装药的厚度，H_F 为面板到壳体的距离，H_B 为背板到支撑面的距离。

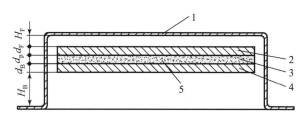

1—壳体；2—面板；3—装药；4—背板；5—药室。
图 6-22　Blazer"三明治"结构示意图（以色列）

由图 6-22 可见，材料和结构是影响爆炸式反应装甲功能和性能的主要因素。其中材料因素包括壳体材料、面板材料、背板材料、装药以及为了实现某些特殊功能而引入的附加材料。这里的"结构"是一个广义的概念，泛指布置、外形和尺寸等结构因素，主要包括面板的设置、装药结构、挂装结构等。图 6-23 示意性地说明了装药方式、药室结构、布置角度等对爆炸式反应装甲性能的影响。正是通过对这些因素的调整和组合实现了爆炸式反应装甲的功能不断拓展。

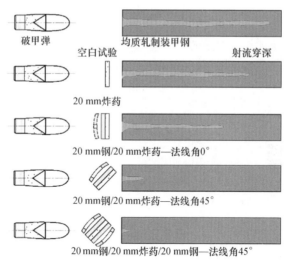

图6-23 爆炸式反应装甲性能影响因素

6.4.3 爆炸反应装甲基本原理

为了便于讨论，设反应装甲爆炸时，其结构中迎向射流或弹丸的一面为面板（F板），背向的一面为背板（B板），如图6-24所示。

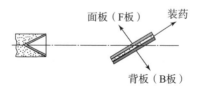

图6-24 爆炸式反应装甲基本结构示意图

不妨以聚能射流为例说明其工作原理。射流经过爆炸式反应装甲时，炸药被引爆，药室F、B板在炸药爆轰波的作用下，开始沿各自板面的法线方向相背运动，对后续射流进行持续切割、干扰，使射流发生偏转、断裂和分散，造成射流严重失稳，从而大大削弱射流对主装甲的侵彻能力（图6-25）。

射流偏转后分散，侵彻能力无法集中，在靶板表面形成多个弹坑，侵彻能力下降。图6-26为某型反坦克导弹射流和长杆形穿甲弹经反应装甲干扰后，在主装甲上形成的弹坑。

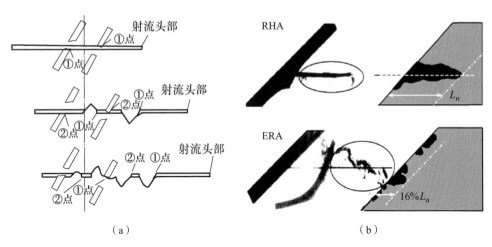

图 6-25　爆炸式反应装甲对侵彻体的干扰作用
(a) F板、B板对射流的作用示意图；(b) 侵彻能力分散，威力降低

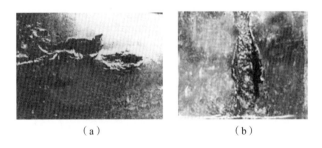

图 6-26　侵彻体被爆炸式反应装甲干扰后形成弹坑的照片
(a) 射流被干扰后形成的"双坑"弹坑；(b) 穿甲弹被干扰后形成的分散弹坑

由图 6-26 (a) 可以看出，聚能射流倾斜穿过平板装药层的过程可以分为 3 个阶段。第一阶段，在射流击中固定的装甲时开始，射流头部与 F 板主要是沿射流对称轴方向发生作用。在高速射流作用下，装药尚未被激发，就被射流头部穿过。同时，弹孔直径的高速增长率使得射流头部的一小部分逃逸而不触及 F、B 板。在第二阶段，装药起爆，推动 F、B 板斜向切割射流。在第三阶段，炸药的爆轰作用裹挟着各种爆炸产物也开始影响射流。如果设板子运动速度为 v_t，则逃逸射流的长度 l_h 可用下式表示：

$$l_h = \frac{v_p}{v_t} R_c \cot\alpha \pm \frac{R_c}{\sin\alpha} \qquad (6-13)$$

式中　对 F 板取"＋"，B 板取"－"；

v_p——射流头部速度 (m/s)。

平板装药作用于侵彻体的过程中，存在着偏转效应、角度效应、间隙效应和动态板厚效应（详见3.3节）。这些效应原理是理解爆炸式反应装甲工作原理的前提，也是工程设计的基础。

6.4.4 爆炸反应装甲设计基础

从前面介绍的爆炸式反应装甲的原理可以看出，装药和面板、背板的设计是关键。能否对来袭弹丸实施有效的干扰，首先解决的是反应装甲的起爆问题，这与装药的选择和控制密切相关。其次，就是面板和背板对侵彻体形成干扰的问题，其中的主要设计因素是板子的材料、厚度和速度控制。另外，从实车适用性角度考虑，安全性也是爆炸式反应装甲工程设计的主要内容之一。下面以平板装药结构和聚能装药结构为例，讨论爆炸式反应装甲设计中的基本问题和方法。

1. 平板装药引爆条件

爆炸式反应装甲要求其在遭受轻武器射击或弹片撞击时装药层不被引爆，只有当受到相当程度的冲击时才被引爆，且具有足够的爆速，从而保证面、背板具有一定的运动速度。因此，平板装药的引爆条件至关重要。

在二维加载，特别是小加载面积的情况下，高能装药的起爆通常采用 Held 判据：$I = u^2 d$，其中 u 是开坑的速度，d 是射弹或聚能装药射流的直径。根据 Bernoulli 方程

$$u = \frac{v}{1 + \sqrt{\rho_z/\rho_p}} \qquad (6-14)$$

式中　v——弹丸或射流的速度；

　　　ρ_z——高能装药的密度；

　　　ρ_p——射流或弹芯的密度。

则 Held 判据 I_{cr} 可表示为

$$I_{cr} = \frac{v_{cr}^2}{(1 + \sqrt{\rho_z/\rho_p})^2} \cdot d \qquad (6-15)$$

通过试验，可以确定该种装药的阈值常数。对不同的侵彻体，其引爆装药的临界速度与其直径之间的关系可以表示为

$$v_{cr} = (1 + \sqrt{\rho_z/\rho_p}) \cdot \sqrt{I_{cr}} \cdot \frac{1}{\sqrt{d}} \qquad (6-16)$$

例如，对于密度为 1.70 g/cm³ 的 B 炸药，测得起爆阈值 $I_{cr} = 23$ mm³/μs²。则用钨球（密度为 17.77 g/cm³）使 B 炸药起爆的临界速度 v_{cr} 和钨球直径 d 之

间满足

$$v_{cr} = \left(1 + \sqrt{\frac{1.7}{17.77}}\right) \times \sqrt{23} \cdot \frac{1}{\sqrt{d}} = 6.28/\sqrt{d}$$

相关文献中讨论了 m_p 不变时，v_{cr} 随 ρ_p 的变化情况。为了便于讨论，令弹体 $L/d = 1$，则由式（6-16）知

$$v_{cr} = (1 + \sqrt{\rho_z/\rho_p}) \cdot \sqrt{I_r} \cdot \frac{1}{\sqrt{10\,(4m_p/\rho_p\pi)^{1/3}}}$$

设 $m = 7g$，利用前面 B 炸药算例的已知参数，可以得出

$$v_{cr} = 21.8\rho_p^{-1/6} + 28.5\rho_p^{-2/3} \qquad (6-17)$$

计算结果如图 6-27 所示。由图可见，弹丸质量不变时，随着弹丸密度的上升，v_{cr} 有下降的趋势。而且低密度端的下降趋势大于高密度端的下降趋势。但是从总体上看，密度的变化对 v_{cr} 的影响不大。例如，当弹体密度从 2 g/cm³ 增加一个数量级，达到 20 g/cm³ 时，v_{cr} 降低幅度仅为 4% 左右。但是这一结论仅在弹丸直接命中装药，或装药盖板很薄时适用。

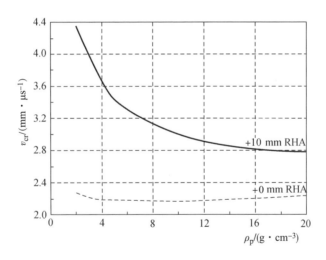

图 6-27　v_{cr} 与 ρ_p 的关系

当弹体击穿一定厚度的装甲钢板后命中平板装药时，由于不同密度弹丸的侵彻能力差别很大，所以带装甲板的 v_{cr} 对弹体的密度更为敏感。设装甲钢板厚度为 10 mm，穿过装甲钢后弹体速度降可由前面穿甲过程的相关公式计算，得到的 v_{cr} 也在图 6-27 中列出。由图可见，弹体密度降低一个数量级时，引爆阈值速度增加了一倍。另外，在装药前覆盖装甲板时，弹丸必须具备更高的弹速才能引爆装药。以钨芯弹和 10 mm 装甲钢为例，其 v_{cr} 提高幅度可达 27%。

因此,在平板装药的爆炸式反应装甲设计中,必须考虑其实车使用的安装状态。

对于冲击速度相对较低的杆式侵彻体,其对反应装甲的起爆条件需要考虑弹体长度、密度、盖板密度、强度、厚度以及法线角等因素的影响,基本关系式如下:

$$\frac{1}{N}v_0^2 d = k \tag{6-18}$$

其中:

$$N = 1 + \frac{(b/\cos\alpha)}{l}\frac{\rho_t}{\rho_p} \tag{6-19}$$

式中　k——常数,需要通过试验确定。

以钨合金杆式侵彻体为例,计算出常数 k 值为 13.50 km³/s²。此数值可用于钨合金杆式侵彻体对某反应装甲的冲击引爆。

2. 装药

装药是爆炸式反应装甲的关键技术之一,在很大程度上影响着反应装甲抗弹性能以及制造和使用中的安全性。爆炸式反应装甲的装药通常要满足高钝感、高威力、使用安全可靠的基本要求。

平板结构爆炸式反应装甲的装药,首先必须保证能被各种制式破甲弹的聚能射流和 100 mm 以上弹径的动能穿甲弹杆引爆,并且要具有一定的威力、爆速和尽量多的爆轰产物,以便充分发挥对射流及弹杆的干扰作用。其次,装药不能被小口径枪弹和榴弹破片引爆,当反应装甲着火或被氧乙炔火焰切割时,装药燃烧但不爆炸,以保证反应装甲生产和使用的安全性。

奥克托今是各国现装备炸药中爆速最高的一种单体装药,当密度为 1.84 g/cm³ 时,爆速可达 9.1 km/s。其爆炸威力为 TNT 的 150%,在温度达到 100 ℃ 时,100 h 内不爆炸。奥克托今以其独特的高爆速和热安定性而受到各国的重视,主要用于高聚物黏结装药的重要爆炸组分。奥克托今是一种多晶体单质装药,有 α、β、γ、δ 四种晶型,其中以 β 型最为安定,实际使用的奥克托今,即冲击感度最小的 β 型奥克托今,通常写成 β-HMX,简写成 HMX。HMX 的主要性能数据列于表 6-15 中。

表 6-15　单质 HMX 装药的主要性能数据

外观	密度/(g·cm⁻³)	爆速 v_D	爆压 P_{C-J}	爆热/(kJ·kg⁻¹)
白色结晶物质	1.94	9 110 (ρ_z = 1.89)	39.5 (ρ_z = 1.90)	5 863

续表

爆发点 （5 s 延滞期）/℃	熔点/℃	威力（铅铸 扩张值）	1.5 kg 摆锤、 90°落角 摩擦感度/%	10 kg 落锤、 25 cm 落高 撞击感度/%
327	278	486 mL	100	100

从表 6-15 中可以看出，奥克托今结晶密度大，理论爆速高，威力大，热安定性和化学安定性好，撞击感度和摩擦感度高，只要加入适当的黏结剂和钝感剂，使其具有良好的塑性和装填工艺，就可以作为爆炸式反应装甲的理想装药，获得所要求的使用性能、安全性能和抗弹性能。

3. 板厚

对于破甲射流，当射流侵彻点位于反应装甲的上半部时，F 板起主要作用，而当射流侵彻点位于反应装甲的下半部时，B 板起主要作用。为了使反应装甲单元的各部分具有较为均衡的抗弹效果，F 板与 B 板的厚度应该相等。

对于穿甲弹，当 B 板的速度大于弹丸速度在板子运动方向的分量时，运动的 B 板不与弹丸直接作用，只有运动的 F 板与弹丸作用。因此适当增加 B 板的厚度，使其厚度大于 F 板的厚度，从而提高 F 板的运动速度，由前文可知，偏转角将增大，使反应装甲的抗动能弹能力提高。

在综合考虑下，通常选择等厚度的 F、B 板。

把射流和板子之间的作用看成是完全非弹性碰撞，则射流与板子作用后发生的偏转角 θ_j 为：

F 板造成的射流偏转

$$\tan\theta_j = \left[\frac{v_p}{v_t} \cdot \frac{k}{\sin\alpha}\left(\frac{v_p}{v_t}\cot\alpha + \frac{1}{\sin\alpha}\right) - \cot\alpha\right]^{-1} \quad (6-20)$$

B 板造成的射流偏转

$$\tan\theta_j = -\left[\frac{v_p}{v_t} \cdot \frac{k}{\sin\alpha}\left(\frac{v_p}{v_t}\cot\alpha - \frac{1}{\sin\alpha}\right) + \cot\alpha\right]^{-1} \quad (6-21)$$

对于射流，板厚 b 的变化，使 K 及 v_p 发生变化，从式（6-20）和式（6-21）可以看出，它将也使偏转角 θ_j 发生变化。板子的运动速度 v_p 由 Gurney 公式计算。对于 F 板与 B 板等厚这样的对称反应装甲，Gurney 公式为

$$v_p = \sqrt{2E}\left(\frac{M}{\omega} + \frac{1}{3}\right)^{-\frac{1}{2}} \quad (6-22)$$

式中　$2E$——Gurney 速度的平方，由所用装药确定；装药密度为 1.4 g/cm³ 时，Gurney 速度可取 2 630 m/s；

　　　　M——F、B 两块板的质量和（kg）；

　　　　ω——装药质量（kg）。

装药量 ω 一方面取决于对反应装甲抗射流效果的要求，另一方面也取决于反应装甲与防护目标的兼容性。由式（6-22）可以看出，装药量 ω 一定时，随着板的质量增加，板速 v_p 下降。当 M/ω 比 1/3 大得多时（爆炸式反应装甲一般都是如此），可以近似认为 v_p^2 与 M/ω 成反比，当材料密度也相同时，v_p^2 与 b 成反比。

由式（6-22）看出，当药量 ω 一定而且 M/ω 比 1/3 大得多时，板厚 b 增加，由 F 板产生的偏转角将增大，而由 B 板产生的偏转角（绝对值）将减小，对整个反应装甲的抗射流效果影响不大。可见反应装甲的板子在保证结构强度以及使它在与射流作用时保持整体的平面状态，同时满足 M/ω 比 1/3 大得多的前提下尽量薄，以减小反应装甲的质量。

但是，对于穿甲弹芯，增大板厚 b，将使弹丸偏转角 θ_p 增大，即提高了反应装甲抗动能弹的能力。

因此，在板厚选择上需要根据防护对象进行优化。

4. 板子材料

对于射流，在一定的条件下（即 M/ω 比 1/3 大得多时），板子材料密度对反应装甲抗射流效果影响不大。因此，在选用反应装甲板子材料时，可以选用密度比较低的材料，适当增加板子厚度，其材料强度只要满足结构强度要求以及在板子与射流作用时使它保持整体的平面状态。

对于穿甲弹芯，降低板子材料的密度，使弹丸偏转角 θ_p 下降，即反应装甲抗动能弹的能力降低；在材料密度降低的同时增加板厚，使 θ_p 值不变，即抗动能弹能力不降低。这就说明，使用低密度材料板子是可能的。适当提高板子材料的强度使反应装甲抗动能弹的能力提高，但是提高材料强度，必须使材料具有足够的韧性，使板子与弹丸作用时保持整体的平面状态。

5. 药室尺寸

对于射流，反应装甲的最大效应应该是对射流的有效部分全部进行干扰。所谓射流的有效部分，是指速度在极限破甲速度 v_{cr} 以上的那部分射流，它对装甲有侵彻能力。设射流有效部分经过反应装甲的时间为 t；同时从射流头部到达反应装甲，板子以 v_p 速度运动一段时间 Δt，则有

$$\frac{l_t}{2}\cot\alpha = v_p(t - \Delta t),\text{即} \quad l_t = \frac{2v_p(t-\Delta t)}{\cot\alpha} \qquad (6-23)$$

式中 l_t——使射流有效部分全部受到干扰时反应装甲的最小长度。

当反应装甲的长度太小时,一部分后续射流不能受到板子的作用,使其抗射流效果下降。当反应装甲板子的长度过大时,板子的一部分没有起作用,同时反应装甲单元尺寸增大。装药爆轰波传到反应装甲单元边缘的时间延长,板子开始运动的时刻推迟,这样射流头部将有较多的射流没有受到板子作用而通过反应装甲,增加了对主甲板的侵彻,降低了反应装甲抗射流效果。反应装甲的宽度一般没有必要超过它的长度。

对于穿甲弹芯,当其他参数都一定时,随着与弹丸发生作用的那部分板长 l 的增加,ω_p 开始增大,然后下降,不难得出 ω_p 有最大值。它的物理意义表示,当板子与弹丸质心之前的整个部分发生作用时,将使弹丸获得最大的角速度。为了使反应装甲具有整体最佳防动能弹效果,经过计算和分析,反应装甲的最佳长度为

$$l = \frac{3}{2}\cdot\frac{l_o}{\dfrac{v_o}{v_p}\cot\alpha + \dfrac{1}{\sin\alpha}} + \frac{1}{2}\cdot\frac{d}{\cos\alpha} \qquad (6-24)$$

当反应装甲长度大于 l 时,其整体防护动能弹水平下降,同时单元尺寸增大,增加了爆轰波传播的时间,使板子的运动推迟,可能使 B 板也与弹丸作用,削弱了 F 板对弹丸的偏转作用(图 6-28)。

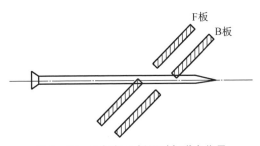

图 6-28 B 板与 F 板同时与弹丸作用

所以反应装甲的长度应满足

$$l \leq \frac{2l_o}{\dfrac{v_o}{v_p}\cot\alpha + \dfrac{1}{\sin\alpha}} + \frac{d}{2\cos\alpha} \qquad (6-25)$$

6. 反应装甲法线角及与主甲板之间距离的影响

反应装甲法线角大小,以及与主甲板之间的距离都跟它的抗射流效果有

极大关系。射流侵彻装甲时，其弹坑的直径大于射流的直径，偏转的后续射流只要能到达已经形成的弹坑底部，就将使弹坑继续加深，反之就不能使弹坑加深。增大反应装甲的法线角，可增大射流偏转角 θ_j，从而提高抗射流能力。苏联曾把反应装甲夹层在盒中呈对角线放置，显然是为了增大其法线角，他们在坦克炮塔上挂装反应装甲的方式（图 6-29）也是为了增大法线角。

图 6-29　T-64B、T-80 炮塔

增大反应装甲与主甲板之间的距离，虽然可以提高其抗破甲射流的能力，但是这个距离的增加往往受到其他条件的约束。

7. 反应装甲防护性能的计算

反应装甲的防护性能用使威胁威力降低的程度表征。射流的穿深和射流的长度密切相关，因此，这里研究计算反应装甲对射流干扰后其长度的损失。当射流侵彻靶板时，射流头部长度的消耗量为

$$\Delta l_p = \frac{h_p}{\cos\alpha} \cdot \frac{v_j - u}{u} \qquad (6-26)$$

式中　u——侵彻速度。

对于穿甲弹，设弹丸的原穿深为 L_0，受反应装甲干扰后的穿深为 L_1，则

$$L_1/L_0 = (v_1/v_0)^2 \cdot (\cos 0.05\xi'/\cos 0.05\xi) \qquad (6-27)$$

式中　ξ'——经反应装甲干扰后弹丸的着角；

　　　ξ——弹丸的原着角；

　　　v_1——弹丸穿过反应装甲后的剩余速度；

　　　v_0——弹丸的着靶速度。

前文从理论的角度分析了反应装甲对穿甲弹体的偏转作用，这一分析是基于弹丸与反应装甲作用后未减速这一假设条件下进行的。

8. 反应装甲设计程序

反应装甲设计程序框图如图 6-30 所示。

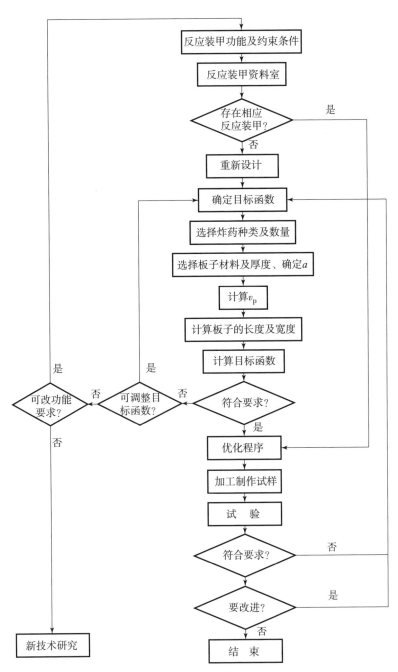

图 6-30 反应装甲设计程序框图

下面就框图作如下说明:

(1) 设计反应装甲时,根据战技指标及其他约束条件,可以选用多种方案及参数，然后通过不断迭代的方法，对反应装甲参数进行综合优化，选出两三个方案进行靶试，通过试验结果验证计算的正确性，同时可根据试验结果对反应装甲参数进行必要的修正，确保设计出的反应装甲真正最优。

（2）鉴于目前的反应装甲技术水平，反应装甲对射流的防护效益明显高于对动能弹的防护效益，在设计反应装甲，优化方案时采取优先考虑防动能弹性能，然后兼顾防射流性能。具体做法是按照抗动能弹的要求进行计算，然后检验其抗射流能力，使之满足要求。

（3）计算、优化中的目标函数。目标函数值越大，方案越优；根据战技指标、防护效益要求，确定目标函数的临界值。

（4）选择装药要根据威力、感度、成本、安全性等进行优化。

（5）装药量，根据防护效益要求及与被防护目标的兼容性来确定。

（6）板子材料的力学性能要求是，在确保足够韧性条件下强度高的为佳。板子材料应保证板子与弹丸或射流作用时保持平面状态运动；材料密度，选用低密度材料有利于破片速度迅速衰减，减少对周围目标的破坏，但过低的密度使板子厚度增加，需要受到约束条件的限制。

（7）板子厚度应结构强度要求。板子过薄，其反应装甲抗动能弹及射流能力降低；板子厚度增加，在一定范围内，虽可以使反应装甲抗动能弹能力提高，但增加了反应装甲厚度和质量；为了提高抗动能弹能力，F 板的厚度应低于 B 板。

（8）反应装甲法线角。从抗射流和动能弹效果看，法线角越大越有利，但要考虑挂装部分的实际情况及其外部约束条件。

6.4.5 爆炸反应装甲的应用

1973 年第四次中东战争中，基于"聚能效应"、采用聚能装药战斗部的反坦克导弹和反坦克火箭弹被埃军应用于西奈沙漠反坦克作战，击毁了以军装甲旅的大量坦克。这一战例几乎动摇了坦克在现代陆军中的"主战"地位。1982 年，以色列在入侵黎巴嫩的战争中首次将一种称为 Blazer 的反应装甲应用到主战坦克，有效地降低了聚能装药战斗部对装甲车辆的威胁。这种装甲以结构简单、价格低廉和显著提高抗破甲弹能力等特点，显示出广阔的应用前景。从此，反应装甲引起世界各国的广泛关注，英国和苏联等国家相继将反应装甲技术应用于坦克装甲车辆。早在 20 世纪 50 年代初，美国便开始研究反应装甲的原理。苏联 Д. А. POTOTAEБ 自 1948 年即从事爆炸反应装甲的研究，他所在的俄罗斯特种钢研究所装备有爆炸反应装甲的高效率模拟试验装置。

随着防破甲、防穿甲、防串联战斗部以及反应装甲的安全性能等一系列技术难关的突破,反应装甲的性能不断提高,目前,已经成为现代装甲车辆防护系统的重要组成部分。近年来,以色列、美国、俄罗斯、英国、法国和德国等国均对此有深入研究,发展了新一代反应装甲并广泛应用到各种装甲车辆。

1. 以色列

自 1982 年以来,以色列在 M60、M48、"百人队长""谢里登"等老式坦克上使用了 Blazer 的爆炸反应装甲。该装甲为"三明治"平板装药,面密度小于 200 kg/m^2,可装到任何主战坦克上,可使炮塔侧面防 AT-3"萨格尔"反坦克制导武器的攻击,车体前部防 RPG-7 武器的攻击。据实战结果统计,由于爆炸式反应装甲的应用使以方坦克损失减少 50%。

拉斐尔先进防务系统公司为以色列研制出了系列化的爆炸式反应装甲,装备了多种装甲车辆。该公司研发的混合型爆炸式反应装甲已安装在以色列国防军的 M113 装甲人员输送车和美国陆军的 M2"布雷德利"步兵战车上(图 6-31)。该装甲由爆炸式反应装甲和含有惰性夹层的衬层组成,反应装甲的背板为衬层的前板。

(a)   (b)

图 6-31 以色列研制的反应装甲的应用情况

(a) M113 装甲人员输送车(以色列);(b) M2"布雷德利"步兵战车(美国)

该公司于 2005 年研制的第四代爆炸式反应装甲汲取了前三代产品的优点并融入了创新设计。其中最重要一点就是采用了新型低燃烧率(Low-Burning-Rate,LBR)炸药。这种炸药属于惰性炸药,在运输、储存和维护过程中不会产生任何危险,但是在遇到金属射流时,可发生爆炸并释放出全部能量。它的危险等级仅为最低的 1.5D 水平。LBR 炸药被使用在拉菲尔公司几年前研制的一种混合式反应装甲内。用其制造的反应装甲被称为"不敏感反应装甲"(Insensitive Reactive Armour,IRA)或"惰性反应装甲"(Inert Reactive Armor,IRA)。其内部首层为爆炸层,下面为惰性层;一旦金属射流穿透首层后,惰性层即被引爆,从而起到阻止金属射流的作用。IRA 能够抵御 RPG-7、小口径穿甲弹药、炮弹破片以及路边炸弹的攻击。同时，惰性夹层结构装甲还能够降低金属射流和反应装甲爆炸后对反应装甲安装支架的冲击，因此非常适合使用在轻型或中型装甲车辆上。拉斐尔公司在英国 FV432 装甲人员输送车以及美国 M113 装甲车侧面安装了 IRA，其外形类似于"六角手风琴"（图 6 – 32）。

图 6 – 32　M113 装甲车（美国）

拉斐尔公司于 2007 年宣布完成了第五代混合式爆炸反应装甲的研究工作。该种装甲是以色列拉斐尔公司和美国防护车辆公司计划为满足美国 6×6 型防地雷反伏击车的防护需求而研制的，被称为"多种威胁装甲防护系统"（Multi – Threat Armour Protection System，M – TAPS）。该混合装甲使用了改进型 LBR 炸药，据称在可抵抗聚能装药反装甲弹药攻击的同时，还可有效增加战斗车辆对爆炸成型弹丸（Explosively Formed Projectiles，EFP）的防护性能。目前以色列的主战坦克和步兵战车都安装了最新型的爆炸反应装甲。

2. 美国

1983 年，美国购买了以色列的反应装甲技术，开始研制和制造自己的反应装甲。美国发明的用陶瓷基纤维增强复合材料制造的反应装甲，反应能量来源于复合材料基体中均匀分布的许多炸药球。当聚能装药射流侵入该装甲时，其运动通路上的炸药球被引爆，产生向前推进的爆轰波，可阻断和干扰射流侵彻，陶瓷基体还能对抗动能弹。1991 年，美国陆军发明了一种对付杆式动能穿甲弹的反应装甲。它由高压密闭容器和其内部的许多颗粒构成，反应作用能量来源于高压气体。当弹丸在容器壁上穿孔后，容器内的高压气体便驱动大量具有不同尺寸和形状的颗粒向穿孔处运动，以抵抗弹丸继续侵彻。另外，美国已开始研究主动反应装甲，它由反应装甲近距离探测器和微机处理器组成。探测器发现目标，微机处理器判定并指挥哪块反应装甲动作，反应装甲为常规反应装甲。

如前文所述,美国陆军采用美国和以色列合作生产的主动/被动混合式反应装甲单元,装配了 175 辆 M2 "布雷德利" 步兵战车(每辆车装配 195 个反应装甲单元,图 6 – 33)。

图 6 – 33　M2 "布雷德利" 步兵战车(美国)

3. 俄罗斯

苏联在中东战争中从叙利亚获得以色列反应装甲。1983 年,苏联最著名的装甲设计单位——苏联钢铁科学研究院研制出了 "接触" – 1(Kontakt – 1)爆炸反应装甲。"将防破甲弹的工作交给爆炸反应装甲" 成为此后苏联装甲设计的一个重要理念。"接触" – 1 是一款成熟而又设计精巧的爆炸反应装甲。"接触" – 1 模块被固定在 T 系列坦克的装甲表面,呈水平 30°左右放置,并与主装甲空出一定距离。爆炸反应装甲的最外层是一个较薄的金属外壳,内部是由两个呈 V 形布置的药室组成(图 6 – 34)。"接触" – 1 可使破甲弹的威力降低 50%,可提供 400 mm RHA 的防护能力。

图 6 – 34　"接触" – 1 外形及其内部结构

到了 1985 年,包括 T – 72、T – 62M 和 T – 55AM 在内的所有驻东德苏军坦克全部装备了 "接触" – 1 爆炸反应装甲。经过进一步的研究改进,苏联对其国内的 T – 64B、T – 72 和 T – 80 坦克也开始大量挂装反应装甲(图 6 – 35)。

（a） （b）

图 6 – 35　俄罗斯等国应用爆炸式反应装甲的典型装备

（a）T – 72 坦克；（b）披挂"接触" – 1 的 T – 80BV 主战坦克

在研制"接触" – 1 的过程中，苏联钢铁科学研究院的研究人员发现，撕扯金属射流、干扰其路径、毁坏其材质的原理也可以运用到对尾翼稳定脱壳穿甲弹的防护上。研究人员使用较厚的高硬度钢壳、抛板、背板，不但解决了毁坏穿甲杆的难题（图 6 – 36），而且解决了引爆的问题。在这一设计思想下，1985 年，苏联第二代爆炸反应装甲研制成功，这就是著名的"接触" – 5 爆炸反应装甲。迄今为止，"接触" – 5 已有若干变型，设计也日趋合理。

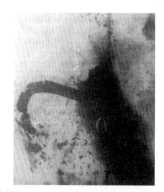

图 6 – 36　"接触" – 5 干扰破坏长杆形穿甲弹的高速 X 光照片

"接触" – 5 爆炸反应装甲，也被称为重型反应装甲，其药室尺寸为 23.0 cm（长）×10.5 cm（宽）×7.0 cm（厚），面板厚 15 mm，药层厚 35 mm，背板 20 mm，重 10.35 kg。高硬度钢壳（壳壁厚 25 mm）内部是 3 块类似"接触" – 1 的爆炸反应装甲单元，每个单元均有 10～15 mm 厚的抛板和背板，单元组内装的是对热度较敏感的塞姆汀塑胶炸药。在被穿甲杆侵彻的过程中，"接触" – 5 的面板和背板反向运动，与上下钢壳一起完成对穿甲杆的毁坏过程。

苏联钢铁科学研究院称，"接触"-5反应装甲可使坦克对穿甲弹的防护能力提高20%～40%，对破甲弹的防护能力与"接触"-1类似。安装"接触"-5后，T-80UMI和T-90S坦克对M829系列贫铀穿甲弹的防护能力可达830 mm，并可有效防御德国55倍口径120 mm滑膛炮发射弹药的攻击。

1996年年末，美军使用M829A1贫铀穿甲弹在500 m处对装备有"接触"-5爆炸反应装甲的出口型T-72进行射击试验，试验结果证明，无法毁伤T-72坦克；1999年，德国对装有"接触"-5的T-72坦克进行了多轮实弹打击，证实只有DM53才可勉强将其击穿；此外，驻韩美军曾用M829A2贫铀穿甲弹在韩国装备的T-80U坦克上进行了试验，结果与先前的试验类似。

1985年，"接触"-5爆炸反应装甲开始装备T-72BM、T-80US、T-90S等新型主战坦克（图6-37），单车增重大约2.8 t。

图6-37 装备"接触"-5爆炸反应装甲的T-72BM、T-80US、T-90S
(a) T-90S炮塔；(b) T-80US首上；(c) T-72BM整车

2011年，俄罗斯T-90MS在塔吉尔武器展上公开展出，改进升级后的车体和炮塔安装了带有新一代镶嵌式爆炸反应装甲的可拆卸式模块化装甲和最新一代镶嵌式爆炸反应装甲的侧裙板，以及"天窗"格栅式装甲侧裙板，可防御现代化的脱壳穿甲弹和各方向来袭的反坦克榴弹（图6-38）。

该防护系统装有芳香族聚酰胺材料制成的防破片内衬，可保护乘员和设备免受炮弹破片的二次伤害。从绘制图和照片中，能清楚地看出隐藏在厚度4～5 mm裙板后的爆炸反应装甲模块（箱式）。其结构类似于俄罗斯钢铁科学研究院为轻型装甲战车研制的防串联式战斗部弹药的防护结构。当来袭的RPG火箭弹攻击炮塔后部时，格栅防护装置（4～5 mm装甲钢制成）首先发挥作用（工作），然后是放置乘员物品和军需品的金属网状篮发挥作用。

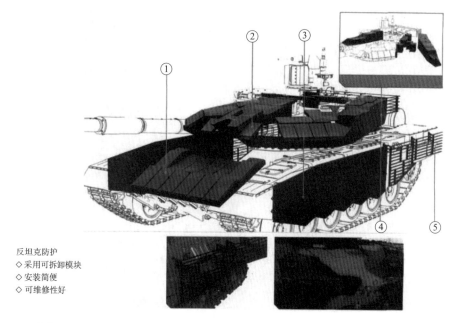

1—防护车体前部的可拆卸式模块化爆炸反应装甲；2—防护炮塔前部的可拆卸式模块化爆炸反应装甲；3—防护车体侧部的可拆卸式模块化爆炸反应装甲；4—防护炮塔侧部的可拆卸式模块化爆炸反应装甲；5—防护反坦克榴弹攻击动力传动舱和炮塔后部的"天窗"格栅式装甲侧裙板。

图 6-38　T-90MS 坦克防护组件分布图

4. 其他

英国皇家兵工厂和 Vickers 防卫系统公司分别研制成功了 ROMOR-A 和 VARMA2 型反应装甲。英国皇家兵工厂发明了一种专门用于对付长杆式动能穿甲弹的反应装甲，其反应能来源于弹药本身，靠弹丸本身的动能使两层平行装甲中的内层板相对滑动来改变弹丸终点弹道方向，同时对弹丸具有剪切作用。

德国 Verseidag-Indutex 公司和 Dynamit Nobel 公司最近研制成功一种新型爆炸反应装甲，称为"复合轻型通用反应装甲"，如图 6-39 所示，增强轻型装甲车辆抵御空心装药弹药的能力。这是一种无破片爆炸式反应装甲。该装甲用玻璃纤维板取代了钢板，在爆炸后仅产生解体的玻璃纤维和非致命性碎片，解决了后效控制问题。该装甲系统质量较轻，单块重 18.5 kg，厚仅 100 mm，完整的装甲模块重 28~30 kg。在被防护的区域每平方米需 600 kg 的模块，这种质量仅是安装传统爆炸反应装甲的 1/3。在试验中，用 RPG7-V 空心装药火箭弹（破甲威力约为 350 mmRHA）对被安装在"黄鼠狼"1A5 步兵战车上的复合轻型通用反应装甲进行了实弹射击。试验结果显示，该装甲使 RPG7 - V 在"黄鼠狼"装甲车基本装甲上的残余穿深仅为 2 mm，这样的威力即使是车辆相对较薄弱的侧装甲也完全能够承受。

图 6 - 39　复合轻型通用反应装甲（德国）

德国 Dynamit Nobel 公司研制了一种名为"聚能装药防护"（H L - Schutz）的反应装甲（此前被称为"克莱拉"，如图 6 - 40 所示）。该装甲可有效降低反坦克轻武器及聚能装药弹药的爆炸效应。该装甲是针对德军在科索沃面临的威胁而研制的，目前已装备"非洲小狐"装甲侦察车。当时，该防护系统出色的防护能力已在"黄鼠狼"步兵战车上得到成功验证。其特点在于，装甲由轻型复合材料和新研制的极不灵敏炸药制成。该炸药对弹片、枪弹、火焰及雷击极不敏感。只有聚能弹爆炸时产生的聚能装药弹芯才可将其触发，因为该弹芯有足够的能量将其引爆。而该反应装甲里的复合材料在受到聚能装药弹芯的打击后将瞬间分裂为大量的纤维，从而对车辆起到良好的保护作用。

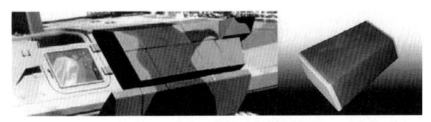

图 6 - 40　Dynamit Nobel 公司研制的"聚能装药防护"反应装甲

瑞典 FFV 公司研制的爆炸式反应式装甲，可使大口径空心装药破甲弹的侵彻力降低 50%，使反装甲弹药的侵彻力降低 75%。瑞典 1991 年发明的一种爆炸式反应装甲结构，利用了波的反射作用原理，可充分利用炸药的爆轰波能量，其结构特点是：把传统的"三明治"式爆炸块制成密闭容器结构，利用各侧壁表面对爆轰波的反射作用，对垂直入侵射流施加一个反复作用的横向力。当射流垂直穿透爆炸块前装甲板时，引爆炸药，产生爆轰波。爆轰波沿垂直于射流的方向朝侧壁传播，并被其表面反射回来，反射的爆轰波在侧壁与射流之间反复作用,使射流断裂、偏转,最终沿正弦波形状的路线前进。而当该密闭爆炸块的前后两块板彼此分离后,压力释放,反射波随即消失,这种横向作用也随即停止。瑞典 AFFA 公司发明的非爆炸式不可压缩夹层反应装甲,利用夹层材料和前后两块钢板之间的密度差别以及弹药着靶时的冲击波效应,可使空心装药射流本身的一部分侵彻能量转换成反应装甲夹层和前后两块钢板中的不同冲击波压力,推动穿孔周围钢板向外分开,从而起到对射流的干扰作用。

法国 SNPE 公司与美国 Kaman 科学公司联合研制成功一种局部爆炸反应装甲。法国军械部发明了一种非爆炸式的对付空心装药射流的反应装甲结构,其反应装甲能量来源于弹药本身的侵彻能量。原理是利用射流在二氧化硅玻璃或陶瓷材料中引起的膨胀效应和冲击波效应,反过来对垂直入侵射流本身施加一个叠加的横向作用力。法国陆军正用 GIAT 工业公司生产的 Brenus 反应装甲,装配两个坦克团的 AMX30B2 坦克,它们相当于 400 mm 以上轧制均质装甲钢抗 60°法线角入射破甲弹,以及 100 mm 以上轧制均质钢抗穿甲弹的防护能力。

乌克兰 T-64 坦克拥有三层防护系统,分别是先进的车体主装甲、爆炸反应装甲和"窗帘"-1 光电干扰系统。在战斗中,最先起作用的当属"窗帘"-1 光电干扰系统,该光电对抗系统则是由位于列宁格勒(今为圣彼得堡)的机动车辆工程研究院研制的。该系统由激光示警接收器、宽频带红外/干扰发射器、特种烟幕弹发射器及中央计算机组成。该套系统可以把反坦克导弹的命中率降低 70%以上,目前除乌克兰的 T-64U 和 T-84 坦克外,俄罗斯 T-90 坦克及部分 T-80 系列坦克也装备有这种系统。第二层防护系统是车体前装甲与炮塔正面装甲前覆盖的爆炸反应装甲,这种新型的爆炸反应装甲和 T-84 坦克上的是同一型号,除了能防御空心装药破甲弹与穿甲弹的攻击,还可以有效防御装有串联战斗部反坦克弹药的攻击。T-64 坦克车体前斜装甲板上并排安装有两排这种型号的反应式装甲块,一共是 6 块。炮塔正面两侧各有 7 块。为增强对攻顶式武器的防御,反应式装甲块从火炮防盾上方向后一直延升到炮塔顶部后部边缘,覆盖了整个炮塔顶部。当该型反应式装甲与 T-64 坦克的基体装甲结合使用时,估计可以防住当今世界上绝大多数现役和在研的反坦克武器。此外,设计人员在车体首上装甲板外的反应装甲外面又加了一块整体橡胶护板,人们从外面看不到反应装甲。据说这种橡胶护板可以在一定程度上吸收雷达波和红外线探测,令 T-64 坦克隐身性能更进一层。最后一道防线即是其车体的主装甲,T-64U 坦克的车首和炮塔主装甲的详细情况目前仍不为外界所知。T-64U 坦克如图 6-41 所示。

图6-41　乌克兰T-64U

2003年,"利刃"爆炸反应装甲通过乌克兰国家试验并装备部队。"利刃"聚能爆炸反应装甲的主要特点是:能够保证坦克或其他装甲战车免受次口径穿甲弹、空心装药破甲弹和带"打击核"的空心装药破甲弹的攻击。与其他类似的爆炸反应装甲的主要区别是,通过聚能射流的冲击力对来袭弹药产生毁伤作用。实质上聚能射流对来袭弹药的作用原理与其他爆炸反应装甲金属抛板对抗来袭弹药的作用原理是相似的。采用扁平聚能射流摧毁来袭弹药,聚能射流在作用的最初阶段对来袭弹药形成倾斜角的冲击力。这种防御方式能够降低来袭弹药对被防护目标的破甲深度,其主要优点是反应速度快、防护效率高、性能可靠、能保证在直角迎击来袭弹药时有均衡的防护效果。"利刃"爆炸反应装甲模块的特点是可靠性高(能保证100%的起动和防御所有类型的反坦克弹药)、在遭受轻武器弹药射击不会毁伤、不会被炮弹破片和燃烧弹诱爆、并可与4S20型或4S22型镶嵌式爆炸反应装甲模块按1:2的比例互换。与4S22型爆炸反应装甲模块相比,效率提高0.8~1.7倍,对坦克基体装甲造成的损坏较低,安装简便,价格低廉。

2007年,瑞士RUAG公司在瑞士国防装备采购局的资助下,研究采用新型复合材料代替爆炸反应装甲(ERA)常用的金属外壳,降低ERA密闭装药爆炸产生的大量破片对人员或车辆造成的间接损伤。主要针对以下问题进行试验研究:①空心装药射流引发炸药爆炸时,起爆延时与外壳材料的关系;②不同材料ERA的防护效能;③ERA爆炸破片的终点弹道效应。结果显示,优化设计的采用低密度复合材料外壳的ERA不仅容易起爆、防护性能等同于甚至优于钢制ERA,而且爆炸后产生的破片小而轻,明显减低了对车辆和人员的间接损伤。

第 7 章

主动防护系统技术

7.1 概 述

随着反装甲弹药武器的飞速发展,目前坦克装甲车辆受到全方位的攻击。从攻击方向上有正面、顶、底、侧等;弹药射程有近程、中程、远程、超远程等;从弹药类型上有动能穿甲弹、化学能破甲弹、炮射导弹、不同平台发射的反坦克导弹以及高爆榴弹等。坦克装甲车辆面临的威胁如图7-1所示。

图7-1 坦克装甲车辆面临的威胁

为了抵御如此先进的反坦克弹药的攻击,研究人员为坦克装甲车辆研制出不同装甲防护单元,如基体装甲、复合装甲、反应装甲、披挂装甲、附加装甲等,提高了坦克装甲车辆的防护能力。但防护能力的提升带来了质量的增加,影响了坦克装甲车辆的机动性和快速部署能力。

然而,主动防护系统却可以解决这一矛盾。主动防护系统可在车辆增重不大的前提下显著提高车辆的防护水平。因此，世界各国如俄罗斯、以色列、德国、美国等都在投入大量人力物力研究主动防护技术，并研发了许多主动防护系统进行装车试验，有的主动防护系统已装备部队使用，如俄罗斯的"竞技场"（Arena）、以色列的"战利品"（Trophy）、德国的ADS等。

主动防护技术是指能对来袭武器威胁进行探测、跟踪、分析、判断与决策，并以干扰、诱骗、反击拦截等方式防止被敌命中、攻击的防护技术。主动防护系统是用于坦克和装甲车辆干扰、拦截或摧毁敌方来袭弹药的智能化防御系统。主动防护系统工作原理如图7-2所示。

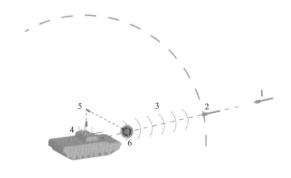

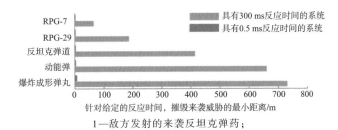

1—敌方发射的来袭反坦克弹药；
2—搜索雷达或传感器探测来袭威胁；
3—跟踪雷达对威胁进行分类、计算所需的撞击点和决策是否攻击；
4—主动防护系统发射对抗弹药；5—对抗弹药指向来袭威胁；6—对抗弹药摧毁来袭威胁。

图7-2 主动防护系统工作原理

7.2 主动防护系统构成与分类

主动防护系统主要由探测定位系统、信号处理及控制系统、对抗系统组成，如图7-3所示。

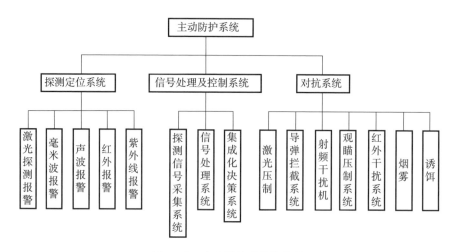

图 7-3 主动防护系统的构成

主动防护系统的分类有按工作方式和对抗方式分类。按工作方式分类主要分为烟幕遮障式防护系统、光电干扰式防护系统、激光对抗主动防护系统和拦截式主动防护系统。按照对抗方式分类主要分为硬杀伤主动防护系统、软杀伤主动防护系统和综合杀伤主动防护系统。目前国外对抗式主动防护系统基本分为两类：硬杀伤主动防护系统和软杀伤主动防护系统。

7.3 硬杀伤主动防护系统

硬杀伤是指在敌方反装甲弹药包括破甲弹、导弹、穿甲弹或炮弹破片接触车辆前将其拦截或摧毁。硬杀伤主动防护系统需要反击弹药直接攻击敌方来袭弹药，使其提前爆炸或偏离预定弹道，从而达到保护坦克装甲车辆的目的。由于是硬碰硬对抗，所以称为硬杀伤。硬杀伤主动防护系统可显著提高坦克装甲车辆的生存力。

硬杀伤防护系统是中近距离反击防护系统，在车辆周围的安全距离上构成一道360°半球状主动火力圈，在敌方导弹或炮弹击中车辆前对其进行拦截和摧毁。工作流程如图7-4所示。硬杀伤系统由感测器、处理器与拦截措施组成，通常使用雷达侦测，在获得拦截目标信息之后，处理器计算出最适当的作用时间，启动反制措施击毁来袭弹药。与软杀伤系统不同，无论来袭弹药采用何种制导方式，甚至是无制导的反坦克火箭或炮弹，硬杀伤系统都可以克制。

根据拦截距离不同，硬杀伤系统又可以分为近距离系统、中距离系统和远距离系统。

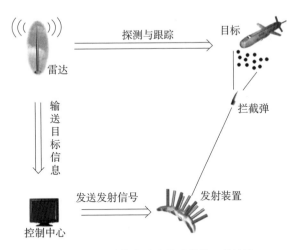

图 7-4　硬杀伤主动防护系统的工作流程

7.3.1　探测跟踪系统（雷达波探测、跟踪）

探测跟踪系统是主动防护系统的"眼睛"，由能够探测威胁的一个或者多个传感器构成，主要用于探测来袭弹药的速度、距离以及攻击方向，为拦截系统提供目标的运动信息。常用的探测装置有激光探测装置、毫米波探测装置、声波探测装置、紫外线探测装置、红外探测装置等。

传感器是由多个毫米波雷达发射/接收器组成，用来探测和跟踪来袭导弹。雷达可探测到所有距坦克 50 m 以内的来袭导弹，跟踪至距车辆 20 m 处，并向火控计算机提供目标的弹道数据。

7.3.2　信号处理及控制系统（计算、反馈）

信号处理及控制系统是整个防护系统的指挥控制部分，是主动防护系统的"大脑"，是能够识别威胁并启动对抗措施的计算和数据处理装置。其主要作用是信号处理系统将探测到的目标信息进行解算，解算出拦截弹发射的时刻以及所对应的发射管，由集成化决策系统给出射击指令等控制信号，确保防护系统以最佳的方位和时刻发射拦截弹，提高防护系统的拦截效能。主要由计算机、控制软件、控制面板和指挥信号换流器等组成。

火控计算机判定来袭弹能命中装甲车辆，就会精选跟踪数据来决定在何时发射哪个扇形面的破片匣拦截来袭弹，并通过控制电缆发出点火信号点燃附在破片匣上的粉状发射药,把破片匣从弹架上发射出去。在破片匣的飞行过程中,控制系统重新计算破片匣的引爆时间,使破片匣在导弹距车辆 3~5 m 处时被引爆。

7.3.3 对抗系统

对抗系统是主动防护系统的"拳头",能够摧毁或者以其他方式使威胁失效,包括发射装置和反击弹药。主动防护系统依据对抗方式的不同,即是否对来袭弹药造成物理破坏,反击弹药可分为硬杀伤(主动)型、软杀伤(对抗)型和软/硬杀伤(综合)型。

硬杀伤型主动防护系统所用的反击弹药有多爆炸成型弹丸、含能刀片、破片云等。破片匣向下崩射反击弹药使导弹偏离其弹道或使之损坏,从而降低了穿破甲能力。破片匣的两角各装有一小型脉冲发动机,它能够改变破片匣的飞行方向,使得破片匣爆炸时产生的破片能直接对准来袭导弹,增大了每个破片匣的有效防护区域,使得不会出现防御空白。

目前,俄罗斯和以色列的硬杀伤主动防护系统已经生产和装备部队,并在实战中显示出良好的性能,如俄罗斯的"竞技场"(图7-5)、以色列的"战利品"主动防护系统。

图7-5 俄罗斯"竞技场"主动防护系统

1992年,俄罗斯研制出"竞技场"主动防护系统,是世界上第一个装备部队的主动防护系统。该系统主要用来对付飞行速度为 70~700 m/s 的反坦克导弹和火箭。该系统从发现目标到摧毁目标的总反应时间为 0.05 s,在完成一次攻击到准备好进行下一次攻击只需 0.2~0.4 s。俄罗斯先后又研制出"竞技场"-E 和"竞技场"-3 主动防护系统。

俄罗斯"竞技场"-E 主动防护系统采用毫米波雷达探测来袭威胁,一旦发现威胁就会引发安装在炮塔周围的一个破片匣,匣内装有防护弹药,防护弹药在距离目标几米远处引爆，形成一个定向的碎片区。"竞技场"－E 主动防护系统能全天候 24 小时使用，能保障战车在任何战斗条件下搜索和摧毁目标，包括移动目标。新型搜索、控制系统和武器系统能够保障战车超高速运转，从发现目标到摧毁目标的反应时间仅为 0.07 s。

"竞技场"－3 在 4 个角部有 4 个模块，每一模块具有两个传感器模块（双向静态传送和接收模块），形成 360°防护。每一个方向上可拦截敌方两个目标，时间间隔 0.3 s。该系统提升角为 －6°～＋20°。

俄罗斯新型"阿富汗石"（Afganit）硬杀伤主动防护系统可防御来袭的反坦克导弹、火箭和 RPG。俄军"阿玛塔"系列战车主动防护系统于 2016 年用"阿富汗石"主动防护系统升级。安装在"阿玛塔"系列 T－14 主战坦克和 T－15 重型步兵战车上的紫外探测器是"阿富汗石"主动防护系统的一部分（图 7－6）。新型紫外探测器能够跟踪火箭弹留下的电离空气踪迹中的紫外光子，不仅能够探测火箭弹，还可以评估弹丸速度和弹道，向主动防护系统提供成功拦截威胁所需数据。

图 7－6　俄罗斯"阿玛塔"T－14 主战坦克"阿富汗石"主动防护系统

"战利品"主动防护系统由 3 个部分组成，即有效的探测系统、精密跟踪系统和自动发射碰撞杀伤拦截弹药。该系统可快速探测和跟踪任何反坦克威胁，感应系统会探知敌方来袭导弹/火箭弹的方位，引爆顶部的爆炸组件，凭借高速破片来击毁来袭武器，对其分类并计算空中最佳拦截点。整个系统质量不超过 545 kg，有两个主要组件，第一个组件为探测组件，4 台平板雷达，车辆前后及两侧各有一台，用于探测和跟踪各种威胁。第二个组件为对抗组件。如果威胁弹丸即将击中平台，硬杀伤装置将被激活，从车辆任意一侧的一个或两个发射装置中发射拦截装置。以色列"战利品"主动防护系统可构成 360°的防护，同时具有抗多发弹能力，如图 7－7 所示。

图 7-7 以色列"战利品"主动防护系统

以色列拉斐尔先进防务系统公司根据坦克装甲车辆对主动防护的需求,研制出重型、中型和轻型"战利品"主动防护系统,如 Trophy HV、Trophy MV 和 Trophy LV(图 7-8)。

图 7-8 以色列拉斐尔先进防务系统公司的重型、中型和轻型"战利品"主动防护系统

乌克兰"屏障"系统由雷达探测组件、制导组件和静态对抗组件构成。每一对抗组件装有两套装药,可在引爆前指向威胁目标然后形成致密的破片环,防御包括攻顶导弹、高速次口径穿甲弹在内的各种反坦克弹药。对抗组件可向前、侧向和垂直发射。

为了可靠地防护,每辆装甲战车需要安装 3~6 套模块,每套模块包含 2 发对抗弹药,质量为 50~130 kg。对抗弹药可拦截 70~1 200 mm/s 的单兵发射 RPG、反坦克弹丸、反坦克制导导弹和破甲弹等。乌克兰"扎斯龙"主动防护系统对抗模块如图 7-9 所示。

"扎斯龙"主动防护系统采用模块化结构,可简单集成到主战坦克、步兵战车和固定装备,无须装备的平台重新设计。

图 7-9　乌克兰"扎斯龙"主动防护系统对抗模块

德国模块化装甲主动防护系统（AMAP-ADS），与使用高爆弹药拦截来袭目标的主动防护系统不同，该系统使用定向能拦截目标，可控制反击弹爆炸范围，从而减少爆炸破片的附带毁伤。AMAP-ADS 由安装于车辆顶部四周的多个模块组成，每个模块中包括聚能战斗部和雷达传感器，传感器用于对来袭威胁进行探测跟踪。当系统确认模块处于对抗来袭威胁最佳位置时，其战斗部将在系统控制下向敌方目标发射爆炸射流以起到防护作用（图 7-10）。

图 7-10　"豹"ⅡA7 主战坦克上安装主动防护系统

该系统用于轻型车辆的质量为 140 kg，用于重型车辆的系统质量为 500 kg。主要单元为布置在车辆周围的传感器—对抗模块。处理器测定来袭威胁的类型和弹道轨迹，接着，对抗模块接近计算冲击点时启动。该对抗模块发射"直能"弹丸，摧毁或干扰来袭威胁，以致不能侵彻车辆。

传感器和对抗模块的安排布置形成了对车辆的半球防护。传感器—对抗模块的重叠部分使得该系统可抗多发弹的攻击。由于系统较短的反应时间，因此来袭威胁可在约 10 m 的范围内摧毁，与威胁的速度无关。

AMAP-ADS 系统反应时间短，可对抗发射距离为 10~15 m 范围内的来袭威胁。AMAP-ADS 主动防护系统是目前反应最快的主动防护系统之一。与毫秒级系统如美国雷神公司的"快杀"和以色列的"铁拳"相比，AMAP-ADS 是微秒级系统，只需 560 μs 就可以完成，这减小了最小打击距离，可以防护不同的 RPG 和 EFP，打击多个威胁的反应时间为 600 μs。

7.4 软杀伤主动防护系统

软杀伤是指利用烟幕弹、激光诱饵与红外干扰、水雾等防护手段，使敌方来袭弹药偏离攻击弹道。由于不是直接对抗、摧毁，而是使来袭弹药偏离弹道，所以称为软杀伤。软杀伤措施是各种人造的烟幕，烟幕弹是装甲车辆最普遍使用的手段。烟幕弹可以在 1 s 内产生烟幕遮蔽，并持续 10 s 以上，如图 7-11 所示。由于反坦克制导武器使用的多种波段，现代的烟幕弹除提供常规的视觉遮蔽，也涵盖更宽的频谱。烟幕弹、干扰丝、热燃弹等干扰措施在进入危险地带时，连续或者间断释放以提供保护。为发挥最大效能，还需要威胁警告器的指引。图 7-11 为法国 Lacroix Defense 公司的烟幕弹防护。

图 7-11　软杀伤主动防护系统烟幕弹防护

地面和海基部队还可使用诸如烟幕的对抗方式干扰激光测距、红外探测、激光武器和视距观测。

除物质性的对抗措施外，另一类软杀伤对抗技术是发射辐射信号的对抗措施，主要包括针对半自动指挥瞄准线制导反坦克导弹的红外线干扰器、半主动激光制导武器的激光目标诱饵系统等。

目前软杀伤主动防护系统也获得应用，如俄罗斯的 Shtora、德国的 AWISS、法国的 SPATEM 软杀伤主动防护系统。俄罗斯 Shtora 防护系统已在 T–80 和 T–90 坦克上应用，可使"陶"式反坦克导弹的命中率降低 20%~30%。

7.5 综合杀伤主动防护系统

综合杀伤主动防护系统是指集软、硬杀伤主动防护系统于一体的主动防护系统。这样根据不同的来袭弹药，可使用不同的杀伤手段。目前以色列研制的 ARPAM、美国研制的综合陆军主动防护系统（IAAPS）就属于综合杀伤主动防护系统，通过急促发射小型低速弹丸来摧毁来袭高爆弹药。同时，这种防护系统不会伤害附近的己方部队，可以安装在各种类型的地面战斗车辆上。美军在 2003 年对 IAAPS 进行了一系列试验，使其中一辆时速 32 km 的"布雷德利"战车免遭多个来袭弹药的攻击。IAAPS 由美国陆军坦克与自动车辆研究发展与工程中心（TARDEC）负责，由联合防务公司作为主集成商，诺斯罗普·格鲁曼公司负责提供射弹系统，BAE 系统公司负责提供电子干扰系统。该系统在减少装甲的同时，极大地提高了车辆的生存能力。

7.6 主动防护系统应用前景

主动防护系统由于在不显著增加质量的同时，显著提高坦克装甲车辆的防护能力，是未来车辆轻量化的技术途径之一，因此世界各国相继开展了主动防护系统研发和应用。俄罗斯"竞技场"和以色列"战利品"已成功应用于主战坦克，并经过实战验证。美国、德国、法国、乌克兰等国也开展了主动防护系统研制。德国的 AMAP–ADS 已在不同车型进行了试验，技术成熟。美国在研究验证以色列的主动防护系统的同时，也在研制自己的主动防护系统，如综合陆军主动防护系统（IAAPS）、"速杀"（Quick Kill）主动防护系统、"铁帘"（Iron）主动防护系统，最近开始研究模块化主动防护系统（MAPS）。随着主动防护技术的发展，更多的新型主动防护系统将在坦克装甲车辆防护系统中获得应用。

为满足未来主动防护系统对多种类、中远距离反坦克弹药的防护要求，未来主动防护系统将可能朝以下方向发展：

（1）基于软硬杀伤的模块化、通用化、系列化综合防护系统；

（2）全谱威胁（破甲、穿甲）对抗能力，系统反应时间短，多次拦截能力；

（3）形成近、中、远系列主动防护系统，降低附带损伤，与其他技术融合；

（4）地面车辆的顶部主动防护系统。

第 8 章
结构装甲

8.1 概述

结构装甲主要利用自身的尺寸、形状、间隙等结构特点,以获得对某个具体弹种的良好防护能力。与复合装甲、反应装甲不同,结构装甲主要依靠结构的独特设计实现防护功能,相对而言,对材料的依赖性并不强。同时,由于防护结构针对具体防护对象且相对固化,因此与防护对象的联系较为紧密,也即结构装甲往往仅对某种弹种具有较好的防护效果。

结构装甲具有多种使用方式,它不仅可以抵御弹道攻击,根据结构配置具备搭载能力,同时还可被制成或集成到固定式、移动式或机动式的车辆系统和单兵弹道防护方案中。结构装甲能够提高战场或其他高危环境下的战术和战略生存能力。在对抗多种类型的非对称攻击中,如目前城区维稳和反暴乱任务中出现的路边地雷和 RPG 火箭弹,结构装甲同样至关重要。由于结构装甲可由轻型复合材料及其他先进的特殊材料构成,因此还可为受防护的基础设施在信号管理领域提供防护,如增强车辆对地面雷达的隐身性。

8.2 屏蔽装甲

屏蔽装甲是一种附加在坦克主装甲前面,与主甲板有一定距离的屏蔽或遮蔽护板,是坦克装甲车辆上最早应用的结构装甲,它可以对坦克基体装甲起到一定的屏蔽保护作用。其功能是使空心装药破甲弹提前引爆或跳飞,以削弱金属射流对主装甲的侵彻能力。近代局部战争实践证明,屏蔽装甲是增强坦克装甲抗弹能力及保护行动部分简单而有效的措施。如苏联 T-72 坦克车体两侧各挂有 4 块护板,必要时还可向前张开与车体成 60°角;又如英国"奇伏坦"、美国 M1、德国"豹"系列等坦克车体两侧均挂有多块裙板,在空心装药炮弹、反坦克导弹、火箭弹等触及裙板时被提前引爆,由于车体侧装甲距裙板约 0.5 m,因此高速金属射流对侧甲板的侵彻作用被大大削弱,提高了坦克的抗弹能力。目前各国对这种装甲仍在积极改进和提高。

坦克车体上挂装的侧裙板和炮塔防护栅栏是最为古老和最为常见的屏蔽装甲。当今较为高级的屏蔽装甲常由复合装甲、爆炸反应装甲和动态物理响应式装甲等特种装甲组成,可以起到叠加的双重防护效果。

8.2.1 格栅装甲

早在第二次世界大战时格栅装甲就已经出现。几十年过去了,战争的形态也发生了很大的变化。但是到了现在面对"铁拳"的子孙——RPG-7 火箭筒,主战坦克还好,装甲车——尤其是轻型装甲车一旦被打到,其结果就是非死即伤。因此直到现在,格栅装甲仍然被各国军方所重视。

传统格栅装甲的外形与生活中的铁栅栏相类似,故也将其称为栅栏式屏蔽装甲。其结构是由间隔较小的高密度钢管、钢条等焊接而成,制造工艺非常简单。格栅装甲的主要作用是抵御火箭弹对装甲车辆的攻击。根据材料特点可以分为刚性格栅和柔性格栅两种。

1. 刚性格栅装甲

刚性格栅的主要形式有条形格栅装甲(图 8-1)和杆形格栅装甲(又叫板刺屏蔽)(图 8-2)。

图 8-1 条形格栅装甲

图 8-2 杆形格栅装甲

早在第二次世界大战时，为了对付德国研制的"铁拳"反坦克火箭筒，苏军提出了用铁栅栏一类的东西来有效减少"铁拳"威力的防护方法。这种防护方法很快在苏军中流行开来，很多坦克都加挂了该种格栅装甲。

瑞典 S 坦克（图 8-3）挂装的栅栏屏蔽装甲，1957 年即已装备部队，不过瑞典军方为了保护该种技术，对其进行了长达 30 多年的严格保密。直到 1992 年 10 月 1 日，在瑞典首都斯德哥尔摩举行的瑞典装甲部队成立 50 周年庆祝会上，这种栅栏装甲才真正公开露面。实际上就是用坚硬而有一定韧性的钢材制成圆棒，然后将它们连接成类似炉箅子的外形模样，再将圆棒的锥形端插入坦克装甲的锥形孔内，形成阻拦敌方来袭弹药的"栅栏墙"。

苏联在 1964 年设计出的 ZET-1 伞形网状屏蔽防护系统的伞形防护网（图 8-4）由套箍、6 条伞幅支撑杆和钢丝防护网构成。为了尽可能增加防护网与装甲板间的距离，同时防止防护网在炮塔回转时与车体发生干涉，基座套箍分别安装在 T-62 坦克炮管抽烟筒的前部和 T-54/55 坦克炮管抽烟筒的后部。

图 8-3 安装于瑞典 S 坦克车体头部的栅栏屏蔽装甲

由于坦克的炮塔宽度比车体小,因此打开后的防护网呈上窄下宽的三角形,能够从正面将坦克完全屏蔽起来且不会遮挡坦克乘员的观察视野。ZET-1 屏蔽防护系统的伞形防护网全重 60 kg,乘员使用随车工具最多只需 15 min 就能够把它安装到炮管上,防护网与坦克本体间的最小距离为 1 800 mm。

图 8-4 苏联 ZET-1 伞形防护网

(a) ZET-1 的正面;(b) 安装 ZET-1 的 T-62 坦克;(c) 丛林试验中的 ZET-1

为了减少坦克的外形尺寸,ZET-1 屏蔽防护系统在平时状态下是收起的。伞形防护网的战斗转换时间为 2~3 min。苏联军队曾先后使用 85 mm、100 mm

和 115 mm 破甲弹对 ZET-1 屏蔽防护系统的伞形防护网进行了防护性考核。结果表明,来袭弹丸在撞击 ZET-1 后全部被提前引爆,部分弹丸形成的射流虽然在坦克装甲上留下了命中痕迹,但无一贯穿车体。然而在随后 T-55 坦克和 T-62 坦克进行的 500 km 越野行驶测试中,ZET-1 屏蔽防护系统却暴露出较多问题。当坦克在起伏较大的路面行驶时,防护网的下沿极易与地面发生刮擦。由于防护网伞幅的长度大、直径小、刚度较差,坦克在树丛地带行驶时,防护网经常被树枝折弯压向后方,甚至被从炮管上扯掉。若增加伞幅的刚度,又会不可避免地增加防护网的质量,这样火炮在耳轴前方的不平衡力矩将进一步加大,最终可能造成坦克炮高低稳定器无法正常使用。据此,苏联装甲部队最终认定该防护系统不具备战场实用价值。

近些年,随着城市作战需求的不断增强和反坦克武器性能的大幅度提高,现有坦克装甲车辆的装甲防护能力又受到了极大的挑战。尤其是 2003 年伊拉克战争开始之后,当时为了对付伊拉克游击队广泛使用的火箭弹,提高坦克装甲车辆的防护能力,受早期栅栏屏蔽装甲的启发,整体式格栅装甲这一临时应急性的装甲防护技术手段应运而生。这种整体式栅栏屏蔽装甲简单实用,对减弱聚能破甲弹的作用效果尤为有效,加之其外形较为独特,所以在坦克装甲车辆装甲防护领域显得一枝独秀,并得到了越来越多的应用。美陆军在"斯特赖克"装甲车上安装了条形格栅装甲(图 8-5)。这一技术在其他的车辆上也得到了广泛的应用。但是"斯特赖克"装甲车上安装的条形格栅装甲达到了 2 300 kg,对车辆的机动性有一定的影响。

图 8-5 披挂栅栏式屏蔽装甲的美国"斯特赖克"装甲车

为了达到减重的目的,英国 BAE 系统公司成功研究出了一种 LROD 反火箭弹格栅装甲防护套件(图 8-6)。LROD 反火箭弹格栅装甲是一套轻量、铝合金制的模块化条状装甲系统,不仅在质量上比铁制装甲更轻,更能直接拴在车体上,不需要额外的焊接或剪裁,而且能在战场上直接进行维修。该装甲安装到美陆军 RG31 与 RG31A1 防地雷车上进行了测试，在经过多达 50 次的实弹实际试验之后，LROD 格栅装甲防护套件的防护性能得到了充分肯定。LROD 格栅装甲防护套件可以达到防护火箭弹攻击、保护乘员安全的标准，同时 LROD 格栅装甲模块化的设计也保留了车体的整体性。基于上述特点，LROD 反火箭弹格栅装甲防护套件也将应用于 MRAP Ⅲ 型车"野牛"扫雷清障车、AAV7 两栖车、新型 RG33 防地雷车和其他类型的 MRAP 车。

图 8-6　挂装了 LROD 反火箭弹格栅装甲的 RG31 防地雷车

2. 柔性格栅装甲

图 8-7 所示是以色列的"梅卡瓦"4 主战坦克后部挂装的一种链条式屏蔽装甲。坦克炮塔和车体的结合部是坦克的软肋，那里往往形成窝弹区，而"梅卡瓦"4 的窝弹区相对较大，对于其他的防护方式很难顾及该区域，因此在此部位挂装了这种链条式装甲。它所起的作用类似于金属格栅装甲，一般离车体 40 cm 左右。弹体引信在命中链式装甲时被提前引爆，金属射流的穿甲作用被削弱，起到一定的装甲防护作用，但效果有限。

图 8-7　"梅卡瓦"4 坦克挂装的链条屏蔽装甲

典型的线—网状格栅装甲见图 8 – 8。

图 8 – 8　线—网状格栅装甲

瑞典鲁阿格地面系统公司研制出了一种更轻型的、与格栅装甲类似的抗聚能装药的轻型装甲（Side PRO – LASSO）。该装甲采用 4 mm 高强度钢丝组成的菱形网。因此，它比采用铝合金杆的格栅装甲还轻，其面密度约为 $15 \sim 20 \text{ kg/m}^2$。而且，与刚性格栅装甲相比，该种装甲的效能与火箭弹的攻击方向不太相关，即使攻击角度为 $0°$，仍有 50% 的成功防护概率。丹麦陆军部署于阿富汗的 M113 装甲输送车上安装了该种线—网装甲。通用动力公司欧洲地面系统分公司也将其应用到莫瓦格公司的最新型"鹰"式装甲车上。

美国福斯特—米勒公司也正在研制一种线—网装甲（RPG Net 线—网装甲）。该装甲安装在法国 VBCI 步兵战车上（图 8 – 9），于 2010 年欧洲萨托利装备展上进行了展示；波兰改进型"黑獾"装甲车也采用了 RPG Net 线—网装甲。RPG Net 线—网装甲据称采用凯夫拉绳索构成，线网中的节点采用方形的硬金属构件，这些硬金属构件不仅用于将防护网固定成合适的结构，而且其局部也进一步增强了对火箭弹弹头同心锥体的挤压作用，该线网的面密度仅为 10 kg/m^2。但存在的问题是，线—网装甲易于受到意外损坏，在开阔地区使用时可能问题不大，但在丛林和城市地区使用时就容易发生问题。

由英国 Amsafe 和英国国防部国防科技实验室共同研发的 Tarian 织物轻型装甲（图 8 – 10）是以多层高强度织物复合而成，可以使常见的 RPG – 7 等火箭武器的弹头无法起爆，其设计目标就是代替传统的硬质块状或者格栅装甲。Tarian 系列装甲系统中的最新式的 Xtreme 型网状装甲（图 8 – 11）在同等防御条件下比钢格栅装甲轻 90%，比铝格栅装甲减重 75%。该项技术已经在英国和美国进行了广泛测试，在各种条件和环境下累计承受过超过 650 次实弹射击试验。

第8章 结构装甲

图8-9 安装了RPG Net 线—网装甲的法国VBCI步兵战车

图8-10 早期的Tarian织物轻型装甲

图8-11 2011年英国防务展上展出的Tarian Xtreme型网状装甲

以色列普拉桑公司研制的FlexFence轻型车辆装甲系统与"塔兰"装甲在概念上类似，采用了类似织物的多层结构，从而实现对RPG火箭弹的防御性能。FlexFence 的面密度为 10 kg/m², 厚度为 20.32 cm。应用于车辆时，无须安装支架，可直接安装在车体上，安装时只需将安装条粘在车体上，然后将 FlexFence 装甲板捆绑在安装条上即可。与条形格栅相比，该新型装甲不会明显增加车辆的宽度。

3. 基本原理

格栅装甲主要是利用火箭弹的构造特点来实现其防护性能的。

火箭弹的结构作用机理：火箭弹是一种超口径、带增程发动机的尾翼稳定破甲弹，当火箭弹战斗部撞击物体时，则压电引信产生电流，通过风帽、内锥罩形成闭合电路传至引信使主装药起爆，驱动药型罩形成射流，侵彻主甲板。它采用压电引信，由头部机构与底部机构组成。当其头部的压电晶体受压（或受到冲击）后，产生电荷使电雷管引爆。图 8-12 是火箭弹的起爆电路图。在药型罩前有一内锥罩，内锥罩的一端与引信头部机构中压电晶体的一极相连。在药型罩的顶端有一导电杆，导电杆与引信的电雷管相连，成为一个通路，其与另一条通路（风帽、弹体、衬套、引信）一起构成回路。电流通过这条回路引爆电雷管。

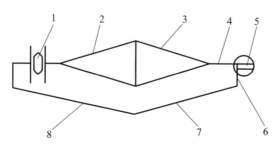

1—压电晶体；2—内锥罩；3—药型罩；4—导电体；
5—电雷管；6—衬套；7—弹壳；8—风帽。

图 8-12 火箭弹起爆电路图

从破甲弹战斗部的结构可以看出，火箭弹是采用直接撞击的方式起爆，其整流罩和主装药外的被甲由非常薄的铝合金板或钢板冲压而成，内部存在间隙。当头部机构中的压电晶体受到挤压时，发生破损、失效，从而使其无法产生电流引爆电雷管，破甲弹将不能发挥反装甲的作用。而格栅装甲正是针对破甲弹这一特点设计的。使用时，格栅装甲的钢条之间间隔固定，并且与车辆主装甲保留足够的距离。反坦克导弹的弹径都不小于格栅间距，所以当反坦克火箭弹和反坦克导弹击中格栅装甲的间隙时，破甲弹的风帽、整流罩与周边的高强度钢条碰撞后会被挤压变形，甚至完全碎裂，电发引信损坏、失效而无法引爆战斗部，使命中车辆的火箭弹或反坦克导弹因无法起爆而失效，从而消除对主装甲的伤害。

然而该型装甲并不是百分之百有效，原因是格栅装甲由数十根钢条焊接而成，所以存在受弹区域，因此如果破甲弹直接命中组成格栅的钢条，仍然可以正常起爆，其剩余的射流能量虽无法再穿透主战坦克的主装甲，但对付步兵战车、装甲输送车这类轻型装甲车辆仍绰绰有余。据报道，格栅装甲对轻型装甲车辆的有效防护率大约在60%。

8.2.2 侧裙板

20世纪40年代初期，与空心装药战斗部差不多同一时刻起，对抗这支"矛"的"盾"——侧裙板就出现了，最早使用的是德军的3号坦克和3号突击炮（图8-13）。最早的侧裙板就是在距车体一定距离加焊的角铁上挂块薄铁板。第二次世界大战结束后，随着大威力破甲战斗部的推广，侧裙板由普通铁板向强化橡胶、空心装甲盒、复合装甲块逐步演化，有时还会外挂爆炸反应装甲，结构越来越复杂，防护性也越来越好。挂装于坦克履带周围的侧裙板不仅具有防护作用，还可减少沙尘。

图8-13 德国3号坦克挂装的侧裙板

侧裙板根据其结构特点可以分为单层裙板和复合裙板两类。

1. 单层裙板

单层裙板的材料主要有装甲钢、钢、铝合金、硬橡胶、凯夫拉和复合材料等。苏联在1964年设计出的ZET-1屏蔽防护系统就包括车体两侧的裙板组件（图8-14）。ZET-1屏蔽防护系统的侧裙板全重200 kg，由6块裙板组成。它使用了铰接式弹簧，可使裙板张开30°，增加了对前方来袭弹药的屏蔽面积,同时将屏蔽距离增加到 950～1 500 mm。张开式裙板的安装比较复杂,需要用电焊将回转基座焊在翼子板上(第一裙板的支撑臂焊在前上装甲板上)。和以往的屏蔽防护装置相比,ZET-1 的最大特点在于提供了正面防护,而且不会挡住乘员的观察视野。为了减少坦克的外形尺寸,ZET-1 屏蔽防护系统在平时状态下是收回的。其中侧屏蔽裙板的战斗转换时间为 1 min。经过实弹靶试及行驶测试,ZET-1 屏蔽防护系统的侧屏蔽裙板组件得到了高度评价,并在 T-64 坦克和 T-72 坦克的早期型号上进行了应用。

图 8-14 ZET-1 屏蔽防护系统的裙板组件

俄罗斯 T-72A 坦克的侧翼外缘各有 4 块张开式裙板。第一块较小,其余 3 块稍大,由较厚的金属板和橡胶板组成,用簧式铰链装在翼板上,平时略为向外张开,与车体纵轴线成 70°～80°夹角,对侧面车体起到保护作用。坦克通过狭窄障碍地段时,可将裙板压至紧贴车体的位置,便于顺利通过复杂地形。

俄罗斯 T-72Б 坦克(标准的)也挂装了橡胶侧裙板,其主要作用是保护托带轮和负重轮。对于单一材料侧裙板,在战斗时还可以根据需要换装或挂装其他的附加装甲,来满足战场生存的需要。图 8-15 为俄罗斯 T-72 主战坦克及外形结构示意图。

图 8-15 俄罗斯 T-72 主战坦克

图 8-16 为英国 BAE 系统公司研制的新式 CV90 "犰狳"(Armadillo)装

甲运兵车，该车的车身拥有良好的斜角设计，垂直装设的装甲侧裙板采用先进的复合材料制成，可吸收雷达波并降低车辆运作时所散发的红外线，具有反雷达追踪能力，可提高战场生存率。

图 8-16　英国 CV90"狈犽"装甲运兵车

日本 90 式主战坦克（图 8-17）两侧裙板各由 7 块均质钢板组成，厚约 10 mm，可产生与夹层装甲相同的效果。裙板可以单独向上折叠起来，便于行动部分的维修。

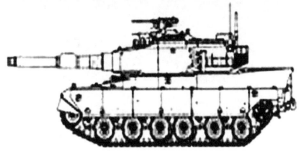

图 8-17　日本 90 式主战坦克

美国 M1 车体两侧各安装 6 块装甲裙板，可向上翻转，既保护了悬挂，又可避免因车侧中弹引起二次效应。前部裙板厚约 40 mm，后部裙板厚约 20 mm。

2. 复合裙板

第二次世界大战结束后，随着大威力破甲战斗部的推广和战争形势的变化，很多国家推出了城市版的坦克，因此侧裙板的形式也发生了变化，由单层向复合逐步发展，其结构越来越复杂，相应的防护性能也越来越好。复合裙板是指由多层装甲叠加组合而成的装甲侧裙板，具有双重或多重的防护效果。它具有多种自由灵活的组合方式。

复合裙板的一种形式是由多层材料复合而成的侧裙板，如两层装甲板中间夹一层软的物质，用以防御破甲弹。其中第一层钢板的作用是引爆破甲弹头，中间层的作用是使金属射流被分散，第二层装甲板的作用是使被分散的射流发生溅射，从而大大减低了破甲弹的破甲效果。

"勒克莱尔"坦克的主要部位采用模块式复合装甲。这种复合装甲包括高硬度合金钢装甲（外层）、高韧性合金钢装甲（内层）和中间的多层凯夫拉陶瓷层。车体前部侧面有 6 个附加装甲箱，比单层的侧裙板有更强的防护力。"勒克莱尔—城区行动"（AZUR）主战坦克（图 8-18）采用先进复合材料制成的侧裙板，提高了乘员室及行动装置的防护能力，同时车体及炮塔后部加装了可抵御火箭弹攻击的格栅装甲。除此之外，发动机上方还采取了附加防护措施以抵御汽油燃烧瓶的攻击。

图 8-18 "勒克莱尔—城区行动"主战坦克

复合裙板更适合于城市作战。因为复合裙板不利于活动，在野战中复合裙板不利于快速机动，但是在城市巷战中，坦克不需要太快的机动，反而应该注意防护的问题，尤其是单兵的反坦克导弹，比如 RPG 这样的单兵装备。它们往往不会穿透坦克的前装甲，但是会在侧面装甲薄弱的地方给坦克带来威胁。城市战的坦克都会加大裙板的保护。比如美国的 M1A2 TUSK 城市作战型坦克，在原有侧裙板外加装反应装甲以提高坦克在城区战场上的生存力和战斗力。在原有侧裙板外加挂附加装甲是复合裙板的又一种结构形式。

德国的"城市豹"巷战坦克（图 8-19）在前 5 个负重轮上部装备了新型先进被动反应装甲侧裙板，而炮塔上附加的侧装甲则可延伸至炮塔尾部，从而达到更好地保护自己的目的。

图 8-19 德国"城市豹"巷战坦克

德国"豹"Ⅱ车体和炮塔均采用间隙复合装甲，车体前端呈尖角状，增加了厚的侧裙板，车体两侧前部有 3 个可起裙板作用的工具箱，提高了正面弧形区的防护能力。

俄罗斯为了加强"黑鹰"主战坦克（图 8-20）两侧的防护能力，在其前 5 个负重轮的上半部侧裙板上加装了反应装甲块。反应装甲块其外板仍为钢板，而内板则采用 3 层橡胶压成的橡胶板，为的是防止反应装甲爆炸时内板伤及履带。为了防地雷，"黑鹰"坦克车体前部下方也安装了用橡胶纤维制成的挠性板，用于提前扫除带触杆式引信的反坦克地雷。

图 8-20 "黑鹰"主战坦克

3. 基本原理

坦克和其他装甲车辆上的挂装侧裙板实际上是一种空心装甲，主要针对第二次世界大战期间兴起的空心装药战斗部（也就是破甲弹）。裙板的作用是提前引爆破甲弹，提高破甲弹的炸点到装甲的距离，即使其实际炸高变大，从而达到削弱射流的作用。图 8-21 为屏蔽装甲改变破甲弹炸高示意图。图中，实际炸高 SO_r 为屏蔽装甲与主装甲之间的水平间隙 d' 与破甲弹预定炸高 SO 之和。

$$SO_r = d\sec\theta + SO \quad (8-1)$$

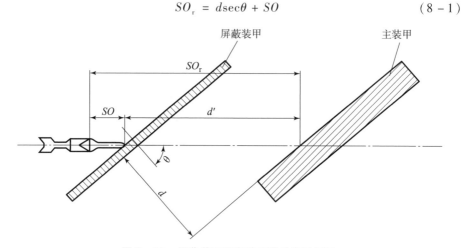

图 8-21 屏蔽装甲改变破甲弹炸高示意图

8.2.3 多孔结构装甲

多孔装甲是一种用于防御中小口径穿甲弹的新型屏蔽装甲，是一种基于高硬度钢板的新颖的装甲防护结构，是均匀分布的、孔径一定的均质轧制高硬度钢板，钢板上任意相邻的两孔之间孔距相等。相对于同等厚度的均质普通高硬度装甲钢板，能够减重约 40%，在抗小口径动能弹方面具有一定的性能优势；同时，相对于装甲铝合金、装甲镁合金、装甲钛合金，又具有一定的成本优势。

1. 多孔装甲的影响因素

法国克鲁索特—卢瓦尔工业公司对多孔装甲（带孔的 MARS300 钢板）进行了较为全面的研究。将带孔的 MARS300 钢板附加到铝装甲基体上，中间留有间隙。带孔的 MARS300 钢板上的孔的大小及分布与厚度有关，具体情况如

表 8-1 所示。其抗弹性能的提高情况如表 8-2 所示,对普通枪弹的防护系数可达 2.10,对 25 mm 脱壳穿甲弹的防护系数可达 1.86。可见,采用多孔板技术将能够有效提高抗小口径动能弹的性能。

表 8-1 带孔的 MARS300 钢板孔的布置情况

钢板厚度/mm	$\phi 15a24$	$\phi 12a18$	$\phi 10a15$	$\phi 8a15$	$\phi 5a8$
15	○				
12	○	○			
10		○	○		
8		○	○	○	
6			○	○	
4				○	○
3					○

注:ϕ—孔径;a—孔的中心距

表 8-2 带孔的 MARS300 附加装甲的抗弹性能

弹种	射距/m	倾角/(°)	质量减少/% (与 MIL-A-46100 比较)	防护系数 N
12.7AP(M2)	100	0	40	2.17
14.5 B32	100	0	40	2.17
20 OPT(API)	100	25	40	2.60
25 APDS	100	45	40	1.86

注:MIL-A-46100 的 N 按 1.30 计

宋金峰等对多孔钢板抗 14.5 mm 穿甲弹抗弹性能进行了试验研究以及数值仿真模拟计算,分析了影响多孔装甲抗弹效应的多个因素及它们之间的关系,指出:

(1)相对于相同材质、同等厚度的高硬度钢板,多孔钢板具有显著的减重效果。当法线角较小时,其抗弹性能高于无孔的高硬度钢板;当法线角较大时,其抗弹性能与无孔的高硬度钢板相当。

(2)相对于相同材质、同等厚度的高硬度钢板,法线角越小,则多孔钢板在抗弹性能方面的优势越大,尤其是在 0°法线角时提升尤其显著(图 8-22)。

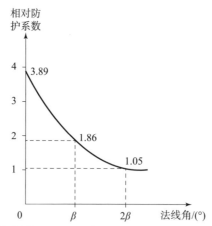

图 8-22 多孔钢板抗 14.5 mm 穿甲弹的相对防护系数与法线角关系曲线

但是，随着法线角的增大，高硬度钢板抗弹性能的角度效应逐渐发挥出积极作用，多孔钢板的抗弹性能逐渐与相同试验条件下、相同厚度高硬度钢板的抗弹性能接近，具体表现即为多孔钢板相对于高硬度钢板的相对防护系数依次降低。但是，随着法线角的增大，多孔钢板的抗弹性能仍逐渐增强。

（3）小口径动能弹的弹着点对多孔钢板的抗弹性能具有一定的影响，弹着点位置不同，多孔钢板损伤区域的面积也存在差异，而多孔钢板损伤区域的面积与其抗弹性能成正比，当弹着点位于三孔之间时该区域面积最大，则其抗弹性能最强；同理，弹着点位于孔中心时抗弹性能最低。

（4）多孔钢板与后效靶之间增加间隙可显著增强其抗弹性能，且随着该间隙的增大，多孔钢板的抗弹性能显著提高。

（5）某一孔径、孔间距规格的多孔钢板，对不同口径的小口径动能弹的抗弹性能不同，二者之间应符合多孔钢板孔径小于小口径动能弹芯直径的要求，特别是在垂直侵彻的情况下。

（6）某一孔径、孔间距规格的多孔钢板，在一定的厚度范围内，随着板厚的增加，其抗弹性能增强。

图 8-23 表明孔径 d、弹径 D、孔的布置（相邻两孔的中心距 a）等参数均对多孔钢板的抗弹性能（穿深 p，质量系数 E_m）有影响。由图 8-23 可知，在 a/d 相当的前提下，d、d/D 变小，弹丸在多孔钢板上的穿深 p 降低，质量系数 E_m 增大，而质量系数越大则抗弹性能就越好，也即多孔钢板的抗弹性能增强。可见，在一定的条件下，多孔钢板的孔径小，有利于其提高抗小口径动能弹的性能。

第 8 章 结构装甲

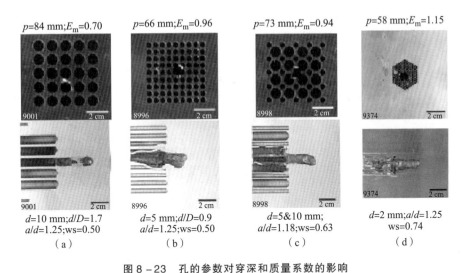

图 8-23 孔的参数对穿深和质量系数的影响

2. 多孔装甲的应用

多孔装甲多用于装甲人员输送车和步兵战车。以色列拉斐尔公司生产的 TOGA 附加装甲就是这种装甲。20 世纪 80 年代以色列入侵黎巴嫩时,以色列 M113 装甲车上首次安装了这种装甲。英国"蝎"式装甲车在参加伊拉克战争之前也安装了多孔高硬度钢装甲。

英国国防科学技术试验室(DSTL)与剑桥大学和奎奈蒂克公司(QinetiQ)联合研发了一种超硬度钢装甲。该装甲采用超贝氏体钢,表面具有排列有序的小孔,已在国防部实弹射击场完成测试,测试结果较好。据 DSTL 彼得·布朗教授介绍,装甲上的孔不应该简单看作孔,而应该看作边缘,子弹打到边缘时会转向,从锐利射弹转变为钝弹,从而更易于拦截。这种装甲设计减轻了装甲质量,同时使得弹道防护性能加倍,弹道防护效率更高。自 20 世纪 30 年代以来,众所周知,某些热处理可改变钢的显微结构,得到贝氏体相。DSTL 科学家与钢制造公司合作开发了一种新型制造工艺,可快速低成本生产合金。超贝氏体钢是在不添加贵重金属条件下,通过对钢铁进行等温淬火工艺得到,而其他装甲钢则需要淬火和调制工艺。具体工艺如下:钢铁先被加热到 1 000 ℃,然后冷却至约 200 ℃,保持一段时间后,再冷却至室温。在英国国防部成功完成超贝氏体钢工业生产测试之后,由 DSTL 与 Corus 公司和 Bodycote 热处理公司联合开发了一种特种高硬度钢装甲。在降低成本的条件下,超贝氏体钢装甲能够与其他国家最好的钢装甲弹道防护性能相媲美。

图 8-24 为安装有多孔钢板的芬兰 XA188 轮式装甲车。

图 8-24　芬兰 XA188 轮式装甲车安装多孔钢板结构

3. 基本原理

动能弹在侵彻均质靶板的过程中，其弹体的运动趋势是向阻力最小的方向发展，也就是说弹头存在沿着最短距离穿入与逸出的倾向。若均质靶板倾斜安装，则动能弹在其中的轨迹并不是沿着入射弹道方向，如图 8-25 所示，而是逐渐向着法线角减小的方向改变。图中实线示意的是入射弹道方向，虚线示意的是弹道方向的变化趋势。

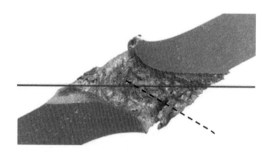

图 8-25　动能穿甲弹侵彻斜置靶板结果

多孔装甲的设计就是利用了这一现象以取得较高的防护性能，同时满足了减重的要求。

均匀布置的通孔相当于是在均质高硬度钢板结构上设置薄弱点，以引起小口径动能弹侵彻过程中受力状态的改变，主动影响其侵彻轨迹，同时使多孔钢板受到打击时引起弹着点附近及周围部分与多孔钢板整体撕裂，将小口径动能弹的侵彻量分散到一个较大范围内，而不是仅集中于某一个部位，从而较大幅度提高硬钢板的抗弹性能。另外，因为装甲板上分布有许多孔眼，多孔装甲在对抗动能弹时，孔眼使弹着点出现不对称性，导致射弹侵彻装甲时弹芯承受剪切应力，使射弹破裂或造成飞行不稳定，因而经常能致偏或粉碎射弹，也可降低来袭弹药的动能密度。

研究表明，多孔钢板抗小口径动能弹的过程本质上还是高硬度钢板在抗小口径动能弹时的失效与绝热剪切过程。多孔钢板抗小口径动能弹的抗弹性能，受到多孔钢板的结构参数（孔径和孔间距、厚度、与后效靶的间距）以及小口径动能弹丸着靶时的法线角、弹着点的影响。多孔钢板上孔径、孔间距与多孔钢板的厚度相关，相对于同等规格、相同厚度的无孔高硬度钢板，多孔钢板能够较大幅度地提高对小口径动能弹的抗弹性能。

8.3　间隙装甲

间隙装甲是指合理有效地利用"间隙效应"来提高装甲抗弹性能的一种结构装甲。间隙装甲的抗弹性能优于均质装甲。间隙装甲是非常普遍的一种构造方式。采用间隙设计可以大幅度提高坦克装甲防御破甲弹和穿甲弹的能力。

间隙式装甲对抗破甲弹时，通过提前引爆破甲弹、改变破甲弹预定的最佳炸高来达到预期的防护效果；对抗穿甲弹，则是通过各层之间的间隙来改变穿甲弹的运动轨迹，从而达到预期的防护效果。

8.3.1　板状间隙式装甲

板状间隙式装甲是指两层或多层装甲板组合、各层间留有一定间隙的结构装甲，它是脱离传统钢装甲设计向前发展的第一步，能有效地防小口径破甲弹，对穿甲弹也有一定的防护能力。采用倾斜方式可以减少子弹或实弹穿透力。这种方式从第一次世界大战以来就已在使用，那时是应用在 Schneider CA1 和 St Chamond 坦克上。许多第二次世界大战初期的德制坦克也备有类似防护挡板的间隙式装甲，使它们内层较薄的装甲能更有效地对付反坦克弹药。

1. 间隙式装甲

近代坦克侧装甲外装有复合装甲裙板，以行动部分所占的空间作为间隙，侧装甲作为主装甲。这样的结构对侧前方来袭的穿、破甲弹构成了大倾角和大间隙的间隙复合装甲。具有此种装甲结构特征的主战坦克自 20 世纪 70 年代已陆续出现，如英国 FV4030/Ⅲ 坦克、美国 M1 坦克、德国"豹"Ⅱ坦克和日本 90 式坦克等均属此列。

对付日渐进步的高爆反坦克弹头，整合型间隙式装甲于 20 世纪 60 年代又再度采用于德制的"豹"Ⅰ式坦克。这类装甲的内部保持中空，在给定的装甲质量下，增加车体由外至内的距离，因此降低锥形装药（穿甲弹）的穿透力。有些装甲甚至会在中空的间隙内部表面刻意制成数个斜面，以针对锥形炸药喷流的默认路径加以消散其威力。举例来讲，对一个既定质量的装甲，分成双层 15 cm 厚与单层 30 cm 厚的方式，前者能有更强的防护力以对抗锥形炸药。惠普尔护罩（Whipple shield）即是使用间隙式装甲的原理来保护航天飞机承受高速微流星体的撞击。在第一层的撞击会打散或破坏袭来的颗粒，促使碎片在之后的隔层内散布较大的范围，以分散撞击的能量。

北约三层重型靶（MIL－TD－12560/46177c 军用超高强度钢）是北约国家为统一反坦克武器威力考核标准而设置的一种新式的结构靶，用于模拟重型坦克装甲。它由 10 mm、25 mm、80 mm 三层装甲靶组成，靶间水平距离 305 mm，靶板的法线角为 65°，如图 8－26 所示。

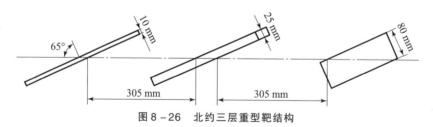

图 8－26　北约三层重型靶结构

以色列的"梅卡瓦"主战坦克是应用间隙装甲的最好代表，该坦克车体的前上装甲是由 5 层装甲板和其间的 4 个间隔组成的间隙装甲，车首甲板为间隙式，两层甲板之间安放燃料箱，进一步提高了抗弹性能。

美国 M2 履带式步兵战车（图 8－27）的车体是由铝合金装甲焊接而成。车体后部和两侧垂直装甲为间隙装甲。该间隙装甲由外向内依次是：第一层 6.35 mm 厚的钢装甲，第二层 25.4 mm 的间隙，第三层 6.35 mm 厚的钢装甲，第四层 88.9 mm 的间隙，最后一层为 25.4 mm 的铝装甲背板，总厚度 152.4 mm。整个装甲能防 14.5 mm 枪弹和 155 mm 炮弹破片。

巴西 EE－T1"奥索里约"主战坦克（图 8－28）是由恩格萨公司设计的坦克装甲，为双金属板结构；并在重点部位采用了间隙式装甲，需要时可将陶瓷装甲插在两层装甲板之间。

图 8-27　美国 M2 履带式步兵战车

图 8-28　巴西 EE-T1 "奥索里约" 主战坦克

苏联 T-64 主战坦克（图 8-29）车体前部采用了复合装甲结构，T-64A 的炮塔是整体铸造加顶部焊接结构，并列机枪射孔附近的炮塔壁厚约为 400 mm，主炮两侧的间隙装甲中填有填料，顶装甲板厚度为 40~80 mm，炮塔侧面装甲厚 120 mm，后部装甲厚 90 mm。附加装甲是 T-64 坦克提高装甲防护的重要措施。在车体前下甲板装有推土铲，乘员舱内壁装有含铅防中子辐射的衬层，车体侧面装有张开式侧裙板。

美国 AIFV 履带式装甲步兵战车（图 8-30）车体采用铝合金焊接结构，并披挂有 FMC 公司研制的间隙钢装甲，用螺栓与主装甲连接。这种间隙装甲中充填有网状的聚氨酯泡沫塑料，质量较轻，并有利于提高车辆水上行驶时的浮力。密闭式焊接的单人炮塔在车体右侧发动机后面，也披挂有类似车体上的间隙装甲。

图 8-29　苏联 T-64 主战坦克

图 8-30　美国 AIFV 履带式装甲步兵战车

2. 附加装甲

屏蔽装甲抗动能弹的作用很小，尽管有的屏蔽装甲采用了高强度材料，也不能有效地使动能弹头产生严重变形或断裂。所以，将屏蔽装甲结构作了若干改变,如将屏蔽层加厚或同时以多层钢板代替单层屏蔽,用弹性或刚性支撑固定在主装甲上,以取得既能改变破甲弹炸高又能辅助装甲获得更高的抗动能弹能力的效果。此种可拆卸的屏蔽式装甲称为附加装甲(图 8 – 31),在改造型坦克上应用更为方便。附加装甲可以在临战前使用,平时训练时可以不装备。

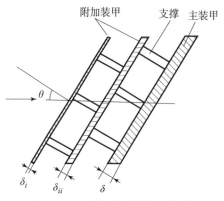

图 8 – 31　附加装甲结构示意图

由于附加装甲的防护性能主要靠其构成的装甲板的强度及厚度,所以防护厚度 δ_t 可按式(8 – 2)计算:

$$\delta_t = (\delta_i + \delta_{ii} + \delta)\sec\theta \qquad (8-2)$$

当 $\theta = 0°$ 时,

$$\delta_t = \delta + \delta_{ii} + \delta_i \qquad (8-3)$$

附加装甲的间隙效应和刚性支撑的影响均不同程度地增加防护性能,但不显著,在设计或评估抗弹性能时可忽略不计。

3. 基本原理

如图 8 – 32(a)所示,在动能弹击穿均质装甲的过程中,弹头存在沿着最短距离穿入与逸出的倾向。这种倾向使弹头在多层装甲的大间隙内改变飞行姿态,不能按原理想的飞行姿态打击下一层装甲板[图 8 – 32(b)]。近代长杆形穿甲弹的飞行姿态尤其容易失稳,因而在打击第二层或后继的多层装甲板时容易沿装甲板法线方向碎裂,丧失穿甲能力[图 8 – 32(c)]。

如图 8 – 32 所示,动能穿甲弹倾斜穿过第一层装甲面板以后,除了丧失一部分动能外,还改变飞行姿态,即使弹头向下方偏转角度 $\alpha_p(\theta - \alpha = \alpha_p)$,于是打击第二层装甲时入射角度改变。如果第一层装甲(面板)与第二层装甲板中间有较大的间隙,则上述偏转了的弹头在此间隙中飞行一段距离后,将有更大的偏转,使弹头难以按理想的飞行姿态撞击第二块装甲板,使其穿甲效果随弹的速度降、失稳的飞行姿态和弹头变形程度或碎裂程度等因素的不同而有不同程度的降低。近代长杆形重金属尾翼稳定的穿甲弹对装甲的间隙效应尤为敏感，往往在穿过间隙装甲的面板后，尾翼即因剪切作用严重损坏或剥离弹体，弹体本身也因飞行姿态的改变，在撞击第二块或以后的装甲板时严重变形甚至碎断，失去穿甲能力。较厚的装甲板，在每一间隙内能使弹头的偏转角（α_p）有较大的变化。实践证明，弹头偏转 $1°\sim 2°$ 即可使长杆形动能穿甲弹在穿透一两层装甲板后，于第三层或主装甲上形成跳弹、横弹、碎断而失去穿甲能力，或因弹体穿甲能力降低而被主装甲阻止。动能穿甲弹在间隙穿甲中被阻时的损坏形式主要有弹头断裂、弹头碎裂、跳弹、终止等（图 8 – 33）。

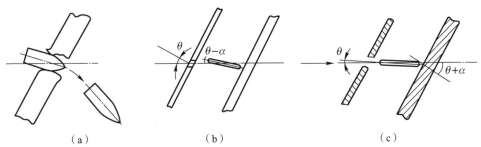

图 8 – 32　间隙装甲的间隙效应示意图

(a) 弹头沿最短距离穿入与逸出；(b) 弹头在大间隙内改变飞行姿态；
(c) 长杆弹在大间隙内失稳

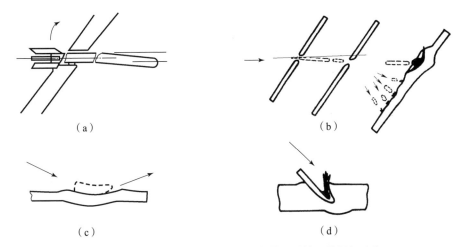

图 8 – 33　动能穿甲弹在间隙穿甲中被阻时的几种损坏形式
(a) 弹头断裂；(b) 弹头碎断；(c) 跳弹；(d) 终止

间隙装甲对聚能装药的反装甲武器也有很好的防护作用。因为聚能装药的反装甲弹药击中间隙装甲被引爆后首先是增加了破甲弹的实际起爆炸高，即将破甲弹提前引爆；随后形成的高温、高压、高速的金属射流穿过间隙装甲，由于层间界面的变化、间隙的存在等因素使得破甲射流的连续性被破坏，发生失稳，间隙中的空气层使聚能射流受到破坏，射流没有能力穿透主甲板，这就削弱了破甲弹的威力，从而达到防御的目的；另外，射流通过较小间距间隙装甲的过程中，后续射流会被射流及金属粒子反溅物干扰（图8-34），间隙装甲就是利用上述的特性实现对破甲弹的有效防护。

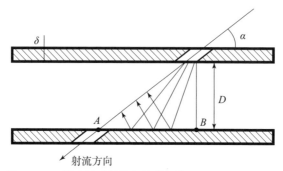

图8-34 射流通过板状间隙装甲被反溅物干扰的现象

8.3.2 管状间隙装甲

Cao H Q等人报道了一种管状间隙装甲，它是基于射流在间隙装甲之间的飞溅物是影响射流侵彻能力下降的主要原因这一抗射流侵彻理论而提出的。管状间隙装甲抗射流侵彻性能优于板状间隙装甲。射流对管状间隙装甲的侵彻机理，不但存在与板状间隙装甲相同的多次开坑、间隙对射流的拉断，以及斜侵彻将增加管壁的有效厚度和间隙外，更为重要的原因是由于"管壁效应"的存在，使反溅物向心地返回，从而对后续射流产生严重干扰。

1. 射流侵彻管状间隙装甲过程

图8-35为射流侵彻管状间隙装甲的示意图。图8-36是采用有限元数值仿真软件计算出的射流斜侵彻管状间隙装甲过程形态变化图，当射流[图8-36（a）]到达靶板时，经过一次开坑，射流形态除了头部没有发生明显变化[图8-36（b）]，随之射流通过管子上壁[图8-36（c）]而达到下壁时，射流形态就发生了明显的变化（图8-36（d）），一方面射流经过疏密介质，射流被拉断；另一方面，由于经过管壁反射的靶板残渣对射流进行了干扰。而斜侵彻更加重了这一情况，不但使管壁的有效厚度和间隙增加，而且靶板的残渣也更容易对后续射流产生干扰。随后射流有了二次开坑并通过下壁，射流的形态变化更为明显[图8-36（e）]。最后后续射流也通过了钢管，被干扰的

射流发生明显的形态变化［图 8-36（f）］。

图 8-35　射流侵彻管状间隙装甲

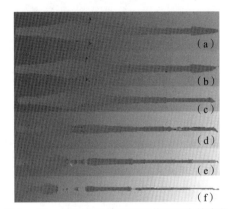

图 8-36　射流侵彻管状间隙装甲形态的变化

通过射流形态的对比（图 8-37），可以更加清晰地看出管状间隙装甲对射流的影响，图 8-37（a）是自由射流形态，图 8-37（b）为射流侵彻板状间隙装甲的形态，图 8-37（c）是射流正侵彻管状间隙装甲的形态。说明两种装甲对射流都产生了干扰，但管状间隙装甲对射流产生的干扰更大；而且在对管状间隙装甲的斜侵彻中，对射流的干扰效果更明显。

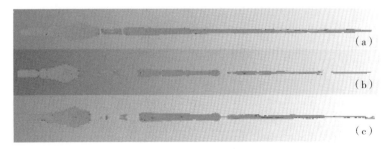

图 8-37　射流的形态

2. 基本原理

钢管对射流的抗侵彻机理中，最重要的功能是反溅的射流和靶板的金属残渣对后续射流的干扰作用。由于这种干扰作用的存在，钢管夹层结构较平板间隙装甲对后续射流的干扰作用要强得多，这种现象称为"管壁效应"。如图8-38所示，两种装甲在射流的侵彻作用下，材料发生了飞溅，图中左侧的板状间隙装甲由于没有板子的约束，大量靶板残渣飞散开来，而没有返回对后续射流产生干扰；而右侧的管状间隙装甲，由于有管壁的约束，残渣发生汇聚，"向心"反弹对后续射流产生了严重的干扰。

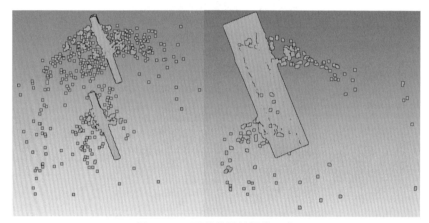

图8-38 两种装甲材料的飞溅

下面从两种装甲产生干扰物面积大小方面，对"管壁效应"进行定量近似的分析。从板状间隙装甲对射流进行干扰时（图8-39），只能在一近似的平面内对射流进行二维的干扰。设板厚为δ，间隙厚度为D，射流对靶板的着靶角为α，射流直径为d_j，则产生干扰射流的反溅物面积S_1为

$$S_1 \approx \overline{AB} \cdot d_j = D \cdot d_j \cdot \cot\alpha \qquad (8-4)$$

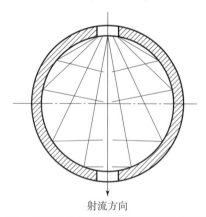

射流方向

图8-39 射流垂直侵彻钢管时被反溅物的干扰现象

当垂直侵彻时，即 $\alpha = 90°$，根据式（8-4），$S_1 = 0$，即射流垂直侵彻板状间隙靶时，没有干扰作用。

然而，射流垂直侵彻钢管时，仍然有干扰作用的存在，如图 8-39 所示。管状间隙靶产生能干扰射流反溅物的面积 S_2 为

$$S_2 \approx \pi \cdot D \cdot d_j \tag{8-5}$$

设 $S_1 = S_2$，则 $\cot\alpha = \pi$，即 $\alpha = 17.7°$，说明对板状间隙装甲着靶角为 17.7° 的斜侵彻才相当于对钢管的正侵彻的作用。

当射流斜侵彻钢管时，对射流的干扰作用更突出，如图 8-40 所示，射流受到三维立体干扰。

$$S_3 \approx \frac{1}{2}\overline{AB} \cdot \pi \cdot D = \frac{\pi \cdot D^2}{2} \cdot \cot\alpha \tag{8-6}$$

当侵彻夹角 α 相同时，与板状间隙装甲相比，产生的反溅物面积之比为

$$\frac{S_3}{S_1} = \frac{\pi D}{2d_j} \tag{8-7}$$

因为射流直径 d_j 远小于 D，所以 S_3 远大于 S_1。

分析可知，管壁效应的存在是管状间隙装甲抗射流侵彻性能优于板状间隙装甲的主要原因。值得一提的是，本书分析的是单层钢管对射流的侵彻，当几层钢管叠加后，对射流的干扰将是致命的。

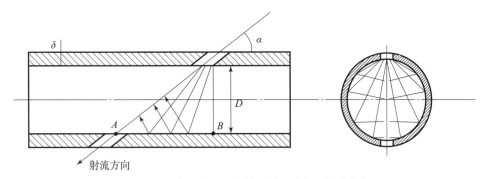

图 8-40　射流斜侵彻钢管后被反溅物干扰的现象

8.4　护体装甲

根据第二次世界大战及战后多次地区性冲突中的统计数字，战场创伤有 2/3～4/5 源于弹片，所以研究人员多年来一直在寻求更加理想的防枪弹及弹

片的护体装甲,以提高士兵的生存能力。但护体装甲的发展长期受到材料的限制。1965 年,美国杜邦公司研制出芳香聚酰胺纤维(Aromatic Polyamide Fibers),商业名称是凯夫拉(Kevlar),于1972年投入工业生产。凯夫拉纤维的密度为 1.44 g/cm³,拉伸强度为 2 760 MPa,所以具有极高的韧性,即很好的强度与线密度比。

凯夫拉纤维的出现,使护体装甲的性能有了不小的改进。近年来,俄罗斯、韩国、日本及欧洲的一些国家相继开发出多种聚对苯二甲酰对苯二胺族(PPTA)高强度纤维,性能与凯夫拉纤维相当。

初期的护体装甲主要供地面部队使用,包括头盔及防弹背心或防弹衣,国外称之为"地面部队个人装甲系统"(Personal Armour System for Ground Troops,PASGT)。近年来,针对不同的需要,护体装甲出现了很多品种,已不限于地面部队使用,如空军、海军、警用和重要人物穿用的防弹衣等。此外,还出现了各种专用的护体装甲,如排除地雷(Personnel Disarming Mines,PDM)和排除爆炸物(Personnel Disarming Bombs,PDB)的防护服等。当前出现的护体装甲种类繁多,大部分已进入工业生产,在不少国家中已成为制式产品,在军警中大量装备。

护体装甲有软装甲(Soft Body Armor)及刚性装甲(Rigid Armor)之分。软装甲基本上都是以纤维编织而成,有无纺、单向及多向编织的区别,也有单层织物或多层织物组合的结构。硬装甲通常为经树脂浸渍的多层织物,可用来制造头盔和软装甲增强用防弹衬板(Bullet Resisting Panels)。

8.4.1 软护体装甲

护体装甲中的软装甲用来防护普通枪弹及弹片对人体的损伤,即我们常说的防弹衣(图 8 - 41)。

凯夫拉这种高性能纤维的出现使柔软的纺织物防弹衣性能大为提高,同时也在很大程度上改善了防弹衣的舒适性。美军率先使用 Kevlar 制作防弹衣,并研制了轻、重两种型号。新防弹衣以 Kevlar 纤维织物为主体材料,以防弹尼龙布作封套。其中轻型防弹衣由 6 层 Kevlar 织物构成,中号质量为 3.83 kg。随着 Kevlar 商业化的实现,Kevlar 优良的综合性能使其很快在各国军队的防弹衣中得到广泛的应用。Kevlar 的成功以及后来的特沃纶(Twaron)、斯派克特(Spectra)的出现及其在防弹衣的应用,使以高性能纺织纤维为特征的软体防弹衣逐渐盛行,其应用范围已不限于军界,而逐渐扩展到警界和政界。

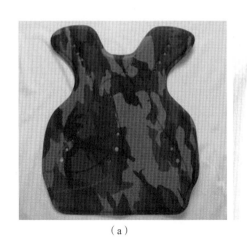

(a) (b)

图 8-41 护体装甲
(a) 防弹背心；(b) 防弹衣

然而，对于高速枪弹，尤其是步枪发射的子弹，纯粹的软体防弹衣仍是难以胜任的。为此，人们又研制出了软硬复合式防弹衣，以纤维复合材料、装甲钢板、陶瓷防弹板或刚性防弹衬板等作为增强面板或插板，以提高整体防弹衣的防弹能力，可以称为重型护体装甲（图 8-42）。

图 8-42 重型护体装甲（防枪弹、弹片及防爆）

软装甲虽然能在一定程度上抵御枪弹的穿入，但由于软装甲中弹后的应力波效应、局部变形和软装甲的惯性动量影响，往往仍对人体内脏如肺、心、肝、脾和脊椎等器官造成创伤和破坏。由于应力波在人体内瞬间传播的作用，容易形成远达效应（Far‐Reach Trauma），除直接伤及上述器官外，又可能伤及脑和骨骼。为此，往往需要在软装甲与人体之间加装防致伤衬垫（Anti‐Trauma Pads）。

图 8‐43 为模拟弹片（质量为 1.1 g 的钢圆柱体）在打击护体软装甲时，凯夫拉纤维织物与尼龙织物的抗弹性能。

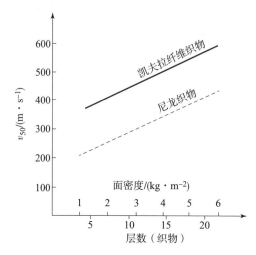

图 8‐43　凯夫拉纤维织物与尼龙织物的面密度与层数对抗弹极限（v_{50}）的关系曲线

8.4.2　刚性护体装甲

刚性护体装甲指护体装甲中的头盔、护腿及中间防弹衬板等。刚性装甲也可作结构装甲使用，如屏蔽装甲、战机驾驶员座椅、飞机油箱护甲、直升机旋翼、防弹汽车装甲、坦克装甲防崩落内衬、间隔防护用隔板（Bulkhead）以及弹道导弹整流罩等。刚性装甲也可与装甲钢板、铝板、陶瓷及缓冲材料（Shock Absorber）等组合成复合装甲。

刚性装甲是树脂浸渍的高强度纤维多向编织物的层压材料，具有高强度、高韧性、良好的减震性能（Damping Capacity）、耐多次打击和阻燃等特点，所以是性能优异的装甲材料和结构材料。

1942 年 10 月，英军研制成功了由三块高锰钢板组成的防弹背心。1945 年 6 月，美军研制成功铝合金与高强尼龙组合的防弹背心，型号为"M12 步兵防弹衣"。其中的尼龙 66（学名聚酰胺 66 纤维）是当时发明不久的合成纤维，它的断裂强度为 5.9~9.5，初始模量为 21~58，密度为 1.14 g/cm³，其强度几乎是棉纤维的 2 倍。朝鲜战争中，美国陆军装备了由 12 层防弹尼龙制成的 T52 型全尼龙防弹衣，而海军陆战队装备的则是 M1951 型硬质"多隆"玻璃钢防弹背心，其质量为 2.7~3.6 kg。以尼龙为原料的防弹衣能为士兵提供一定程度的保护，但体积较大，质量也高达 6 kg。

装甲车辆或其他防弹车辆的观察窗，以及警用防盾使用的多层防弹透明装甲也属刚性装甲范畴，但其内部无纤维织物。图 8-44（a）为透明防暴盾，图（b）为装甲车辆风挡玻璃上的弹坑。

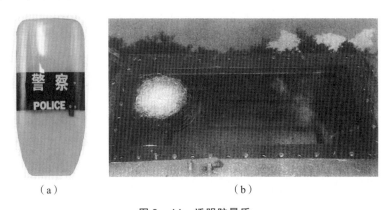

图 8-44　透明防暴盾

（a）透明防暴盾；（b）装甲车辆风挡玻璃上的弹坑

图 8-45 为模拟弹片（质量为 1.1 g 的钢圆柱体）在打击刚性装甲时，得到的凯夫拉纤维/树脂、玻璃纤维/树脂与铝合金的抗弹性能的关系曲线。

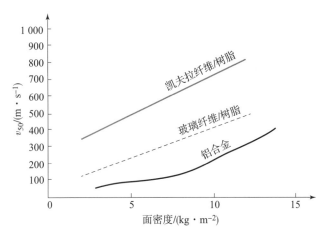

图 8-45　凯夫拉纤维/树脂、玻璃纤维/树脂与铝合金的面密度及抗弹极限（v_{50}）的关系曲线

综上所述，近代防弹衣发展至今已出现了三代：第一代为硬体防弹衣，主要用特种钢、铝合金等金属作防弹材料。这类防弹衣的特点是：服装厚重，通

常约有 20 kg，穿着不舒适，对人体活动限制较大，具有一定的防弹性能，但易产生二次破片。第二代防弹衣为软体防弹衣，通常由多层 Kevlar 等高性能纤维织物制成。其质量轻，通常仅为 2~3 kg，且质地较为柔软，适体性好，穿着也较为舒适，内穿时具有较好的隐蔽性，尤其适合警察及保安人员或政界要员的日常穿用。在防弹能力上，一般能防住 5 m 以外手枪射出的子弹，不会产生二次弹片，但被子弹击中后变形较大，可引起一定的非贯穿损伤。另外，对于步枪或机枪射出的子弹，一般厚度的软体防弹衣难以抵御。第三代防弹衣是一种复合式的防弹衣。通常以轻质陶瓷片为外层，Kevlar 等高性能纤维织物作为内层，是目前防弹衣主要的发展方向。

8.4.3 新型护体装甲

（1）防电子防弹衣。这种防弹衣不仅能防弹，而且还能在捕捉到来袭炮弹所发出的信号以后，立即进行处理，在几微秒之内对信号进行修改并发送出去，使来袭炮弹引信受骗上当，在距离几百米的地方就误认为已到达了应该引爆的高度，从而提前爆炸。

（2）蜘蛛丝防弹衣。在美国南部的佛罗里达州和许多拉美国家，生活着一种别名叫作"金眼"的蜘蛛。它的体形较大，素以结网粘捕飞鸟而著称。近年来，美国军方对这种蜘蛛进行了大量研究，发现它的丝有着非常好的力学性能，抗张强度和弹性俱佳，是制作防弹衣物极为理想的材料。用它制作的防弹衣，质量将更轻、防弹性能将更好。美国正在解决利用人工方法生产蜘蛛丝，采取生物基因工程技术生产丝纤维蛋白物，与蜘蛛丝进行混合，生产出制作防弹衣的材料。

（3）仿生防弹衣。这种防弹衣，采取具有松塔和鹿角等生物的属性制作。穿上这种防弹衣的士兵，将可以抗风雨、防子弹。这是因为，松塔能有效地对付潮湿，当大气湿度下降，松塔的鳞状叶子便会自动张开进行"呼吸"。基于此，利用类似松塔结构的人造纤维系统，组成新的纤维结构，能适应外界自然条件的变化。

（4）纳米防弹衣。中国香港科技大学的研究人员在超高分子量聚乙烯塑料中加入碳纳米管，大大提升了这种新型高强纤维的防弹功能。碳纳米管可提升超高分子量聚乙烯的工程特性，加强其散热力，利用这类材料制成的防弹衣不但可以承受更大的冲击力，且更透风、更轻巧、更舒适。相关研究人员表示："我们开发的技术可以有效控制纳米碳管沿着塑料纤维的方向排列，这种纳米合成纤维的抗拉强度比高强度的钢丝还要强 8 倍之多。"

（5）液体防弹衣。最近，英国南安普敦大学的科学家们发明了一种用从液体水晶提炼的纤维制成的防弹背心。研究人员在试验过程中发现，当对一层水晶施加电压时，所有液体水晶呈同一方向排列，并形成一个长形分子链。用化学手段使水晶分子链结合，形成强拉力纤维，然后用天然树脂将纤维定型，便制成超强力纤维。英国 BAE 系统公司研制的新型液体防弹衣是采用一种名为"剪切增稠液"的液体，该液体在受到子弹冲击时会变硬，从而起到阻挡子弹的作用。"剪切增稠液"还可以喷涂于两层凯夫拉材料之间，制成超强超薄防弹衣。本来，凯夫拉材料的强度就是钢铁的 5 倍，因此它也被认为是标准的防弹衣材料。现在，这种新型超强超薄防弹衣比普通的防弹衣要薄得多，而质量只相当于普通的一半。

8.4.4 基本原理

防弹衣的防弹机理从根本说有两个：一是将弹体碎裂后形成的破片弹开；二是通过防弹材料消耗弹丸的动能。

目前使用的金属、防弹陶瓷、高性能复合材料板及非金属与金属或陶瓷的复合材料板等硬质材料防弹衣，其防弹机理主要是在受弹击时材料发生破碎、裂纹、冲塞以及多层复合板出现分层等现象，从而吸收射击弹大量的冲击能。当材料的硬度超过射击物的冲击能时，即可发生射击弹弹回现象而不贯穿。

以高性能纤维为主要防弹材料的软体防弹衣，其防弹机理则以后者为主，即利用以高强纤维为原料的织物"抓住"子弹或弹片来达到防弹的目的。研究表明，软体防弹衣吸收能量的方式有以下 5 种：①织物的变形，包括子弹入射方向的变形和入射点邻近区域的拉伸变形；②织物的破坏，包括纤维的原纤化、纤维的断裂、纱线结构的解体以及织物结构的解体；③热能，能量通过摩擦以热能的方式散发；④声能，子弹撞击防弹层后发出的声音所消耗的能量；⑤弹体的变形。

为提高防弹能力而发展起来的软硬复合式防弹衣，其防弹机理可以用"软硬兼施"来概括。子弹击中防弹衣时，首先与之发生作用的是硬质防弹材料，如钢板或增强陶瓷材料等。在这一瞬间的接触过程中，子弹和硬质防弹材料都有可能发生形变或断裂，消耗子弹的大部分能量。高强纤维织物作为防弹衣的衬垫和第二道防线，吸收、扩散子弹剩余部分的能量，并起到缓冲的作用，从而尽可能地降低非贯穿性损伤。在这两次防弹过程中，前一次发挥着主要的能量吸收作用，大大降低了射体的侵彻力，是防弹的关键所在。

8.5 间隔防护

间隔防护也称隔舱化,是二次效应防护的重要手段之一,其实质是将乘员与车辆所携带的弹药隔开,安置在一个能抵抗弹药爆轰的隔舱中,防止车载弹药自爆造成的人员伤亡,最大限度地保护乘员的安全。当储存弹药的舱室内发生爆炸或纵火时所产生的高温及高压使乘员舱内的增压限制在安全范围内,不会危及乘员生命及车辆内的关键设备。

第二次世界大战时,已发现在战场上坦克损坏的原因中,弹药自爆占较大比例。海湾战争再次证明了坦克本身所储的弹药是导致坦克自爆的主要原因。坦克所储弹药中的大量发射药又是引起自爆的主要物质,当其被穿、破甲弹直接命中或被二次弹片击中后,以及因二次效应而被纵火时,均可使发射药点燃,燃烧后由于热量的积累而发生爆燃,直至爆轰。表 8-3 为发射药由燃烧至爆轰的转变过程。

表 8-3 发射药的燃烧过程

性能	爆炸		
	燃烧	爆燃	爆轰
反应过程稳定性	稳定	不稳定	稳定
反应速度/(m·s^{-1})	0.01~1 (随压力不同而发生变化)	—	$>2\times10^3$ (与压力无关)
完全反应或成为气体时所需时间	数毫秒	—	数微秒
最大压力/MPa	8×10^2	—	3×10^4

爆燃为非稳定燃烧过程,但在此阶段已足以造成人员伤亡。爆轰则立即造成坦克自爆。图 8-46 为引燃、爆燃和爆轰转变过程示意图。

为此,弹药舱室必须备有"卸压系统",当舱内压力升高到一定限度时,舱室的盖板开放,使压力迅速卸放(图 8-47)。

间隔防护需要具备 3 个基本功能:

(1)定向卸爆:弹药舱必须有一个"压力释放系统",卸压开口是用带有预置槽口的脆性高强度螺栓固定的卸压板来密封;控爆压力由安全螺栓的强度和数量限定,当舱内压力达到预定值时,安全螺栓断裂,卸压口打开,高压通过卸压板定向卸压,将舱内压力控制在限定范围之内。

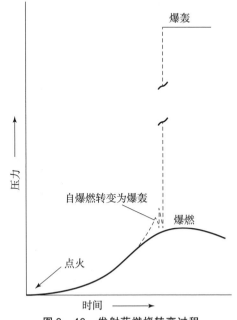

图 8-46 发射药燃烧转变过程

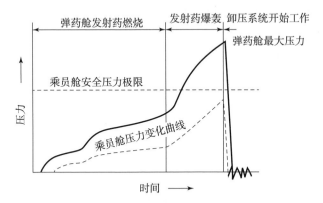

图 8-47 弹药舱自引燃至卸压过程的压力与时间关系曲线

(2)隔断:弹药舱与乘员舱之间的隔断板可以阻挡火焰,衰减冲击波,保证乘员舱不产生高的温升和超压;要求具有足够的强度和刚度,同时具备阻燃隔爆性能。

(3)弹药隔离:对于高燃速发射药药筒间的殉燃、殉爆,必须通过单独隔离加以避免,通常做法是采用弹药容器对每一发弹药进行防护。

由于坦克的设计结构、弹药储量、发射药燃烧特性、卸压方法等因素对间隔防护的工程设计均有较大的影响，所以很难求出通用的计算方法。间隔防护的设计必须根据相应的技术要求，通过"缩尺模拟试验"（Scale – Down Modeling）以取得可应用的数据。

为了进一步提高乘员的生存能力，在间隔后的乘员舱内装有灭火抑爆系统。装甲内壁还敷有多功能内衬（Liner），可以防崩落物、阻燃、阻尼快速中子、衰减 γ 射线、绝缘（冷、热）和降低噪声等。

图 8 – 48 说明装甲内衬有降低崩落物的密度以减少乘员伤害的功能。图中 a 为装甲板被击穿后，背部崩落作圆锥分布，圆锥角约（90°±10°）；b 为内衬减少崩落物并减小其圆锥分布的圆锥角。

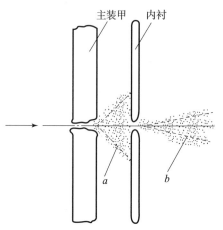

图 8 – 48　装甲内衬防主装甲背部崩落物的示意图

主战坦克由于其作战使命的需要，在车体内空间允许的情况下尽可能多地携带弹药。目前世界各国三代主战坦克的火力系统均采用 120 mm 或 125 mm 大口径高膛压火炮，弹药基数可达 39～40 发，以色列的"梅卡瓦"Ⅲ型主战坦克的载弹量达到了 120 mm 炮弹 50 发，同时还有 60 mm 迫击炮弹 30 发。如此大的弹药基数大大提高了弹药舱中弹后弹药的自燃、自爆对车辆安全性的威胁。因此，国外先进的主战坦克大都采取了弹药防护和隔舱化措施。

美国目前最先进的 M1A2 主战坦克就采用了这种设计方案。其布局结构如图 8 – 49 所示。

图 8 – 49　美国 M1A2 主战坦克舱室隔舱化设计

该车采用炮塔大尾舱结构布局，弹药基数 40 发，炮塔尾舱内存放 34 发，车体后部弹药舱内存放 6 发。在炮塔尾舱的弹药舱中安装了减振弹架；为抑制弹药相互引爆，在弹药架上布置有塑料棒和挡板，把炮弹相互隔开。此外，车内弹药舱内还有聚乙烯衬料层。两块卸压板安装在炮塔顶部（图 8－50）。海湾战争和伊拉克战争的实战表明，美国 M1 系列主战坦克的战场生存率要远远高于苏联的 T 系列坦克。

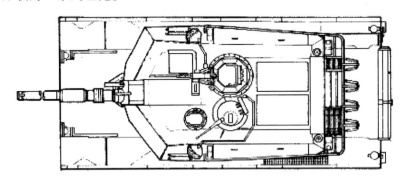

图 8－50　美国 M1A2 主战坦克尾舱顶部卸压板

近几年由于自动装弹机的普遍使用，使隔舱化设计方式有所变化。采用自动装弹机的坦克，弹药舱和自动装弹机设置在炮塔后部。车载弹药纵置（弹头朝车首方向）安装在传送带式输弹机上，弹药舱与车长和炮长所在的乘员舱之间用装甲隔板隔开，隔板上设置带有自动装甲防爆舱门的装填孔，由推弹机将弹药从装填孔推入炮膛。其他构造都基本相同。

安装有自动装弹机的隔舱化设计思路目前已被大多数国家坦克设计人员所接受，法国的"勒克莱尔"、日本的 90 式和德国的"豹"Ⅱ改 2 主战坦克都采用了这种设计思想，甚至俄罗斯也抛弃了传统的半圆形双人炮塔设计方式，如其最新式的"黑鹰"主战坦克就采用了类似西方的菱形炮塔和尾舱式自动装弹机的设计，隔舱化布局已经成为世界坦克发展的主流趋势。

德国"豹"Ⅱ坦克的隔舱化设计更具彻底性，完全把乘员"密封"在乘员舱内，不仅将弹药、燃料进行了隔离，而且发动机、备用弹舱、储压室和液压装置都与乘员舱之间用装甲隔板进行了隔离。如此一来，坦克乘员的安全得到了最大限度保证，除非反坦克弹直接命中乘员舱，否则，命中任何其他部位都不会危及乘员的生存。

弹药防护技术方面，美国军用材料实验室（MTL）为加农炮武器系统（CAWS）研制了由膨胀材料作为包覆层的弹药护套，对防止药筒自燃和爆轰起到了很好的防护作用。燃烧试验表明，未加护套的发射药总是在 11 s 左右发生爆炸,而被护套包覆的药筒从未发生爆炸。

"奇伏坦"坦克通过将分装式弹药的药筒放在水套式弹药架上,"水套"使弹药得以有效地防护,图 8-51 是这种防护系统的结构原理图。药筒用容器包着,药筒处于内压力作用下并填充有灭火剂或冷却剂(例如水)。制造水容器的材料需具备自密封能力,确保内壁被弹片击穿后,水不会流向发射药。

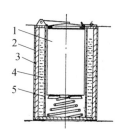

图 8-51 水套式弹架
1—药筒;2—铝板;
3—泡沫或橡胶材料;
4—灭火剂(如水);
5—塑料

坦克的弹药舱经得住单发弹的爆轰是容易做到的,但对于多数或所有弹头的爆轰是不可能的。防止弹舱内弹头的诱爆是问题的关键。美国的 Philip M. Howe 等人对装有 B 炸药和 A-3 炸药的炮弹进行了殉爆试验,研究了爆轰和破片作用下壳体的破坏和殉爆的发生机制以及形成条件。采用低冲击阻抗材料作为屏蔽介质,同时在炮弹壳体内与装药之间加入内衬层,从而成功地阻止了弹药舱内 10 发 105 mm。M456 和 HEAT-T 具有铝套炮弹的殉爆。

以色列"梅卡瓦"系列坦克的设计思想是把安全性放在第一位,据称是目前生存能力最强的主战坦克。以"梅卡瓦"Ⅲ为例,其对车内弹药的保护措施是:用复合材料制成的弹药容器将弹药彼此隔开,容器中含有特殊材料,受热时发生反应,降低热能传递给弹药的速度,从而推迟发射药的自爆时间。其效果十分显著,在燃烧的坦克内温度达到 600 ℃ ~ 1 000 ℃ 情况下,弹药大约在 45 min 后才爆炸,为乘员逃逸或采取补救措施赢得了时间,安全性大为提高。实战表明,"梅卡瓦"坦克被击穿后,单车伤亡人数仅为其他坦克中弹后伤亡人数的一半。

第 9 章
装甲抗弹性能评定

为了了解装甲对所防御的各种反装甲武器的防护效能,必须对装甲的抗弹性能作出定量的评定。

评定某一装甲结构单元的抗弹性能及其质量均以标准均质轧制装甲钢板作为基准进行对比,具体方法是,以标准弹药在"半无限靶"上进行射击试验,得出被评定的装甲结构单元的防护系数 N、厚度系数 N_h、成本效益 N_c 和

综合防护性能 E。装甲结构单元对不同弹种，如动能弹及化学能弹具有不同的 N、N_h、N_c，应分别求出。

如果抗弹能力计算结果表明，某方案的抗弹能力达到战术和技术指标要求，则说明该方案可取。如果某方案的抗弹能力达不到战术和技术指标要求且存在较大差距，那么对该方案的结构和材料则应重新考虑。

9.1 装甲抗弹性能评定中常用术语及定义

（1）防护面密度（Areal Density of Protection）：在穿甲弹或破甲射流对装甲入射方向上，单位面积的装甲质量，以 ρ_A 表示，单位为 t/m^2。

（2）半无限靶（Semi-Infinite Target）：当弹头击中靶板后，观测靶板周边的尺寸和状态，如无任何尺寸变化、裂纹和崩落物时，此种尺寸及质量的靶板称为"半无限靶"。

（3）防护系数（Protection Efficiency，N）：某特种装甲材料的防护系数可按下式计算。这时防护系数 N_m 是标准均质装甲钢半无限靶面密度与对比材料面密度的比。

$$N_m = \frac{T_b \cdot \rho_g}{T_t \cdot \rho_t} \tag{9-1}$$

式中　T_b——以标准弹种射击标准均质装甲钢半无限靶时穿入深度；

ρ_g——钢密度，$7.85\ g/cm^3$；

T_t——特种装甲被同一标准弹种射击时的穿入深度；

ρ_t——特种装甲的密度；

$T_b \cdot \rho_g$——标准均质装甲钢半无限靶面密度（ρ_{Ab}），即以标准弹种射击时，对该靶有 50% 击穿概率时的面密度；

$T_t \cdot \rho_t$——特种装甲面密度，即以同一弹种对靶具有 50% 击穿概率时的面密度（ρ_{At}）。N 也可用 ρ_{Ab}/ρ_{At} 表示。

（4）防护厚度系数（Thickness Efficiency，N_h）：防护厚度系数也称为空间防护系数或体积防护系数，为 T_b 与用同一标准弹种在射击特种装甲时的穿入深度 T_t 之比。

N_h 也可用 $\dfrac{\delta_b}{D_t}$ 表示，δ_b 为标准均质装甲钢板的厚度；D_t 为用同一弹种射击时，与标准均质装甲钢等效的特种装甲厚度。

$$N_h = \frac{T_b}{T_t} \qquad (9-2)$$

（5）成本系数（Cost Effectiveness）：防护能力相同的标准均质装甲钢板与特种装甲的成本之比。

$$N_C = N \cdot \frac{C_b}{C_t} \qquad (9-3)$$

式中　C_b——标准均质装甲钢板价格（元/kg）；

C_t——特种装甲钢板价格（元/kg）。

（6）装甲防护的综合性能（Comprehensive Effectiveness of Armor Protection，E）：装甲防护的综合性能 E 以 N、N_h 及 N_c 的乘积表示，以便在装甲防护系统的设计与应用中作综合性能评估。

$$E = N \cdot N_h \cdot N_c \qquad (9-4)$$

标准均质轧制装甲钢板对不同弹种的 E 值均为 1。如某种装甲的 E 值大于 1，则表明该装甲的综合性能优于标准均质轧制装甲钢板；反之，则表明该装甲的综合性能低于标准均质钢装甲。

（7）标准均质钢装甲的等效防护厚度（Steel Equivalent Thickness，D_b）：在同一弹种（标准弹）射击下，标准均质装甲钢板与特种装甲防护性能相同时的厚度称为等效防护厚度。

在已知防护系数 N 的情况下，T_b 即为与特种装甲具有相同防护效能时的标准均质装甲钢的等效厚度 D_b，见图 9-1。

$$N = \frac{T_b \cdot \rho_g}{T_t \cdot \rho_t}, \qquad D_b = \frac{T_t \cdot \rho_t \cdot N}{\rho_g} \qquad (9-5)$$

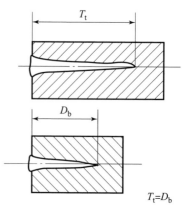

图 9-1　等效防护厚度示意图
（穿深 T_b 与 T_t 不同）

9.2 装甲被击穿的基本形式及损伤分类

9.2.1 装甲被击穿的基本形式

装甲板被击穿是一个极为复杂的过程。从终点弹道的状态来说,在弹丸直径、靶板厚度以及弹、靶材料性能等因素变化下,典型损伤模式就有 5~8 种。从装甲钢板抗穿甲炮弹的实弹试验结果来看,冲塞穿孔、韧性穿孔和层裂背崩是较为常见的 3 种靶板损伤模式(图 9 – 2)。

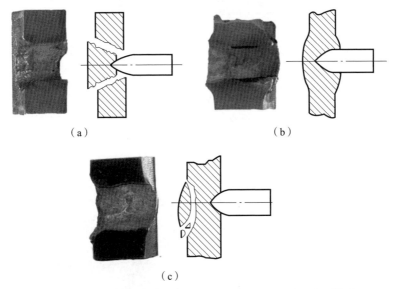

图 9 – 2 装甲钢板抗穿甲炮弹的典型损伤模式照片及简化模型
(a) 冲塞穿孔;(b) 韧性穿孔;(c) 层裂背崩

冲塞穿孔是一种剪切穿孔,实际上是靶板材料在受到高能弹丸冲击时发生热塑失稳,也叫绝热剪切的过程。在高速弹丸作用下,受到冲击的靶材相对于其余部分产生运动,形成剪切带。一方面,剪切带内的强烈变形使带内的材料进一步强化(类似于加工硬化)。另一方面,该过程很高的应变速率(可达 $10^{-4} \sim 10^{-2}$ s)使得材料变形产生的热量来不及传导到周围的材料中去。积累的变形热使剪切带内温度急剧升高,造成靶材软化,强度降低。当这种材料强度降低的幅度大大超过材料强度增加的幅度时,剪切带内材料就会因失去了强度的作用而发生突然失稳。这就是所谓"绝热剪切"过程。在受冲击的靶材中，剪切带迅速发展、交联，形成圆柱面的同时，绝热剪切也不断发生。直到圆盘形塞块完全形成，并被弹丸的剩余能量推出靶板的背面，冲塞过程结束。冲塞容易出现在钝头穿甲弹打击中等厚度的钢板，且板厚略小于弹径时（图9-3）。

图 9-3　穿甲弹头及其产生的靶板冲塞块

韧性穿孔是穿甲弹侵彻塑性良好的装甲钢板时常见的破坏现象（图9-4）。随着弹丸的前进，在压应力作用下，靶板材料向最小抗力方向产生塑性流动，在装甲钢表面堆积，使靶板在弹丸侵彻处变厚。随着弹丸的继续侵入，弹头从靶板背面凸起处穿出，形成与弹径大致相当的弹孔。这种破坏常见于靶板厚大于弹径的情况下。尖头弹容易产生这种破坏形式。韧性穿孔时消耗的能量一般比冲塞穿孔要大，因此出现这种现象的概率比冲塞穿孔低。

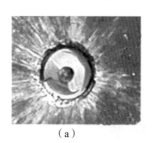　

（a）　　　　　　　　　　（b）

（c）

图 9-4　穿甲弹及其在靶板上造成的韧性穿孔

（a）正面；（b）背面；（c）侧面

层裂背崩是在靶板较厚，硬度稍高或冶金、轧制质量不太好的情况下容易出现的破坏现象，产生碟形崩落的范围往往比弹丸直径大（图9–5）。

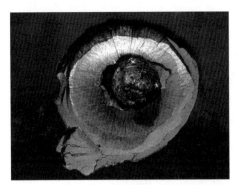

图9–5　穿甲弹及其在靶板上造成的层裂背崩

从图9–2~图9–5也可以看出，实际出现的靶板损伤往往是几种破坏形式的综合。一般条件下，韧性穿孔和冲塞穿孔共同出现的情况较多，即首先发生韧性穿孔，当穿甲进行到靶板剩余厚度略小于弹径时，发生冲塞穿孔。

9.2.2　装甲损伤的分类及其评定

均质装甲的损伤有不同的分类方法，如分别按穿透程度、变形状态、损伤出现部位等分类（图9–6）。装甲损伤的测量及其评定是装甲射击试验中的重要环节。装甲损伤的性质及其范围大小，是装甲失效评定的依据。对于装甲损伤性质及其特征的观察分析是防护机理研究的重要论据及基础资料。

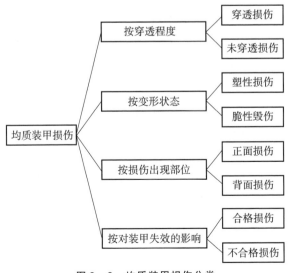

图9–6　均质装甲损伤分类

1. 装甲被击穿的基本形式

1）概述

弹靶作用时，装甲产生贯穿性损伤的现象，称为击穿。装甲被规定威力的打击物体穿透时，也称装甲失效。

装甲被击穿后，其本身会发生各种形式的破坏。根据破坏形式的不同，被击穿的装甲可归纳为5种基本类型：

(1) 塑性穿孔 [图9-7 (c)]。
(2) 冲塞 [图9-2 (a)，图9.7 (b)]。
(3) 崩落 [图9-2 (c)，图9-5]。
(4) 花瓣状穿孔 [第1章 图1.4 (b)]。
(5) 脆性穿孔 [图9-7 (d)]。

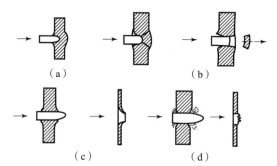

图9-7 弹丸穿入与穿透靶元
(a) 初始穿入；(b) 冲塞过程；(c) 穿透（塑性靶）；(d) 穿透（脆性靶）

其中，对于金属靶，以前4种最为常见。对于脆性材料靶，以脆性穿孔最为常见。射击试验中，对于每一穿透过程，靶板的破坏往往以一种击穿形式为主，同时伴随其他形式共同出现。

穿透形式的出现与弹靶的各种因素有关，其主要有：
(1) 靶板材料的性能。
(2) 靶板相对厚度。
(3) 打击物体运动速度。
(4) 打击物体形状及几何特征（直径、长径比等）。
(5) 打击物体材料特性。

2）塑性穿孔

弹靶作用时，打击物体将靶材向各方向挤压，使之塑性变形并出现的通孔,称为塑性穿孔,也称韧性穿孔。

当打击物体侵入塑性较好的装甲时,在初始阶段随着弹丸运动,在压应力作用下装甲材料向最小抗力方向(即弹丸前进相反方向)产生塑性流动,在装甲表面产生堆积形成翻唇。随着弹丸继续侵入,装甲沿弹丸四周产生径向位移,同时沿穿入方向产生塑性流动。进而在背面产生越来越大的凸起,直到产生裂纹,最后形成穿孔。

塑性穿孔的出现与弹靶的各种因素有关,下列情况容易产生塑性穿孔:

(1)靶硬度低。
(2)与弹径相比,靶的相对厚度较大。
(3)打击物体长径比较大,相对直径较小。
(4)打击物体速度较高。

3)冲塞

弹靶作用时,从装甲背面击出一圆柱形塞块的现象,称为冲塞。能产生冲塞的打击物体包括枪弹、普通穿甲弹、长杆形穿甲弹、射流等。

在弹丸或射流作用下,靶板受到很大的冲击压力,使受压区域的金属材料相对于其他部分运动。当靶板硬度较高或由于其他原因造成金属径向流动很小时,打击物体端部向前挤压,此时靶材压缩仅局限于一个较小的范围内,从而在压缩区域的边缘产生强烈的剪切变形,形成剪切带。剪切塑性变形的功在瞬间几乎全部转换成热,这种热量来不及及时传递出来,只局限于一个狭窄的环形剪切带内,使该区域内温度升高,材料强度下降而产生裂纹,即产生所谓的绝热剪切。裂纹沿板厚方向迅速扩展,其速度比打击物体速度更快,很快到达背面形成冲塞。绝热剪切带内应变率高达 $10^7/s$,温度可高达 $10^5℃$。

实际上,在冲击过程中靶板内部产生两个相反的物理变化,即应变硬化和热软化。由于热软化的速度远大于应变硬化的速度,故材料发生热塑性破坏,即发生绝热剪切。此时,装甲吸收弹丸的能量远低于塑性破坏吸收的能量。所以装甲出现冲塞破坏时,减小了对打击物体的阻力,从而降低了装甲的抗弹能力。

当枪弹穿透高硬度薄板、穿甲弹(钝头弹、长杆形弹)穿透厚板、射流穿透中厚板时,均会产生冲塞。冲塞的直径通常与弹丸直径相近。冲塞的厚度通常为其直径的 $1/2\sim4/5$。以下情况容易产生冲塞:

(1)靶板硬度提高。此时,材料塑性变形阻力增大,故容易产生冲塞。
(2)靶板材料绝热剪切敏感性大。
(3)弹丸穿入速度接近于极限穿透速度。
(4)弹丸头部为平面(钝头)。

4) 崩落

弹靶作用时，从装甲背面掉落碟形破片或不规则大块破片的现象，称为崩落。掉落的碟形破片或不规则破片，称为崩落物。

弹靶作用时，首先在靶板内部产生一个初始压缩波，压缩波在靶体内传播，到达背面时发生反射，形成拉伸波。该拉伸波与初始压缩波叠加。当叠加后应力大于材料抗拉强度时，材料沿厚度方向断裂并形成一个破片而脱落，即产生崩落。崩落物有时不止一层，可以达 3~4 层。产生多层崩落的原因，是在第一层崩落后，残余应力波继续从新的自由表面反射，产生新的叠加，形成第二层崩落，乃至第三层、第四层。

弹丸撞击或炸药爆炸均能使装甲产生崩落，崩落物有多种形式，如平板形、锥形、梯形。崩落物的面积大小各不相同，可能占背面损伤圆周的 1/4 到全部圆周。崩落物面积与载荷特性（如弹径、药柱直径等）有关，而其厚度与靶板厚度及内部缺陷位置有关。

崩落物的出现与弹靶的下列因素有关：

（1）靶板硬度。对于钢靶，随着硬度增加，其塑性和韧性相应降低，裂纹形成功减小，扩展速度快，使崩落倾向增大。而硬度低、塑性好的钢靶，则不易产生崩落。

（2）靶板的冶金品质。冶金品质对崩落影响极大。当靶板内部存在着平行或近似平行于表面的各种缺陷（如白点、分层、疏松、偏析、夹杂物等）时，极易产生崩落。

（3）倾角。随着靶板倾角增大，崩落倾向增大。这是弹丸与靶板接触面积增大所致，而且崩落物的直径随厚度增加而增大。崩落物厚度的增加是因为应力波阵面上峰压降低，从自由表面进入的反射波要走过更大的距离才能引起崩落，从而使破片增厚。

5) 花瓣状穿孔

靶板作用时，靶板径向断裂并弯曲形成花瓣状破坏的现象，称为花瓣状穿孔。

弹丸穿入薄装甲时，弹尖处对装甲产生径向及周向的拉伸应力，当达到破坏极限时形成裂纹。在弹丸继续推动靶板材料向前运动所产生的弯曲力矩作用下，靶板被撕裂散开，呈叶状或花瓣状向外展开，弹丸穿过后形成花瓣状穿孔。

花瓣孔径大于弹径，同时伴有明显的塑性流动及永久弯曲变形。花瓣的数目取决于装甲厚度及弹丸着速。

花瓣状穿孔的出现与弹、靶的诸多因素有关。在下列情况下容易产生花瓣状穿孔：

（1）板靶厚度与弹径的比值较小。花瓣状穿孔主要出现在薄板情况下，而当尖头弹穿透中厚板时，背面层也会出现花瓣状穿孔。

（2）靶板硬度较低。

（3）弹丸头部呈锥形或卵形。

（4）弹丸穿入速度较低。此时，存在一个临界速度 v_{cp}，当弹丸速度小于 v_{cp} 时，出现花瓣状穿孔。当弹丸速度大于 v_{cp} 时，往往出现冲塞。

6）脆性穿孔

弹靶作用时，靶板塑性差，从而产生径向裂纹导致穿透现象，称为脆性穿孔。

当装甲材料的抗拉强度在大大低于其抗压强度的情况下受到弹丸或爆轰波冲击时，靶板或其局部因拉伸而产生裂纹，并进一步扩展导致穿透。

脆性穿孔与弹靶的诸多因素有关。下列情况下容易产生脆性穿孔：

（1）板靶材料的塑性差。例如，陶瓷材料和塑性很差的钢板都容易产生径向破裂。

（2）靶板厚度与弹径的比值较小。

（3）冲击载荷的能量大。

2. 装甲损伤的分类及其定义

1）装甲损伤的分类

装甲被穿透时可能出现 6 种基本形式的破坏。每种穿透形式下，在装甲的正面和背面都可能出现不同形式的损伤。正面损伤主要为弹坑、裂纹、崩落、花瓣状坑、翻唇等。背面损伤主要为裂纹、穿孔、冲孔、切口、崩落孔、花瓣状孔。归纳起来，可能出现的损伤如表 9-1 所示。在未穿透的情况下，正面各种损伤也存在，背面损伤仅有凸起和在背凸处有未透裂纹。

表 9-1　不同穿透形式下的装甲损伤

序号	装甲穿透形式	正面损伤状态	背面损伤状态
1	塑性穿孔	弹坑、翻唇	穿孔、背凸裂纹
2	冲塞	弹坑、崩落、冲孔	切口、冲孔
3	崩落	弹坑、崩落	崩落孔

续表

序号	装甲穿透形式	正面损伤状态	背面损伤状态
4	花瓣穿孔	花瓣状坑	花瓣状孔
5	脆性穿孔	弹坑、裂纹	穿孔、裂纹

装甲损伤按其塑性的不同也可分为两大类：

（1）塑性损伤。在穿甲过程中产生的装甲损伤部位出现明显的塑性变形，称为塑性损伤。塑性损伤常出现在塑性良好的装甲材料中。塑性损伤包括塑性弹坑、花瓣状坑、翻唇、背凸、碟形变形、塑性穿孔、冲孔、切口、花瓣状孔等。

（2）脆性损伤。在穿甲过程中产生的装甲损伤部位，没有塑性变形或没有明显的塑性变形，称为脆性损伤。脆性损伤出现在塑性较差或存在内部缺陷的装甲之中。脆性损伤包括脆性弹坑、裂纹、崩落、脆性穿孔、崩落孔等。

2）装甲正面损伤

弹靶作用时，装甲正面可能出现弹坑、裂纹、崩落、翻唇、花瓣状坑等类型的损伤，现对其成因及特点分述如下：

（1）弹坑。弹靶作用时，由于穿甲作用在装甲表面形成的凹陷部分，称为弹坑。

根据靶材力学性能的不同，弹坑可分为塑性弹坑和脆性弹坑两种。塑性弹坑出现在塑性较好的靶板中，坑壁光滑，塑性流动痕迹明显。弹靶作用发生跳弹时，在靶表面形成勺状坑，一般为塑性弹坑。当塑性炸药爆炸或反应装甲作用于钢装甲表面时，可形成很浅的压坑，也为塑性弹坑。脆性弹坑出现在塑性较差的陶瓷材料或高硬度钢靶中，其弹坑是因材料脆断而形成。在高硬度钢靶中，由于多次脆断，弹坑的坑壁不平，呈鱼鳞状。

（2）裂纹。弹靶作用时，当靶板受到的拉伸应力大于材料的抗拉强度时，靶板的连续性破坏，从而产生裂纹。

裂纹分为贯穿裂纹和非贯穿裂纹。当产生贯穿裂纹时，裂纹从装甲的正面延续到背面，此时认为靶板穿透。非贯穿裂纹分为正面裂纹和背面裂纹。正面裂纹可产生在弹坑周围或靶板的其他部位。

（3）崩落。弹靶作用时，弹坑周围的表层部分从装甲本体分离的现象，称为崩落。崩落现象多发生在表面硬化的装甲钢或陶瓷装甲上。高硬度均质装甲存在较严重的平行于表面的内部缺陷时，也可能产生崩落现象。

（4）碟形变形。弹靶作用过程中，当靶板以花瓣穿孔形式穿透时，其正面凹陷部分，称为碟形变形坑。

正面凹碟形变形是从正面凹陷进去，其边缘为不规则形状，并可能有裂纹向外延伸。

（5）翻唇。弹靶作用时，装甲表面弹坑部分的靶材产生反向塑性流动，从而形成高于装甲表面的翘起并呈花瓣状向外翻起，称为翻唇。翻唇被视为弹坑的一部分。

翻唇只在塑性良好的装甲中出现。翻唇的大小还与靶板倾角、弹种等因素有关。长杆形穿甲弹倾斜打击靶板时，可以产生很高的翻唇。

3）装甲背面损伤

装甲穿透时，背面可能出现凸起、裂纹、穿孔、切口、崩落孔、花瓣状孔等类型的损伤。现对各类型背面损伤的成因及特点分述如下：

（1）凸起。弹丸侵入塑性较好的装甲时，随着弹丸向前运动，背面产生高出表面的隆起部分，称为凸起。凸起在弹丸的打击速度接近极限时产生。速度进一步提高时，装甲将出现穿透。凸起范围的大小及高度与装甲塑性、弹丸直径等因素有关。装甲塑性越好、弹丸直径越大，则凸起高度越大。

（2）裂纹。弹靶作用过程中，当靶板背面的连续性被破坏时，可能出现各种背面裂纹。背面裂纹可以是贯穿性的，也可以是非贯穿性的。裂纹不仅出现在背面，也可能产生在靶板各个部位。

①凸起的裂纹：靶板材料塑性变形后在凸起部分产生的裂纹。

②弹孔周围的裂纹：靶板周围的材料在所受到的径向或周向拉伸应力大于其抗拉强度时产生的裂纹。靶板塑性不足时，容易出现。

③靶板其他部位的裂纹，如边缘、四角处，尤其是切割及焊缝附近容易产生。

当弹丸侵入塑性较好的装甲时，背面会产生凸起。当弹丸进一步向前运动时，凸起部分内表面首先断裂形成裂纹，并向背面扩展。当裂纹未完全穿透且接近穿透时，凸起上出现一些白色条纹，称为花纹。花纹实际上是背面的内在裂纹，受力后向四周延伸。凸起处氧化皮破裂时也出现类似的花纹，不得视为裂纹。

（3）穿孔。弹靶作用时，靶板以塑性穿孔或脆性穿孔的形式穿透后，背面的孔洞，称为穿孔。

塑性穿透时，背面穿孔的内表面较光滑，其孔径大小与弹丸穿透程度有关，而靶板截面中部穿孔的直径有可能小于弹丸直径。脆性穿孔时，背面穿孔的内表面不平，其孔径一般大于弹丸直径。

(4)冲孔与切口。弹靶作用时,以冲塞形式穿透后,背面形成的圆孔,称为冲塞孔,简称冲孔。

当靶板以冲塞形式破坏时,圆环状绝热剪切带从靶板内部向背面扩展,有时不是整个而是部分穿透背面,形成圆弧状裂口,称为切口。

切口与一般裂纹不同,其特征是:形状为不完全的环状,其曲率半径与冲塞块相同。切口两边的高度往往不一样,从背面观察是环内高,环外低。

(5)崩落孔。弹靶作用时,以崩落形式穿透后,背面崩落物形成的孔,称为崩落孔。

崩落孔的内表面随着崩落物的不同而变化。有的较光滑,有的则较粗糙,高低不平。

(6)花瓣状孔。弹靶作用时,以花瓣形式穿透后,靶板背面形成的尖叶状或花瓣状,统称为花瓣状孔。

3. 装甲损伤的测量方法

1)概述

装甲射击试验中会产生各种类型的损伤。装甲损伤的类型及其大小,不仅反映出装甲的品质和最终的抗弹性能,而且为装甲防护机理研究及穿甲过程分析提供有价值的证据。在测试手段不完备,或对穿甲过程未作直接测试的情况下,装甲损伤的测量就显得更为重要。装甲损伤的测量是装甲射击试验中重要的一环。

对于装甲损伤的测量及其结果的表示方法,应做到以下几点:
(1)反映实际损伤的类型及范围。
(2)反映装甲的总体抗弹能力。
(3)反映装甲抗多发弹的能力。
(4)为装甲材料的性能及品质分析提供依据。
(5)为装甲结构合理性分析提供依据。

2)装甲正面损伤的测量方法

装甲正面损伤主要有弹坑、裂纹、剥落及碟形变形四大类。不同的损伤有不同的测量方法,同时其结果的表示形式也不相同。具体的测量方法及结果表示形式如表9-2所示。在进行弹坑测量时应注意:翻唇一般不作为弹坑边缘的一部分。当翻唇尺寸过大时,可单独予以说明。当倾斜穿甲而弹坑纵向下边缘界限不明显时,可按弹坑两侧轮廓线自然延伸后形成的下边缘轮廓线进行测量。

表 9－2　装甲正面毁伤的测量方法

序	毁伤名称		测量方法及原则	表示形式（单位：mm）
1	弹坑	未穿透	纵向最大尺寸×横向最大尺寸×深度	长度×宽度×深度
		穿透	纵向最大尺寸×横向最大尺寸	长度×宽度
2	裂纹		长度×宽度；可分条测量	长度×宽度；长度×宽度
3	崩落		最大长度×垂直于最大长度方向的宽度×垂直深度	长度×宽度×深度
4	花瓣状坑		纵向最大深度×横向最大深度；圆形时测量最大直径	长度×宽度；直径

3）装甲背面装损伤的测量方法

装甲背面损伤主要有凸起、裂纹、冲孔（切口）、崩落孔、花瓣状孔、穿孔六大类。各类损伤的测量及表示形式如表 9－3 所示。关于崩落孔损伤的测量，在第 4 章中有着较详细的叙述，可以参照。

表 9－3　装甲背面毁伤的测量方法

序	毁伤名称	测量方法及原则	表示形式（单位：mm）
1	凸起	凸起最大高度×凸起范围；当凸起范围不明显时，可以不测量	高度×直径
2	裂纹（花纹）	长度×宽度；可分条测量	长度×宽度
3	冲孔	圆形：直径 非圆形：最大长度×垂直方向的宽度	直径；长度×宽度
4	切口	弧长×高度	长度×高度
5	崩落孔	最大长度×垂直最大长度方向的宽度×深度；深度不明显的可以不测量	长度×宽度×深度
6	花瓣状孔	长度×宽度；花瓣包围的部分占弹孔周长的百分比	长度×宽度（%）
7	穿孔	①外径：背面最大长度×垂直方向上的宽度 ②内孔：长度×宽度，或直径	长度×宽度；长度×宽度；直径

4）装甲穿深的测量方法

装甲无论是穿透或未穿透，都存在着一个穿入深度（简称穿深）。装甲的穿深直接反映装甲的抗弹能力，因此是装甲损伤测量中的一个重要参数。在前面关于装甲正面损伤和背面损伤的测量方法中，对于某些类型损伤的深度测量已提出了规定和要求。本节主要介绍装甲穿深的测量方法。穿深测量分为垂直穿甲和倾斜穿甲两种情况。

（1）垂直穿甲时的穿深测量。当装甲未穿透时，采用深度尺按法线方向测量其深度，测得数值即为穿深值。

当装甲被穿透时，无法测量孔深。当打击物体穿过装甲后，残速为零时，装甲的实际厚度即为穿深值。如残速大于零，则按第3章增加后效钢板方法计算。

（2）倾斜穿甲时的穿深测量及计算。倾斜穿甲时，出现最大穿深和实际穿深。最大穿深为按弹坑走向的穿深。实际穿深为沿打击物体入射线上的计算穿深。

当装甲未穿透时，可采用下列方法测量其穿深：

①深度尺法：当弹坑直径较大时，可采用深度尺按入射方向直接测量其最大实际深度 T_r，然后按下式计算出穿深 T_m。

$$T_r = T_m / \cos\theta \quad (9-6)$$

式中 θ——装甲平面上法线与入射线夹角。

②捅条法：采用钢制捅条从弹孔插入，伸至底部，抽出后用尺子量出弹孔深度值即为最大深度 T_m，然后按式（9-6）计算出 T_r。该方法简便实用，但弹孔内有残余物堵塞或弹孔偏转时，会影响其测量的准确性。

③剖解法：当采用深度尺法和捅条法不能准确测量穿深时，可将装甲上的弹坑切下，然后沿弹坑中心线剖开，用尺子直接测量 T_m，并计算出 T_r。该方法的结果准确，但测量前的准备工作烦琐，只有作为仲裁检测和科研中为取得准确数据时，才需解剖弹坑作直接测量。如不能解剖时也可采用灌注硅胶取出弹坑立体模型做不破坏性检测。第4章图4-37为弹坑走向倾斜时测量实际穿深 T_r 示意图。图中弹坑虽然走向倾斜，但仍应以入射方向线为准计算实际穿深。$T_m \sin\alpha$ 为自弹坑底部引出与钢板表面平行的线作为确定 T_r 的辅助线。

④线射法：对于弹坑试样或小靶板可采用X射线透射的方法测得弹坑的实际穿深。该方法测得结果准确，但受试样大小及设备的限制，故应用范围受限。

当装甲穿透时，一般可不测量孔深，而测量装甲的厚度（T_0、T_r），然后按式（9-6）计算出穿深。

如弹丸穿过装甲后，仍有残速，则仍需加后效钢板。

4. 装甲损伤的结果评定

1）概述

装甲损伤的测量为抗弹性能评定提供数据，并据之对损伤是否合格作出结论。当装甲出现不合格损伤时，则其抗弹性能不合格。而当装甲出现合格损伤时，装甲抗弹性能是否合格要按技术条件规定作出结论。

装甲损伤的结果评定不仅取决于损伤类型及其大小，而且要按照装甲类型、材料、结构、抗弹能力的技术要求以及试验弹种等因素综合考虑。

一般来说，塑性损伤属于合格损伤的范畴。脆性损伤是人们所不希望的，但要根据其范围大小及有关技术规定进行评定。损伤评定的标准在各国装甲试验规程或技术条件中都有明确阐述。苏联均质装甲钢验收技术条件中，对不同厚度钢装甲在不同着速下的不合格损伤作了详细的规定（表 9-4）。美国军用标准 MIL-A-12560 中，对轧制均质装甲钢板不合格损伤的规定如表 9-5 所示。美国陆军试验与鉴定司令部（U. S. Army Test & Evaluation Command）制定的试验操作规程 TOP2-2-710 中，对不合格的崩落与裂纹损伤也作了规定。

表 9-4 装甲背面损伤结果评定表

损伤性质	损伤形式	评定结果
塑性损伤	凸起	合格
	花纹	合格
	裂纹	按长度及有关技术规定评定
	冲塞	合格
	切口	合格
	花瓣状孔	合格
脆性损伤	塑性穿孔	合格
	裂纹	按长度及有关技术规定评定
	崩落孔	按损伤范围大小及有关规定评定
	脆性穿孔	按损伤范围大小评定

9.3 复合装甲抗弹性能评定

第一步,测定标准弹种在标准均质装甲钢板中的穿深。以射击试验测定标准弹种在标准均质装甲钢板中的穿深 T_b,如图 9-8 所示。

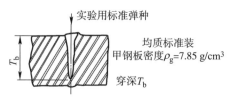

图 9-8 测定标准均质装甲钢板穿深

第二步,测定同类标准弹种在复合装甲中的穿深,以实弹射击试验测定同一类标准弹种在复合装甲中的穿深 T_t,如图 9-9 所示。

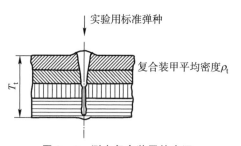

图 9-9 测定复合装甲的穿深

第三步,测定复合装甲后效钢板穿深。如复合装甲因抗弹性能低,穿深大于本身厚度 δ_t 时,则需采用标准均质装甲钢板作为后效板。以实弹射击试验测定同一类标准弹种击穿复合装甲后,在后效钢板中的穿深 T_{wp},如图 9-10 所示。

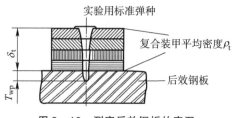

图 9-10 测定后效钢板的穿深

第四步,计算综合抗弹性能。即计算复合装甲的防护系数 N 与防护厚度系

数 N_h。

防护系数：

$$N = \frac{T_b \cdot \rho_g}{T_t \cdot \rho_t} \quad (9-7)$$

$$N = \frac{(T_b - T_{wp})\rho_g}{\delta_t \rho_t} \quad (9-8)$$

厚度系数：

$$N_h = \frac{T_b}{T_t} \quad (9-9)$$

$$N_b = \frac{T_b - T_{wp}}{\delta_t} \quad (9-10)$$

9.4 反应装甲抗弹性能评定

在比较反应装甲的防护能力时，通常采用防护系数的概念。反应装甲防护系数的内涵与装甲材料的防护系数相同，是指标准均质装甲钢半无限靶面密度与爆炸式反应装甲面密度之比。由于反应装甲往往通过后效靶板的残余穿深进行抗弹能力表征，因此，对于紧贴在标准均质装甲钢半无限靶表面的反应装甲，其防护系数 N_R 可以按照下式计算：

$$N_R = \frac{L_b - L_r}{H_b} \quad (9-11)$$

式中 N_R——防护系数；

L_b——试验用弹在标准均质装甲钢上的穿深；

L_r——试验用弹击穿爆炸式反应装甲后在标准均质装甲钢上的剩余穿深；

H_b——爆炸式反应装甲的等重钢厚度。且

$$H_b = \frac{H \cdot \bar{\rho}}{7.85 \cdot \cos\alpha} \quad (9-12)$$

式中 H——爆炸式反应装甲的厚度；

$\bar{\rho}$——爆炸式反应装甲的平均密度。

若设 H_{b0} 为爆炸式反应装甲在法线角为 0°时的等重钢厚度，则式（9-12）可改写为

$$N = \frac{T_\mathrm{b} - T_\mathrm{res}}{H_\mathrm{b0}} \cdot \cos\alpha \qquad (9-13)$$

因此，H_b0 越小，N 值越大，爆炸式反应装甲的性能越好。

用实弹射击按照预定角度摆放在轧制均质装甲钢表面的爆炸式反应装甲，是一种较为常见的实弹试验方法。这种试验的目的是准确获得爆炸式反应装甲的抗弹性能、边界效应等试验结果，为其定量评价提供试验依据。

试验时通常分别进行抗穿甲弹试验和抗破甲弹试验。进行抗穿甲弹试验时，为了便于瞄准，射击距离通常采用 100～200 m，通过调整穿甲弹的发射药量控制其着靶速度在规定范围内。进行抗破甲弹试验时，通常采用静破甲方式，并在正式试验前一般需进行空白试验，即用标准钢板测量所用破甲弹战斗部在规定炸高下威力的波动范围。设置破甲弹战斗部时，需要正确设定炸高，以保证试验结果的准确。

靶板通常采用一定厚度的轧制均质装甲钢板作为后效板，爆炸式反应装甲通过螺栓等连接方式固定在后效板的表面。使用的靶架应该能够为靶板提供稳定地支撑，并能调整、设定法线角。为了降低爆炸式反应装甲形成的破片的飞散范围，以保证安全和便于回收、分析，靶板通常设定为"俯靶"。在破片较少时，也可设置成"仰靶"，以便于设置炸高（图 9-11）。

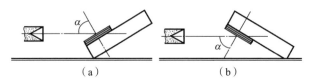

图 9-11 靶位的设置

(a) 仰靶；(b) 俯靶

每发弹射击后，应立即检查靶板并记录数据。记录内容主要包括弹药的射击条件、靶板姿态、靶板的构成、气象条件、靶板的正面和背面损伤特点及主要尺寸，作出相关标记后照相。

实车试验是确定爆炸式反应装甲实车应用时终点效应的有效手段。实车试验不仅考核爆炸式反应装甲的抗弹能力，更主要的是测试其引爆后对车辆部件和车内人员的影响。为了获得以上数据，通常在车内布置冲击振动、噪声和超压等传感器，并在乘员位置布放狗、羊、豚鼠、猴等效应动物。

试验前将车辆调整到战斗状态：火炮朝前，身管保持水平。车内各种主要部件处于工作状态。保证测试系统工作正常，并且效应动物布放完毕后，关闭所有舱门，使车辆处于密封状态。在不宜使用坦克的原来部件时，可以用模拟部件来替代实际部件。按照规定的射击条件打击正确固定到车辆表面的反应装甲。射击后记录靶车和效应动物的各种损伤，并根据车辆损伤标准评定损伤等级。最后，根据车辆的损伤情况判断爆炸式反应装甲的应用效果。进行多发弹打击时，则应在每发弹试验后尽可能修复靶车的损伤。如果条件不允许，则应想办法对已发现的损伤进行清楚的标记，并注意试验结果是在累计损伤的情况下得出的。

反应装甲的安全性是抗弹性能评定的辅助试验内容。要求反应装甲在经受枪击、火烧、火焰切割时均不爆炸，中弹时相邻反应装甲也不殉爆，浸水、雨淋不影响抗弹性能，具有良好的安全使用性能。挂有反应装甲的坦克不能被敌方的反坦克武器击穿，使车内的超压值和噪声值下降，对乘员和设备的影响小，使坦克得以生存，这是使用反应装甲带来的最大的安全性。具体操作可根据 GJB 2336 – 1995《反应装甲规范》进行。典型照片如图 9 – 12 所示。

图 9 – 12 安全性试验

(a) 火烧试验；(b) 枪击试验；(c) 气割试验；(d) 跌落试验

参 考 文 献

[1] Prior A M. The Penetration of Lightweight Armours by Small Arms Ammunition [C] //Proceedings from 10th International Symposium on Ballistics VoL. Ⅱ, 1987, U. S. A. California.

[2] Scheidelor A W, Jakoly K, Boecker J. Reverse Engineering as a Method for Designing Warheads. Rheinmetall [C] //Proceedings from 10th International Symposium on Ballistics Vol. Ⅱ, 1987, U. S. A. California.

[3] 张自强, 赵宝荣, 张锐生, 等. 装甲防护技术基础 [M]. 北京: 兵器工业出版社, 2000.

[4] 刘向平. 防护技术的发展 [J]. 国外坦克, 2010 (7): 14 - 20.

[5] 朱建生, 赵国志, 杜忠华, 等. 靶板厚度对横向效应增强型侵彻体作用效果的影响 [J]. 南京理工大学学报 (自然科学版), 2009, 33 (4): 474 - 479.

[6] 岳平, 蔡雪玲, 魏传忠. 薄装甲倾角效应研究 [J]. 兵器材料科学与工程, 1989 (6): 19 - 25.

[7] 张自强. 均质装甲钢倾角效应的试验研究 [J]. 兵器材料科学与工程, 1995, 18 (4): 31 - 38.

[8] 姚艳玲, 赵宝荣, 钟涛, 等. 铝合金板抗枪弹倾角效应试验研究 [J]. 兵器材料科学与工程, 2005, 28 (3): 33 - 36.

[9] 杜忠华, 赵国志, 李文彬. 长杆弹垂直侵彻复合装甲机理的研究 [J]. 弹道学报, 2001, 13 (1): 27 - 31.

[10] 李永池, 王道荣, 姚磊, 等. 陶瓷材料的抗侵彻机理和陶瓷锥演化的数值模拟 [J]. 弹道学报, 2004, 16 (4): 12 - 17.

[11] Shokrieh M M, Javadpour G H. Penetration analysis of a projectile in ceramic composite armor [J]. Composite Structures, 2008 (82): 269 - 276.

[12] Lee M, Yoo Y H. Analysis of ceramic/metal armor systems [J]. Int. J. Impact Eng, 2001, 25 (9): 819 - 829.

[13] Hetherington J G, Rajagopalan B P. Energy and momentum changes during ballistic perforation [J]. Int. J. Impact Eng, 1996, 18 (3): 319.

[14] Fellows N A, Barton P C. Development of impact model for ceramic - faced semi - infinite amour [J]. International Journal of Impact Engineering, 1999, 22 (8): 793 - 811.

[15] Florence A L. Interaction of projectiles and composite armor (part 2) [J]. Standford Research Institute, Menlo Park, California, AMMRG - CG - 69 - 15, 1969.

[16] 王俊, 刘天生. 一种新型坦克装甲车辆防护系统初探 [J]. 四川兵工学报, 2006 (2): 14 - 16.

[17] Ben - Dor G, Dubinsky A, Elperin T, et al. Optimisation of two - component ceramic armor for a given impact velocity [J]. Theor Appl Fract Mech, 2000, 33 (3): 185 - 190.

[18] Hetheringgton J G. The optimization of two component composite amours [J]. Int. J. Impact Engng, 1992, 12 (3): 409 - 414.

[19] Zouheir Fawaz, Kamran Behdinan, Yigui Xu. Optimum design of two - component composite armours against high - speed impact [J]. Composite Structures, 2006, 73 (3): 253 - 262.

[20] Wang B, Lu G. On the optimization of two - component plates against ballistic impact [J]. J Mater Process Technol, 1996, 57 (1 - 2): 141 - 145.

[21] Sadanandan S, Hetherington J G. Characterization of ceramic/steel and ceramic/aluminium armors subjected to oblique impact [J]. Int. J. Impact Engng, 1997, 19 (9 - 10): 811 - 819.

[22] 杜忠华, 赵国志, 杨大峰, 等. 弹丸垂直侵彻陶瓷/金属复合靶板的简化模型. 弹道学报, 2001, 13 (2): 13 - 17.

[23] Johnson K J. 接触力学 [M]. 北京: 高等教育出版社, 1992.

[24] 杜忠华, 赵国志, 杨玉林. 陶瓷玻璃纤维/钢板复合靶板抗弹性能的研究 [J]. 兵工学报, 2003, 24 (2): 219 - 221.

[25] 赵颖华, 王金忠. 复合材料的界面损伤过程与弹塑性本构关系 [J]. 复合材料学报, 1999, 16 (4): 130 - 135.

[26] B. R. 劳恩, T. R. 威尔肖. 脆性固体断裂力学 [M]. 尹祥础, 译. 北京: 地震出版社, 1985.

[27] Sherman D, Ben - Shusan T. Quasi - static impact damage in confined ceram-

ic tiles. Int. J. Impact Engng, 1998, 21 (4): 245 - 265.

[28] 王儒策, 赵国志. 弹丸终点效应 [M]. 北京: 北京理工大学出版社, 1991.

[29] 黄良钊. 抗弹陶瓷的特殊耗能机制研究 [J]. 兵器材料科学与工程, 2001, 24 (5): 3 - 6.

[30] 黄良钊, 张安平, 孙庚辰. 弹丸侵彻 Al_2O_3 陶瓷的分析模型 [J]. 长春光学精密机械学院学报, 1998, 21 (4): 1 - 4.

[31] Sternberg J. Material properties determining the resistance of ceramics to high velocity penetration [J]. J Appl Phys, 1989, 65 (9): 3417 - 3424.

[32] Satapathy S, Bless S J. Cavity expansion resistance of brittle materials obeying a two - curve pressure - shear behavior [J]. J Appl Phys, 2000, 88 (7): 4004 - 4012.

[33] 任会兰, 宁建国. 陶瓷材料动态压缩损伤本构模型 [J]. 固体力学学报, 2006, 27 (3): 303 - 306.

[34] Hohler V, Weber K, Tham R, et al. Comparative analysis of oblique impact on ceramic composite systems [J]. International Journal of Impact Engineering, 2001, 26 (1 - 10): 333 - 344.

[35] 刘立胜, 张清杰. 冲击波在陶瓷与梯度材料界面上的传播特性 [J]. 武汉理工大学学报, 2003, 25 (8): 1 - 4.

[36] Shockey D A, Marchand A H, Skaggs S R, et al. Failure phenomenology of confined ceramic targets and impacting rods [J]. International Journal of Impact Engineering, 1990, 9 (3): 263 - 275.

[37] 左宇军, 唐春安, 宫凤强. 应力波反射诱发层裂过程的数值模拟 [J]. 吉首大学学报 (自然科学版), 2006, 27 (6): 80 - 83.

[38] Lee M. Analysis of jacketed rod penetration [J]. Int. J. Impact Engng, 2000 (24): 891 - 905.

[39] 金子明, 沈峰, 曲志敏, 等. 纤维增强复合材料抗弹性能研究 [J]. 纤维复合材料, 1999, 16 (3): 5 - 9.

[40] Shim V P W, et al. Modelling deformation and damage characteristics of woven fabric under small projectile [J]. Int. J. Impact. Engng, 1995, 16 (4): 585 - 605.

[41] Wolstenholme L C, Smith R L. A statistical inference about stress concentration in fiber matrix composite [J]. J. Master. Sci, 1989, 20 (6): 602.

[42] 周履,范赋群.复合材料力学[M].北京:高等教育出版社,1991.

[43] 曹贺全,徐龙堂.爆炸式反应装甲[M].北京:兵器工业出版社,2009.

[44] 顾红军,刘宏伟.聚能射流及防护[M].北京:国防工业出版社,2009.

[45] 杜雪峰,刘天生.国外新型装甲的发展[J].四川兵工学报,2005,26(3):15-18.

[46] 郭正祥.T-90MS坦克防护系统[J].国外坦克,2012(1):36-37.

[47] 吕伟康.德国装甲车辆防护最新进展[J].国外坦克,2011(9):36-42.

[48] 施征.乌克兰T-64U主战坦克[J].国外坦克,2007(12):40-45.

[49] 慧眼.乌克兰装甲装备防护系统[J].国外坦克,2009(7):35-37.

[50] 王儒策,朱鹤松.穿甲技术文献[M].北京:兵器工业出版社,1992.

[51] 吴磊.[J].国外坦克,2006,1.

[52] 刘向平,吕金明.结构装甲系统——挑战、能力和趋势[J].国外坦克,2011(7):39-40.

[53] 王建波.多孔钢板抗小口径动能弹效能分析与仿真[D].南京:南京理工大学,2012.

[54] Cao H Q, et al. Study on Penetration Resistance of Tubular Spaced Armor by Jet[C]//26th International Symposium on Ballistics, MIAMI, FL, SEPTEMBER 12-16, 2011.

[55] 宋金峰.栅栏屏蔽装甲——美军伊拉克城市巷战中的救命稻草[J].坦克装甲车辆,2007,3.

[56] 方文.装甲车辆防护技术发展动向分析[J].国外坦克,2012(2):42-48.

[57] 羡梦梅.装甲板的破坏和绝热剪切现象[J].兵器材料与力学,1980(1):28-39.

[58] 李金泉,黄德武,段占强,等.高速侵彻装甲钢绝热剪切带特性研究[J].弹道学报,2003,15(3):86-91.

[59] 李金泉,黄德武,段占强,等.穿甲试验靶弹孔微观结构和绝热剪切带特性[J].北京科技大学学报,2003,25(6):545-548.

[60] 肖红亮,时捷,雍岐龙.相同强塑积薄钢板抗弹性能和破坏形式的研究[J].兵器材料科学与工程,2010,33(5):34-38.

[61] Shockey D A. Material aspects of the adiabatic shear phenomenon [J]. Metallurgical Application of Shock - wave and High - strain - rate Phenomenon. 1985：40.

[62] 张智智，刘春玉. 反坦克导弹与装甲主动防护系统：矛与盾的对决[M]. 北京：北京航空航天大学出版社，2013.

[63] Arena (countermeasure) [EB/OL]. https：// en. wikipedia. org/wiki/Arena_(countermeasure).

[64] Analysis Russian Afganit active protection system is able to intercept uranium tank ammunition [EB/OL]. https：// www. armyrecognition. com/weapons_defence_industry_military_technology_uk/analysis_russian_afganit_active_protection_system_is_able_to_intercept_uranium_tank_ammunition_tass_11012163. html.

[65] 以色列战利品主动防护系统 [EB/OL]. http：// www. rafael. co. il/4495 - 2687 - EN/Marketing. aspx.

[66] The active protection system ZASLON [EB/OL]. https：// en. uos. ua/produktsiya/sistemi - zashchiti/49 - kompleks - aktivnoy - zashchiti - zaslon.

[67] AMAP - ADS [EB/OL]. http：// www. army - guide. com/eng/product4589. html.

[68] 德国 AMAP - ADS 最新介绍 [EB/OL]. [2018 - 3 - 30]. https：// en. wikipedia. org/wiki/AMAP - ADS.

[69] Vehicle Survivability [EB/OL]. http：// www. lacroix - defense. com/produit. php? pole = land&code = galix.

[70] Active protection system [EB/OL]. [2018 - 10 - 11]. https：// en. wikipedia. org/wiki/Active_protection_system.

部分常用符号对照表

A	弹丸截面面积
A	弹孔截面积
B	板子厚度
Δb	动态板厚
C_b	标准均质装甲钢板价格
C_t	特种装甲板价格
C_p	弹杆塑性波速
D	弹坑直径
	间隙
d	弹径
d_B	背板厚度
d_F	面板厚度
d_p	装药厚度
d_j	射流头部直径
E	能量
	材料弹性模量
H	厚度
	炸高
H_b	爆炸式反应装甲的等重钢厚度
H_{dB}	布氏硬度压痕直径
HRa	洛氏硬度（a）
HRc	洛氏硬度（c）
Hv	维氏硬度
h_b	钢板厚度

h_c	陶瓷厚度
h_f	玻璃纤维板厚度
I	入射波
I	比冲量
J	弹丸对质心转动惯量
K	穿甲系数
	常数
L	弹的有效长度
	穿甲弹体或射流有效长度
L_t	复合装甲水平等重厚度
l_0	弹杆长度
l_h	逃逸射流的长度
L_b	试验用弹在标准均质装甲钢上的穿深
L_r	试验用弹击穿爆炸式反应装甲后在标准均质装甲钢上的剩余穿深
M_{ti}	板子传递给射流或弹芯的动量
M_p	射流或弹芯与板子相互作用前的动量
	弹丸质量
M	质量
m_m	玻璃纤维层板面密度
N	防护系数
N_h	厚度系数
N_j	金属材料的防护系数
P	压力
P	侵彻深度
R	反射波
	装甲抗弹能力
R_{max}	穿、破甲弹威力
R_t	复合装甲抗弹能力
T	穿甲深度
	破甲深度
	透射波
T_0	装甲厚度

T_b	破甲弹对标准均质装甲钢的穿深
T_d	结构单元的垂直等质量厚度
T_h	靶板水平厚度
T_r	后效板穿深
T_{rp}	残余穿深
U	弹进入靶后的穿甲速度
v	弹丸或射流的速度
v_0	初速
v_{50}	弹丸的弹道极限速度
v_c	弹丸的穿甲极限穿透速度
v_p	射流头部速度
v_{pd}	射流的断开速度
v_s	着靶速度
v_P	弹道极限速度
v_t	板子运动速度
	弹丸的临界穿透速度
v_r	弹丸的剩余速度
W_f	非金属的相对质量含量（%）
W_j	金属的相对质量含量（%）
α	倾角
	射流对靶板的着靶角
a_P	弹丸半径
δ	装甲厚度
ε	断裂张力
ε_r	玻璃纤维材料的最大破坏应变
ξ	弹丸着角
η	结构单元的效率
θ	入射方向与靶板法线的交角
ρ	密度
ρ_A	装甲面密度
ρ_b	标准均质钢装甲的密度
ρ_c	应力波的声阻抗

ρ_P		射流或弹体的密度
ρ_t		靶密度
		特种装甲的密度
ρ_z		炸药密度
σ		极限抗拉强度
σ_{sf}		材料抗压强度
Ω		装药质量

索 引

0~9（数字）

3.8 mm 变形钨合金长杆形模拟弹　87
4 种装甲结构　206
　　试验结果（图）　206
　　最后一层内的应力对比（表）　206
5 mm 变形钨合金模拟穿甲弹　78
　　对玻璃钢穿甲试验　78
　　对玻璃钢倾角效应（表）　78
5.56 mm 铅芯弹　88、96、97
　　穿甲时的间隙效应（表）　88
　　穿入铝板厚度效应（表）　97
　　对有限厚铝板的垂直穿甲试验　96
7.62 mm 穿甲弹　56、107、137（图）
　　穿入铬刚玉形状效应（表）　107
7.62 mm 穿甲燃烧弹　105
　　对不同尺寸氧化铝陶瓷的穿甲试验　105
7.62 mm 枪弹穿甲试验　56
9 mm 钢制长杆形模拟弹　86、89
12.7 mm 穿甲弹　59、137（图）
　　防护能力（图）　137
12.7 mm 穿甲燃烧弹　105
　　对不同尺寸氧化铝陶瓷的穿甲试验　105
12.7 mm 弹片模拟弹（图）　138
12.7 mm 枪弹穿甲时的倾角效应（图）　60
12.7 mm 枪弹穿甲试验　59
14.5 mm 穿甲弹　60、61
　　打击铝装甲倾角效应（表）　61
14.5 mm 枪弹穿甲试验　60
20 mm 弹片模拟弹（图）　138
40 mm/60°泰安炸药（图）　33
40 mm 模拟破甲弹　74~76
　　打击装甲钢时的倾角效应（表）　74
　　对玻璃钢破甲试验　76
　　对玻璃钢倾角效应（表）　77
　　静破甲试验　74
82 mm 破甲弹　106
　　穿入铬刚玉形状效应（表）　106
　　对铬刚玉破甲试验　106
83 mm 反坦克破甲弹动态试验（表）　73
85 mm 模拟破甲弹　110
　　对栅式屏蔽的射击试验　110
85 mm 破甲弹　82、100
　　对装甲钢间隙破甲试验　100
　　静破甲对中硬度装甲钢板的间隙效应（表）　82
90~125 mm 口径火炮发射动能弹垂直命

中中等硬度轧制均质钢装甲时的平均穿甲性能（图） 92

100 mm 穿甲弹与 100 mm 破甲弹性能对比（图） 37

100 mm 钢制长杆形穿甲弹（图） 66、66（图）、67（图）、112

    穿甲试验 66

    模拟穿甲弹 112

100 mm 厚钢复合装甲的类型和工艺途径（表） 188

100 mm 滑钨芯弹与反应装甲作用时发生断裂（图） 115

100 mm 炮钢制长杆形穿甲弹 66

100 mm 预制弹片榴弹（图） 17

100～175 mm 口径火炮垂直命中中等硬度轧制均质钢装甲时的平均穿甲性能（图） 92

105 mm 变形钨合金长杆形穿甲弹 88

105 mm 模拟弹 65、66、88、94、97、111

    穿甲试验 65

    穿入装甲钢的倾角效应（表） 66

    对不同靶板穿甲试验（表） 111

    对间隙装甲的倾斜穿甲试验 97、97（表）

105 mm 模拟破甲弹 109

    对钢管的破甲试验 109

    与钢管方向效应（表） 109

105 mm 破甲弹静破甲 83

    对管状间隙装甲间隙效应（表） 83

105 mm 钨合金长杆形穿甲弹 68、88

    穿甲时的间隙效应（表） 88

    穿深与装甲倾角效应（表） 68

110 mm 模拟破甲弹 74～77、82～84、101、104、106、109、110

    穿入铸石形状效应（表） 106

    对玻璃钢破甲试验 77

    对玻璃钢倾角效应（表） 77

    对不同尺寸铸石的破甲试验 104

    对钢管的破甲试验 110

    对高硬度装甲钢板的间隙效应（表） 83

    对间隙复合装甲破甲试验 101

    对氧化铝陶瓷的破甲试验 104

    对中硬度轧制均质装甲钢倾角效应（表） 75

    对铸石破甲试验 106

    对铸石圆柱体的破甲试验 109

    击入钢管方向效应（表） 110

    破甲试验 74

    与铸石元件方向效应（表） 109

120 mm 模拟破甲弹 75

    对中硬度轧制装甲钢倾角效应（表） 75

    破甲试验 75

125 mm 长杆形钨芯穿甲弹穿甲性能 69

125 mm 钨芯穿甲弹 69

    穿入装甲钢时倾角效应（表） 69

5083-H131 铝合金低温拉伸性能（表） 132

A～Z（英文）

AFFA 公司 290

Afganit 硬杀伤主动防护系统 299

AIFV 履带式装甲步兵战车（图） 327

AlON 陶瓷 176

AMAP 183

索引

AMAP – ADS　301
　　系统　302
AP　28
APDS　29
Armox500Z　124
ATI600 – MILTM 装甲钢　123
ATI 公司高硬度装甲钢　123
AZ31B – H24 镁合金　151
BAT　26、26（图）
Blazer "三明治" 结构示意（图）　271
Blazer 反应装甲　282、283
　　爆炸反应装甲　283
B 板与 F 板同时与弹丸作用（图）　279
CAV 复合装甲结构（图）　227
CV90 犰狳装甲运兵车（图）　317
DSTL　323
EE – T1 "奥索里约" 主战坦克（图）　327
Elektron675 镁合金、AZ31B 镁合金和 AA5083 铝合金　149、150
　　抗 0.30cal AP M2 弹丸 v_{50}（图）　149
　　抗 0.50cal FSP 弹丸 v_{50}（图）　149
　　抗 20 mm FSP 弹丸 v_{50}　150
E 玻璃纤维增强的树脂基复合材料　167
FCA　183
FFV 公司　289
FlexFence 轻型车辆装甲系统　313
Florence　195
　　冲击模型　195、196（图）
F 板、B 板对射流的作用示意（图）　273
GFRP　76
HE　15

HEA　12
HEP　13
Hertzian 圆锥形裂纹　159
Hetherington　196
Hohler　202
Hopkinson 压杆　201
HS – 4 玻璃纤维产品　165
Johnson 理论　200
Kaman 科学公司　290
Kevlar　334、334
　　纤维织物　334
LOSAT　21
LROD 反火箭弹格栅装甲（图）　310、311
　　防护套件　310、311
M113 装甲车（图）　284
M113A3 装甲输送车防碎片内衬（图）　166
M1951 型硬质多隆玻璃钢防弹背心　336
M1A2 主战坦克　342、343
　　舱室隔舱化设计（图）　342
　　尾舱顶部卸压板（图）　343
M1 坦克车　232
M1 坦克车首复合装甲　232
　　结构与材料（表）　232
　　抗弹能力分析及估算　232
　　抗弹能力计算（表）　232
M2 布雷德利步兵战车（图）　283、285
M2 履带式步兵战车（图）　327
M3 组织装甲钢　128
M483 改进型 155 mm 炮弹结构示意（图）　23
MARS300 钢板　320、321
　　附加装甲抗弹性能（表）　321

孔布置情况（表） 321

MARS 装甲钢抗 7.62 mm 穿甲弹倾角效应（表） 58

MEXAS 轻型复合材料 183

MIL - TD - 12560/46177c 军用超高强度钢 326

MTL 343

N. E. 标准 127

N 与 θ 关系示意（图） 52

PBO 纤维 170、171
    分子结构（图） 170
    抗弹复合材料 170
    能量吸收特性 170
    与芳纶纤维、碳纤维的性能特性对比（图） 171

PBO 纤维优势 170
    力学性能 170
    耐热性能 170
    阻燃性能 170

PC 173
    与 PMMA 的防弹性能比较（表） 173

PU 174

PVB 177

RG31 防地雷车（图） 311

ROMOR - A 288

ROMOR - C 轻型陶瓷附加装甲 183

RPG - 30 反坦克火箭筒 7

RPG Net 线 - 网装甲 312、313（图）

RUAG 公司 291

S - 2 玻璃纤维复合材料 166

S - 2 高强玻璃纤维 166、167
    增强的树脂基复合材料 166

Satapathy 201

SEA 164

Sherma 199

SHPB 试验应力曲线（图） 209

SMArt 155 末敏子弹照片（图） 25

SNPE 公司 290

Sternberg 201

T_0 与 θ 关系示意（图） 51

T52 型全尼龙防弹衣 336

T - 64B、T - 80 炮塔（图） 280

T - 64 主战坦克 290、327、327（图）
    三层防护系统 290

T - 72 主战坦克（图） 286、316

T - 80BV 主战坦克（图） 286

T - 80 坦克 231
    车首复合装甲抗弹能力计算（表） 231
    车首复合装甲抗弹能力预测 231

T - 90MS 坦克防护组件分布（图） 288

Tarian 织物轻型装甲 312、313（图）

T_r 与 θ 关系示意（图） 52

T 系列坦克被 120 mm 破甲弹击穿（图） 73

U - 0.75Ti 合金 152、153、191
    化学成分（表） 152
    应变强化特性（图） 153
    制成品 152

UF_4 技术条件（表） 152

UHMWPE 纤维 169

V_{50} 与 θ 关系示意（图） 51、52

VARMA2 型反应装甲 288

VBCI 步兵战车（图） 313

Vickers 防卫系统公司 288

XA188 轮式装甲车安装多孔钢板结构（图） 324

索引

XM898 末敏弹　23
ZET – 1 屏蔽防护系统　309、316
　　裙板组件（图）　316
ZET – 1 伞形防护网（图）　308、309
　　屏蔽防护系统　308

α ~ β

$\alpha + \beta$ 钛合金　141
α 钛合金　141
β 钛合金　141

A

阿富汗石硬杀伤主动防护系统　299、
　　299（图）
阿玛塔 T – 14 主战坦克阿富汗石主动防
　　护系统（图）　299
安全性试验（图）　365
安装 PRGNet 线 – 网装甲的法国 VBCI 步
　　兵战车（图）　313
安装于瑞典 S 坦克车体头部的栅栏屏蔽
　　装甲（图）　309
奥地利反坦克雷（图）　36
奥克托今　276
澳大利亚装甲钢　123

B

靶板　55、90、91、111、350
　　边界条件影响（图）　55
　　冲塞块（图）　350
　　弹坑边缘条件影响　90
　　放置方向与弹丸偏转方向示意（图）
　　　111
　　破坏形式　91
靶间距在不同装甲倾角下的穿甲试验
　　（图）　89
靶位设置（图）　364
板厚　277
板件抗穿甲弹方向效应试验研究　110
板状间隙式装甲　325
板状元件　108
　　布置（图）　108
板子材料　278
半无限靶　347
薄层材料　211、212
薄复合装甲　185、186、193、194
　　典型结构（图）　193
　　装车结构示意（图）　194
薄装甲钢板　130
爆燃　340
爆炸产物　114
　　弹丸偏转（图）　114
　　对长杆形穿甲弹弹芯的偏转作用
　　　114
爆炸成型战斗部　25、35
　　侵彻过程　35
爆炸式反应装甲　43、112、116、117、
　　120、245、246、266 ~ 274、287 ~ 291
　　动量分析　116
　　动量分析模型（图）　116
　　对侵彻体的干扰作用（图）　273
　　对射流头部的偏转作用　112
　　防护作用和工作原理　246
　　防护作用特点　245
　　附加防护结构基本优点　246
　　功能拓展　266
　　后效控制技术　269
　　基本结构　270
　　基本结构示意（图）　272

　　基本特点　266
　　基本原理　272
　　基本原理发现（图）　271
　　基本原理示意（图）　245
　　夹层　116
　　角度效应（图）　117
　　结构　289
　　模块　287
　　设计基础　274
　　性能影响因素（图）　272
　　应用　266
　　主要功能及其技术途径（表）　267
　　最基本结构　271
爆炸式反应装甲应用　266、282
　　俄罗斯　285
　　美国　284
　　以色列　283
豹Ⅱ坦克　129、170、301、343
　　A5 主战坦克多功能内衬（图）　170
　　A7 主战坦克上安装的主动防护系统（图）　301
　　隔舱化设计　343
　　体基本装甲配置（图）　129
北约 7.62 mm 枪弹穿甲试验　56
北约 105 mm 钨合金长杆形穿甲弹　88
　　穿甲时的间隙效应（表）　88
　　穿甲试验　68
　　穿深与装甲倾角效应（表）　68、69
北约三层重型靶　326
　　结构（图）　326
背板　202、246、251、253、258
　　材料　202、251

　　弹孔示意（图）　253
　　厚度对结构效应影响（表）　258
　　厚度与残余穿深关系（图）　251
　　狭长弹孔（图）　246
　　受力状态　253
　　最佳厚度　258
　　作用　250
背板强度　258、259
　　对抗穿甲性能影响（表）　259
　　对抗破甲性能影响（表）　259
　　与结构效率关系（图）　259
背面弹坑边缘条件　93
被动式箱形反应装甲单元　265
被帽穿甲弹　9
崩落　352、354
崩落物出现与弹靶因素　354
　　靶板冶金品质　354
　　靶板硬度　354
　　倾角　354
彼得·布朗　323
比尔导弹命中目标过程（图）　21
比吸能　164
变形铝合金　132、133
变形镁合金　146
变形钛合金牌号及化学成分（表）　142
变形增大　93
变形装甲铝合金分类及牌号（表）　135
标枪反坦克导弹　20
标准均质钢装甲的等效防护厚度　348
表面强化　159
波强度　212
波在钢/铬刚玉界面的反射与透射（图）　212
波在铬刚玉/钢界面的反射与透射（图）

索引

212
玻璃钢　76、79
　　抗弹倾角效应　76
玻璃纤维　165、166
　　复合材料　165、166
　　结构装甲复合材料在"悍马"、CAV-100轮式步兵战车上的应用（图）　166
玻璃陶瓷　154
不爆炸反应装甲单元　265
不对称力作用　53
不对称三明治结构　268
不同穿透形式下的装甲损伤（表）　355
不同单元排列方式复合材料有无间隙时的防护系数变化情况（图）　85
不同单元形状复合材料有无间隙时的防护系数变化情况（图）　85
不同高低角度时装甲厚度变化（表）　218
不同夹层反射波与透射波强度（表）　212
不同结构形式车体复合装甲内部空间比较（图）　223
不同结构形式复合装甲特征（表）　222
不同距离上的反坦克武器（图）　3
不同破甲弹的结构单元板临界厚度（表）　256
不同倾角时复合装甲的垂直厚度（表）　217
不同纤维配比、树脂基体和排列结构等因素对混杂装甲材料抗弹及结构性能影响（图）　172
不同硬度MARS装甲钢抗7.62 mm穿甲弹倾角效应（表）　58

C

材料参数（表）　205
材料单元　185
材料强度与穿深、时间关系（图）　99
材料声阻抗（表）　210
材料因素　256
材料应变强化特性（图）　192
材料与结构匹配　262
参考文献　366
残余穿深与倾角之间关系　260
侧屏蔽装甲用三明治结构的抗破甲性能（表）　265
侧裙板　315、315（图）、320
　　基本原理　320
侧向力作用　91
测定标准均质装甲钢板穿深（图）　362
测定复合装甲的穿深（图）　362
测定后效钢板的穿深（图）　362
测量穿深、实际穿深与装甲倾角关系（表）　70
层合板弹道性能预测公式　197
层裂　202
层裂背崩　349（图）、351、351（图）
长杆弹在大间隙内失稳（图）　329
长杆形穿甲弹　31、242
　　穿过靶板过程模拟计算结果（图）　243
　　在靶内流动示意（图）　31
长杆形次口径动能穿甲弹　30、31、37
长杆形尾翼稳定脱壳穿甲弹　30
　　结构示意（图）　30
长形块状元件　107、108
　　布置（图）　108
超贝氏体装甲钢　123
超高分子量聚乙烯纤维　169
　　复合材料　169

性能（表） 169
超高速动能导弹技术 21
超强超薄防弹衣 339
超硬度钢装甲 323
车辆兼容性试验 238
车首复合装甲结构（图） 222
车体复合装甲内部空间比较（图） 223
车体挂装复合装甲结构（图） 219
"城市豹"巷战坦克（图） 319
成本系数 348
尺寸效应 101～105
  认识 101
  试验 104
尺寸效应影响因素 103
  打击物体尺寸 103
  弹的穿甲威力 104
  装甲结构 104
冲击断裂问题 203
冲击载荷作用下薄板的动力响应理论模型 197
冲塞 352、353
冲塞穿孔 349、349（图）
穿甲弹 9、36、111、273、277、350、351
  被干扰后形成分散弹坑（图） 273
  弹头及其产生的靶板冲塞块（图） 350
  弹丸在靶板中的偏转（表） 111
  结构示意（图） 9
  在靶板上造成的层裂背崩（图） 351
  在靶板上造成的韧性穿孔（图） 350
穿甲弹穿甲 86、95、98

厚度效应 95
间隙效应 86
间隙效应影响因素 86
穿甲弹芯 278、279
穿甲过程 26、30
  压缩流体动力学模型 30
穿甲能力与截面密度和着靶速度关系经典公式 29
穿甲枪弹 4
穿甲试验 62、66、68、78、105
穿深－速度降曲线（图） 208
穿深测量 360
穿深与抗拉强度曲线（图） 100
穿深与装甲倾角关系（图） 75
穿深增量计算公式 95
穿透靶元（图） 352
穿透形式 352
传感器 297
传统格栅装甲 307
串联复合聚能装药战斗部（图） 19
串联战斗部 6（图）、18
串联装药结构（图） 19
"窗帘"－1光电干扰系统 290
垂直穿甲 90、95～97、360
  穿深测量 360
  对比试验（图） 90
  示意（图） 97
  试验 95、96
垂直侵彻 333
垂直入侵射流 289
次口径脱壳穿甲弹 29
  结构及脱壳示意（图） 29
脆性穿孔 352、355
脆性断裂 163

脆性损伤 356

D

大间距间隙 89、91
  结构 91
  装甲 89
大口径实心穿甲弹 62
  穿甲试验 62
大内倾角（图） 217
大倾角复合装甲 84、221
  间隙结构中间距影响（表） 84
带孔 MARS300 钢板 320、321
  附加装甲抗弹性能（表） 321
  孔布置情况（表） 321
单兵反坦克火箭弹 5、6
  发展阶段 6
单兵反坦克火箭筒 6
单层靶与双层靶的垂直穿甲对比试验
  （图） 90
单层均质靶、叠层靶、间隙靶的垂直穿
  甲示意（图） 97
单层裙板 315
单级/串联火箭弹结构示意（图） 6
单级装药战斗部（图） 6
单晶氧化铝陶瓷 176
单体装药 276
单元分割法 218
单质 HMX 装药主要性能数据（表）
  276
弹靶作用 101
弹道极限速度 197
弹坑剖面（图） 72、98
弹坑容积与抗拉强度曲线（图） 100
弹坑容积与装甲倾角关系（图） 76

弹片分布（图） 16
弹速为 200m/s 时穿深 – 速度降曲线
  （图） 208
弹速为 500m/s 时穿深 – 速度降曲线
  （图） 208
弹速为 800m/s 时穿深 – 速度降曲线
  （图） 208
弹速为 1240m/s 时穿深 – 速度降曲线
  （图） 208
弹体侵彻靶体能量方程 206
弹体侵彻陶瓷复合装甲原理简（图）
  195
弹头断裂（图） 329
弹头碎断（图） 329
弹头沿最短距离穿入与逸出（图） 329
弹头在大间隙内改变飞行姿态（图）
  329
弹丸穿甲能量与倾角关系（图） 55
弹丸穿入与穿透靶元（图） 352
弹丸口径 64
弹丸偏转 54、114（图）
弹丸倾斜着靶 50
弹丸速度 64
弹丸撞击速度划分（表） 200
弹丸撞击陶瓷面板过程 200
  低速撞击 200
  高速撞击 200
  中高速撞击 200
弹药舱自引燃至卸压过程的压力与时间
  关系曲线（图） 341
弹药防护 247、343
  技术 343
  效能（表） 247
弹种及弹丸速度影响 90

德国 3 号坦克挂装的侧裙板（图） 315

德国装甲钢 123

等效防护厚度 348

  示意（图） 348

低碳微合金钢金相（图） 128

地面车辆 178

第一代间隔夹层复合装甲 265

第一代装甲铝合金 136

第二代防弹衣 338

第二代装甲铝合金 136

第三代防弹衣 338

第三代装甲铝合金 136

典型反坦克导弹性能（表） 18

典型反装甲弹药 1

电磁装甲 239

跌落试验（图） 365

叠层靶板抗弹性能 97

动力响应理论模型 197

动量分析 116

  模型（图） 116

动能穿甲弹 31、324、329

  穿甲性能增长趋势（图） 31

  侵彻斜置靶板结果（图） 324

  在间隙穿甲中被阻时几种损坏形式
（图） 329

动态板厚 119

动载应力 103

杜忠华 197、200

断裂应力 126

断裂锥体 159

对抗模块（图） 301

对抗系统 298

对位芳纶分子结构（图） 167

对位芳纶纤维 167、168

  产品性能（表） 168

多层材料复合而成的侧裙板 318

多层叠合靶及间隙板的板厚对抗弹性能
有影响 96

多层高强度织物复合 312

多次开坑 91

多功能内衬 342

多孔钢板 322、324、325

  抗 14.5 mm 穿甲弹的相对防护系数
与法线角关系曲线（图） 322

  抗弹性能 322

多孔高硬度钢装甲 323

多孔结构装甲 320

多孔装甲 320~324

  基本原理 324

  抗弹效应 321

  影响因素 320

  应用 323

多隆玻璃钢防弹背心 336

多组分复合装甲混合律计算复合装甲抗
弹能力 229

惰性反应装甲 244、247~252、
256、264

  单元结构中的背板 250

  单元结构中的面板 249

  单元结构中的中间层 250

  基本单元（图） 249

  基本结构 249

  基本特点 247

  基本原理 251

  结构单元 264

  结构单元侧面干扰原理（图） 252

  结构单元反应动作示意（图） 252

  结构单元原理 252

索 引

设计基础 256
特点 249
应有在不同装甲结构中对不同弹种的防护效能（表） 247
应用 247、264

E

俄罗斯"竞技场"主动防护系统（图） 298
俄罗斯特种钢研究所 282
二硼化钛 157

F

发射药燃烧 340、341
　　过程（表） 340
　　转变过程（图） 341
法国 SNPE 公司 290
法国军械部 290
法国双硬度装甲钢抗弹性能（表） 188
反射波与透射波强度（表） 212
反坦克导弹 17、18、20
　　性能（表） 18
反坦克火箭弹 6
反坦克技术 2
反坦克雷（图） 36
　　击穿 T 系列坦克侧装甲后留下的弹孔（图） 36
反坦克炮弹 8
反坦克武器（图） 3
　　系统 3
　　装备 3
反应装甲 43、112、241～244、283、290、363、365
　　安全性 365

雏形 242
结构 290
抗弹效应 112
抗弹性能评定 363
应用情况（图） 283
种类 244
反应装甲法线角 279
　　与主甲板之间距离的影响 279
反应装甲防护性能 280
　　计算 280
反应装甲块 319
反应装甲设计程序 280
　　框图 280、281（图）
反装甲威胁综合分析（图） 37
反装甲武器 2、43
　　破甲性能 43
方向 107、108
　　效应 107、108
方向效应影响因素 108
　　弹种 108
　　倾角 108
芳纶纤维 167、168
　　复合材料 167
　　增强酚醛树脂复合材料 168
芳香聚酰胺纤维 334
防爆面罩（图） 180
防弹背心 335（图）、336
防弹机理 339
防弹衣 335（图）、337、339
　　基本原理 339
防电子防弹衣 338
防护厚度系数 348
防护技术 43
防护结构 205

防护面密度 347
防护系数 85、211、230、347
　　变化情况（图） 85
防破甲弹 43
防枪弹、弹片及防爆（图） 335
防御弹种 224
仿生防弹衣 338
非爆炸反应装甲 244、245
　　工作原理（图） 245
非爆炸式的对付空心装药射流的反应装
　甲结构 290
非金属叠合板的间隙效应（表） 85
非金属复合装甲 185
非均质装甲钢 125
非可焊钢类 128
非热处理型铝合金 133
粉末冶金钛合金装甲 140
粉碎耗能机制 200
俯靶（图） 364
复合靶板侵彻理论 195
复合材料 122、199、202
　　靶板抗弹性能 199
　　背板作用 202
复合合金化理论 127
复合轻型通用反应装甲 288、289（图）
复合裙板 318
复合式防弹衣 338
复合装甲 42、168、181～185、194、206、
　210、213、217、219～222、239、336
　　不同阻抗夹层材料对应力波传播的
　　　影响 208
　　材料密度和强度效应 206
　　垂直厚度（表） 217
　　单元 185

装车应用步骤 236
厚度及质量（表） 213
技术 220
抗穿甲弹 194
抗弹机理 194
内部单元分割（图） 219
设计方法 223
声阻抗匹配 210
特点 183、185、
特征 222（表）
研究 182
制造及安装使用 239
种类 185
装车应用研究程序 236
复合装甲结构 216、222、327
　　形式 216
　　形式差异 222
复合装甲结构优化组合设计因素和设计
　原则 227
　　设计因素 227
　　设计原则 227
复合装甲抗弹 50、362
　　效应 50
　　性能评定 362
复合装甲抗弹能力 228、233
　　防护系数（表） 233
　　计算 228
　　设计 223
复合装甲抗弹性能提高技术途径 240
　　材料性能提高 240
　　复合装甲结构研究 240
　　现代优化方法应用 240
复合装甲倾角（表） 216、221
　　对抗弹性能的影响 216

复合装甲应用 183、239

  前景 239

复合装甲优点 184

  厚度减少 184

  结构可变 184

  模块化设计 185

  箱式设计 185

  性能可设计性 184

  应用范围广 184

  质量减轻 184

复相组织装甲钢 128

覆盖部位对抗弹性能的影响 217

负效应 80

附加装甲 185、327、328

  基本原理 328

  结构示意（图） 328

G

干扰作用 91

杆件抗穿甲弹方向效应试验研究 111

杆式弹侵彻 118

杆形格栅装甲（图） 308

杆状抗弹元件布置（图） 107

刚性格栅装甲 307

刚性装甲 334、336

钢+凯夫拉芳纶复合材料+钢结构复合装甲 168

钢的塑性变形应力与断裂应力示意（图） 126

钢复合装甲 186、187、190

  层间结合 186

  抗弹效率 190

  抗弹性能 186

钢和铝装甲对 100 m 处射击的 12.7 mm 穿甲弹防护能力（图） 137

钢铝间隙装甲 131

钢芯弹 4、5

  结构简图与常见损伤状态（图） 5

钢制模拟弹 95、96

  穿甲厚度效应（表） 96

  对低碳钢靶板的垂直穿甲试验 95

钢中含碳量与硬度关系（图） 126

钢装甲、铝装甲防 105 mm 榴弹弹片能力（图） 138

高爆弹 13

高爆性能榴弹 15

高氮奥氏体装甲钢 124、127

高强玻璃纤维 165

高强度变形镁合金 148

高强度纳米氮钢 124

高强韧钛合金力学特性（表） 144

高速撞击之后陶瓷靶板中的断裂锥体和轴向裂纹发展（图） 160

高性能 PBO 纤维 171

高硬度均质装甲钢板 187

高硬度装甲钢 Armox500Z 124

格栅防护装置 287

格栅装甲 307、314、315

  基本原理 314

隔舱化 340、343

  设计 343

固定式复合装甲 185

固溶体陶瓷 176

挂装 LROD 反火箭弹格栅装甲 RG31 防地雷车（图） 311

管壁效应 332、333

管状间隙装甲 330、331

  基本原理 331

"国家紧急状态用钢标准" 127
国外装备的几种典型末敏弹（表） 23

H

含铝镁合金 147
合金偏析现象 127
合金系列表示方法（表） 133
"黑鹰"主战坦克 319、319（图）
厚度方向的尺寸效应 103
厚度配比 93
厚度效应 91、95、98
厚复合装甲 185、215、218
    抗弹性能及其增益（表） 215
    结构形式 218
后置式复合装甲 186
护体装甲 333～335、335（图）
花瓣状穿孔 352、354
"皇冠"状爆炸坑损伤示意（图） 73
皇冠状损伤（图） 73
黄良钊 200
惠普护罩 326
混合律通式 228
混合型爆炸反应装甲 270
    典型结构（图） 270
混杂纤维抗弹复合材料 171
火箭弹 5、7、314
    结构和性能 7
    起爆电路（图） 314
    性能（表） 7
火箭筒 8
火控计算机 297
火烧试验（图） 365

J

击穿极限 51、52、137

V_{50}与厚度关系（图） 137
    与倾角关系 51
    与水平厚度关系 52
机械化学耗能 200
夹层材料 177、209、263
    厚度影响（表） 263
    性能参数（表） 209
尖晶石陶瓷（图） 175
间距 83、86、87、118、119
    对穿甲弹间隙效应影响（表） 87
    对弹芯威力影响（图） 119
    对射流威力影响（图） 118
    效应 118
    影响 83、86
间位芳纶纤维 167
剪切穿孔 349
剪切增稠液 339
间隔防护 340
间隔防护基本功能 340
    弹药隔离 341
    定向卸爆 340
    隔断 341
间接损伤 291
间隙 79、81、82、86～91、98、101、261、325、327
    靶间距与穿深关系（图） 87
    靶倾斜穿甲试验（图） 98
    靶倾斜破甲试验（图） 101
    大小 261
    对穿深影响（表） 88
    钢装甲 327
    结构 91
    效应 79～82、86、90、325
间隙板 84、90

索引

材质 84
　　强度影响 90
间隙板厚度 84、89
　　影响 84、89
间隙复合装甲 42、87、319
　　负效应（表） 87
间隙式装甲 325
间隙效应影响因素 80
　　板厚 81
　　材料性能 81
　　弹种 80
　　间距 80
　　装甲倾角 80
间隙在装甲结构中的不利作用 80
　　减小装甲总体抗力 80
　　扩大装甲板背面弹坑边缘条件影响 80
间隙在装甲结构中的有利作用 80
　　隔力 80
　　提供打击物体自由运动空间 80
　　提供干扰作用 80
　　泄压 80
　　阻隔应力波 80
　　阻止裂纹扩展 80
间隙装甲 42、94、325、329
　　间隙效应示意（图） 329
　　厚度配比影响 94
角度效应 117、117（图）
接触－1爆炸反应装甲 285
接触－1外形及其内部结构（图） 285
接触－5爆炸反应装甲 286、287、287（图）
接触－5干扰破坏长杆形穿甲弹高速X光照片（图） 286

结构 171、185、257、258、271、305、306
　　背板强度 258
　　单元 185
　　因素 257
　　装甲 305、306
结构陶瓷 155
　　种类（表） 155
金属非金属厚复合装甲 185、215、218
　　层状结构（图） 218
　　结构对性能影响（表） 215
金属复合装甲 93、185
　　厚度配比影响 93
近代装甲钢 127
竞技场主动防护系统 298、298（图）
　　E主动防护系统 298
静破甲试验 70、82、104
　　装置（图） 70
局部爆炸反应装甲 290
聚氨酯 174、177
聚丙烯醇缩丁醛 177
聚甲基丙烯酸甲酯 173
聚能射流 272、273
　　倾斜 273
聚能效应 282
聚能装药爆炸式反应装甲（图） 269
聚能装药防护反应装甲 289、289（图）
聚能装药新型爆炸式反应装甲技术 269
聚能装药破甲弹 12、35
　　战斗部破甲作用 33
聚能装药破甲弹战斗部结构（图） 32
　　示意图 32
聚能装药射流动态性能（图） 33
聚能装药战斗部 33、34

破甲射流生成与破甲过程（图） 34
  破甲性能与炸高关系（图） 34
聚能装药自锻成型弹 35
聚能装药自锻成型弹战斗部结构 35
  示意（图） 35
聚碳酸酯 173、174
  缺点 174
聚酰胺 66 纤维 336
绝热剪切过程 349、350
军用超高强度钢 326
均质钢靶垂直穿甲示意（图） 96
均质钢装甲 56
均质装甲 56、64、351
  防护系数与装甲倾角关系（图） 62
  损伤分类（图） 351
  损伤分类方法 351
均质装甲钢 44、70、125、243
  厚度 243
  抗破甲弹倾角效应 70

K

凯夫拉材料 339
凯夫拉纤维 334
  织物与尼龙织物的面密度与层数对抗弹极限关系曲线（图） 336
凯夫拉纤维/树脂、玻璃纤维/树脂与铝合金的面密度及抗弹极限的关系曲线（图） 337
抗 0.30cal AP M2 弹丸 V_{50}（图） 149
抗 0.50cal FSP 弹丸 V_{50}（图） 149
抗 20 mm FSP 弹丸 V_{50} 150
抗长杆形穿甲弹倾角效应 64
抗弹单元形状变化 105
抗弹机理 194、216

抗弹极限 67、161
  V_{50} 与装甲倾角关系（表） 67
  速度 161
抗弹能力 231、346
抗弹试验用钛合金力学特性（表） 144
抗弹陶瓷 154~159
  成分与性能 157
  分类 155
  基本特点 155
  应用 159
抗弹效应 50、112
抗弹性能与面板厚度比关系（图） 94
抗聚能装药轻型装甲 312
抗炮弹用装甲钢 125
抗破甲弹倾角效应 70
抗普通穿甲弹尺寸效应 105
抗普通弹倾角效应 56
可用作装甲材料的陶瓷性能（表） 156
克莱拉 289
空气平面层 79
空中平台 179
孔的参数对穿深和质量系数影响（图） 323

L

拉斐尔先进防务系统公司 283、284、300
蓝宝石 176
蓝宝石透明装甲 176、179
  与普通无机玻璃透明装甲对比（图） 176
劳恩 198
勒克莱尔 – 城区行动主战坦克（图） 318

雷达波探测跟踪　297

利刃爆炸反应装甲　291

利刃聚能爆炸反应装甲特点　291

立式放置　108

链条屏蔽装甲（图）　311

榴弹　13～16

  穿过航空铝板后弹孔形貌（图）　16

  结构示意（图）　14

  威力　14

陆军车辆综合防护系统示意（图）　41

铝复合装甲　190

  抗弹性能　190、191（表）

铝合金　130～135、137、139、249、326、327

  成分（表）　135

  对应力腐蚀敏感问题　139

  分类示意（图）　133

  复合板　131

  焊接结构　327

  抗弹性能（表）　139

  形式　131

  硬度和强度　139

  装甲　249、326

铝合金均质装甲　138、139

  防护系数（表）　139

  抗各种弹的防护系数　138

铝合金热处理状态　134

  表示方法（表）　134

铝镁酸尖晶石陶瓷　175

铝装甲防护系数与装甲倾角关系（图）　60

铝装甲倾角与装甲垂直厚度关系（图）　60

绿盐　152

掠飞型攻顶导弹　20

M

梅卡瓦－4坦克　311

  挂装链条屏蔽装甲（图）　311

梅卡瓦坦克　129、220、342、344

  Ⅲ型主战坦克　342

  车体基本装甲配置（图）　129

  炮塔模块配置（图）　220

  炮塔主铸件（图）　220

  系列坦克　344

美国Kaman科学公司　290

美国变形钛合金牌号及化学成分（表）　142

美国复合材料先进技术演示验证样车（图）　167

美国军用材料实验室　343

美国陆军试验铀合金复合装甲（图）　192

美国双硬度装甲钢板　187、188

  抗7.62 mm穿甲弹性能（表）　187

  抗12.7 mm穿甲弹性能（表）　188

美国钛合金力学特性（表）　143

美国研制的BAT（图）　26

美国装甲钢　123

美国装甲铝合金力学特性（表）　136

镁合金　145～148

  化学成分　147、147（表）

  力学特性（表）　148

面板、中间层及背板材料匹配　254

面板厚度　95、257

  对抗弹性能影响（表）　95

  影响（表）　257

面密度及抗弹极限关系曲线（图） 337
面密度与层数对抗弹极限（图） 336
面硬度 190
模块化结构优点 220
模块化装甲主动防护系统 301
模块式复合装甲 318
末敏弹 23、23（表）、25

N

纳米防弹衣 338
挠性板 319
内置药室的整体式反应装甲 268、269（图）
尼龙 336

P

炮塔 219、221
    附加装甲（图） 221
    挂装复合装甲结构（图） 219
"炮长防护组件"（图） 179
披挂接触-1的T-80BV主战坦克（图） 286
披挂栅栏式屏蔽装甲的美国"斯特赖克"装甲车（图） 310
偏转角 54
    与倾角、弹丸速度关系（图） 54
    与着速关系（图） 54
偏转效应 112
偏航角 115
贫铀合金 43、151~154、191、192
    穿甲弹 154
    化学成分 151
    性能 152
    应用 153

装甲 43、154、191
屏蔽概率试验结果（表） 110
屏蔽装甲 307、320
    改变破甲弹炸高示意（图） 320
"屏障"系统 300
平板结构爆炸式反应装甲装药 276
平板装药引爆条件 274
平均穿甲性能（图） 92
破甲弹 12、25、36、37、42、70、72、75、98、99、256
    打击多层间隙靶试验 75
    动破甲试验 72
    "皇冠"状弹坑 73
    结构单元板临界厚度（表） 256
    金属射流 98
    破甲厚度效应试验 99
    破甲时的厚度效应 98
    射流构成（图） 12
    性能（表） 12
破甲过程 32~34
    压缩流体动力学模型 34
破甲射流形成的弹坑剖面（图） 98
破甲试验 74~77、100、101、104、109、110、211
    结果（表） 211
破甲着角与穿深关系（图） 72
破甲子弹 22
剖解法 360
普通穿甲弹 9、53
    射击钢装甲状态（图） 53
普通枪弹 3、4
    结构及着靶姿态（图） 4

Q

"奇伏坦"坦克 344

索引

气割试验（图） 365

前置式复合装甲 185

枪弹 3、5

  穿甲性能计算公式 5

枪击试验（图） 365

"乔巴姆"装甲 43、193

  复合装甲 193

侵彻靶板过程 200

侵彻能力分散威力降低（图） 273

侵彻深度公式 206

侵彻体被爆炸式反应装甲干扰后形成弹坑照片（图） 273

倾角和残余穿深关系（图） 261

倾角效应 50~53、56、63、64、69、74（表）、75（表）、77（表）

  抗弹规律 53

倾角效应图 51

  类型 51

倾角效应影响因素 55

  弹种 56

  装甲材料类型及其性能 56

  装甲类型 56

倾角的影响（表） 261

倾斜穿甲 97、98、259、360

  穿深测量及计算 360

  试验 97、97（表）、98（图）

倾斜破甲试验（图） 101

倾斜着靶转正现象 53

轻金属合金 249

轻型火箭炮 22

轻型金属复合装甲 186

轻型装甲结构（图） 205

"犰狳"装甲运兵车（图） 317

全尺寸样车模型制作 237

全钢装甲板 123

全铬刚玉陶瓷夹层复合装甲 211

裙板组件（图） 316

R

热处理型铝合金 133

热固性聚氨酯 174

热轧三复合铝装甲 190

人体防护 179

任会兰 201

韧性穿孔 349（图）、350、350（图）

日本 90 式主战坦克（图） 317

熔铅流动示意（图） 4

柔性格栅装甲 311

柔性陶瓷装甲 183

软-硬-软结构 190

软护体装甲 334

软杀伤 302

软杀伤主动防护系统 302、303

  烟幕弹防护（图） 302

软体防弹衣 338、339

  吸收能量方式 339

软硬复合式防弹衣 335、339

软装甲 334、335

瑞典 AFFA 公司 290

瑞典的 FFV 公司 289

瑞典的装甲钢 123

瑞士 RUAG 公司 291

S

萨达姆 XM898 末敏弹 23、24

  工作过程示意（图） 24

三层重型靶结构（图） 326

三级串联战斗部 19

三明治复合装甲结构 165

三明治结构 242、251、256、260、265

不同炸高与残余穿深关系（图） 260

抗破甲性能（表） 265

作用 251

三明治结构单元 254～257、259、261、262

  板厚 255

  间隙对防护系数影响（表） 262

  间隙复合装甲 262

  界面连接 256

  效应 254

  与材料影响（表） 257

三明治结构倾角 256、260

  与残余穿深关系（图） 260

三明治平板装药 283

三硬度钢复合装甲 188、189

  背面强度及硬度值（表） 189

  抗弹性能及其硬度 188

伞形防护网（图） 309

杀伤爆破榴弹 13

  结构示意图及其破片分布（图） 14

射击试验 110

射流 277

射流被干扰后形成"双坑"弹坑（图） 273

射流垂直侵彻钢管时被反溅物干扰现象（图） 332

射流反应装甲的最大效应 278

射流击穿装甲示意（图） 33

射流进入靶元时的受力分析（图） 79

射流能量 86

  影响 86

射流偏转 113、272、277

射流破甲尺寸效应试验 104

射流破甲时间隙效应 81

  影响因素 81

射流侵彻 118

射流侵彻管状间隙装甲（图） 330、331

  过程 330

  形态变化（图） 331

射流通过板状间隙装甲被反溅物干扰现象（图） 330

射流斜侵彻平板装药的数值计算结果（图） 113

射流斜侵彻钢管后被反溅物干扰现象（图） 333

射流形态（图） 331

  对比 331

射流质量 116

设计基础 203

深度尺法 360

声速效应 200

声阻抗材料匹配的破甲试验结果（表） 211

声阻抗低材料 206

实车试验 364

实弹测试试验结果（图） 246

实心穿甲弹 27

  穿甲性能 27

  着靶时终点弹道典型状态（图） 27

实心动能穿甲弹 26、27

  结构 26

  结构示意（图） 26

试验方案（表） 234

试验结果（表） 234

试验用4种轻型装甲结构（图） 205

树脂基复合材料 76、164

衰减后的弹性波传播到背板中（图）
　　253
双复合钢装甲　186、187
　　成分及硬度（表）　187
双复合铝装甲　190
双复合装甲　187
双结构单元静破甲试验（图）　265
双硬度钢复合装甲的背面强度及硬度值
　　（表）　189
双硬度装甲钢板　187、188
　　抗 7.62 mm 穿甲弹性能（表）　187
　　抗 12.7 mm 穿甲弹性能（表）　188
　　抗弹性能（表）　188
水平等重厚度　229
水套式弹架（图）　344
斯特赖克装甲车（图）　310
宋金峰　321
苏联第二代爆炸反应装甲　286
苏联钢铁科学研究院　286
塑性穿孔　352、353
塑性损伤　356
损坏形式（图）　329
损伤模式照片及简化模型（图）　349
缩比样车模型制作　237

T

钛合金　140～145
　　间隙板　144
　　力学特性　142、143（表）
　　强度　140
　　与装甲钢比强度（表）　141
　　与装甲钢间隙板复合装甲抗弹性能
　　（表）　145
钛合金的不足　141
　　工艺复杂　141

价格昂贵　141
弹性波　253
弹性波及塑性波（图）　253
坦克炮弹　8
坦克炮塔上出现的皇冠状损伤（图）
　　73
坦克四大分系统（图）　40
坦克尾翼稳定脱壳穿甲弹性能（图）
　　10
坦克装甲车辆　40、294
　　面临的威胁（图）　294
坦克装甲车辆综合防护系统　41
　　不被捕获　41
　　不被发现　41
　　不被击穿　41
　　不被击毁　42
　　不被命中　41
　　不被遭遇　41
探测跟踪系统　297
碳化硅　155、156
碳化硼　156
逃逸射流　118
陶瓷　156
陶瓷/金属防弹结构　192
陶瓷靶板中的断裂锥体和轴向裂纹发展
　　（图）　160
陶瓷板　160～164
　　二维和三维约束示意（图）　161
　　抗弹极限与板厚关系曲线（图）
　　163
　　约束条件　160
陶瓷材料　154、155、158、160、163、
　　164、198
　　防护系数　160、160（表）
　　缺陷尺寸降低　158

陶瓷材料抗弹过程 159
　　初始撞击阶段 159
　　断裂阶段 159
　　侵蚀阶段 159
陶瓷材料力学特性（表） 157、201
　　研究 201
陶瓷复合装甲 192、193
　　基本结构 193
陶瓷耗能机制 201
陶瓷基复合材料断开时增强纤维阻止裂
　　纹扩展（图） 159
陶瓷抗弹元件尺寸效应（表） 104
陶瓷面板抗弹性能 226
陶瓷破坏机制 199
陶瓷破碎锥 198
陶瓷性能（表） 156
陶瓷与金属的不同耗能机制 200
陶瓷元件 105
　　抗 7.62 mm 穿甲弹尺寸效应（表）
　　105
　　抗 12.7 mm 穿甲弹尺寸效应（表）
　　105
陶瓷增韧措施 158
陶瓷装甲 161~163
　　防护系数 163
　　抗 12.7 mm 穿甲弹抗弹极限（表）
　　162
　　类别（表） 161
　　模拟结构单元（图） 161
陶瓷装甲板防护系数（表） 163
陶瓷装甲钢复合结构 SHPB 试验应力曲线
　　（图） 209
陶瓷锥 199
　　试验统计值（表） 199
　　试验装置（图） 199

　　数据 199
　　照片（图） 199
陶瓷自身破坏 201
陶瓷作用 198
特种镍/铬合金钢 248
特种装甲 44
条形格栅装甲（图） 308
跳弹（图） 329
铁拳反坦克火箭筒 308
通用合金系列表示方法（表） 133
通用铝合金热处理状态表示方法（表）
　　134
捅条法 360
透明防暴盾（图） 337
透明防弹装甲 177
透明蓝宝石板材 176
透明铝酸镁陶瓷（图） 175
透明陶瓷 175
　　基本性能（表） 175
透明装甲 172、177~180
　　防爆面罩（图） 180
　　防护材料 172
　　机枪护盾 178、178（图）
　　样品（图） 178
　　应用 177

W

弯曲变形时的尺寸效应 102
微裂纹增韧 158
尾翼稳定长杆形脱壳穿甲弹 30
尾翼稳定脱壳穿甲弹 9
卧式放置 108
乌克兰 T-64U 坦克 290、291（图）
　　三层防护系统 290
无含能材料反应装甲 244

无机玻璃 174
无机透明材料 174
无铝镁合金 147
无炸药被动式箱形反应装甲单元 265
无坐力炮 8
  性能（表） 8

X

先进被动反应装甲侧裙板 319
先进复合材料装甲车（图） 167
先进模块化装甲防护 183
纤维复合材料 165
  增强玻璃纤维性能（表） 165
纤维复合材料特点 164
  工艺性 165
  可设计性 164
  密度低 164
纤维增强陶瓷 159
现代复合装甲 214
现代坦克所装备破甲弹性能（表） 12
现代坦克尾翼稳定脱壳穿甲弹性能（图） 10
现代装甲材料 121
现代装甲防护技术体系（图） 45
现代装甲钢 123、127~130
  应用 129
线－网状格栅装甲 312、312（图）
线射法 360
相变增韧 158
相变增韧法 158
镶嵌式爆炸反应装甲 287
橡胶侧裙板 316
小间隙结构 88、90
小结 36、120
小倾角复合装甲 84、213、221

  分类（表） 213
  间隙结构中间距影响（表） 84
小倾角复合装甲不利之处 223
  火炮俯角减小 223
  盲区增大 223
  制造较复杂 223
小倾角复合装甲的主战坦克的总体设计
 及其他性能优越性 222
  便于采用箱式结构 223
  通用性强 222
  增大车体内部有效空间 223
小倾角时的大内倾角（图） 217
卸压系统 340
新结构单元开发 46
新型爆炸式反应装甲 269、288
  技术 269
新型防护技术 239
新型护体装甲 338
新型陶瓷 155
新型透明装甲 176
新型装甲钢 124
新型装甲陶瓷 154
新一代反应装甲 283
信号处理及控制系统 297
形状效应 105
旋转稳定脱壳穿甲弹 29、30
  次口径脱壳穿甲弹 29

Y

烟幕弹防护（图） 302
延时引信起爆X光闪光摄影（图） 16
  弹片分布（图） 16
仰靶（图） 364
氧化锆增韧 158
氧化铝 156

氧化铝陶瓷　105、155、160
　　材料　160
　　穿甲试验　105
样车用特种装甲结构设计及制造　237
　　工程图纸设计　237
　　零部件组焊及装配　237
　　零件制造　237
样车装甲结构设计定型　238
样车综合性射击试验　238
药室尺寸　278
液体防弹衣　338
以色列拉斐尔先进防务系统公司　300
以色列研制的反应装甲应用情况（图）　283
以色列战利品主动防护系统（图）　300
因素及位级（表）　233
应力波　202、203、244、252、253
　　分析　202
　　理论　203
　　驱动　244
　　在惰性反应装甲内的行为（图）　253
　　在惰性反应装甲中的传播　252
应力波传播　93、202、254
　　示意（图）　254
应力波在不同介质中传播（图）　203、204
　　理论分析　203
应力状态　93
英国国防科学技术试验室　323
英国皇家兵工厂　288
英国先进复合材料装甲车（图）　167
英国装甲钢　123
应用爆炸式反应装甲典型装备（图）　286

硬杀伤　296
硬杀伤主动防护系统　296~298
　　工作流程（图）　297
硬体防弹衣　337
硬芯穿甲弹　28
　　弹坑（图）　28
　　基本原理　28
　　结构（图）　28
铀合金复合装甲（图）　192
有机玻璃材料　173
有机透明材料　173
有限厚板　91、95
　　厚度效应　91
预制弹片榴弹　16
预制与非预制弹片形状对比（图）　16
远程火箭弹　22
跃飞型攻顶导弹　20
　　典型打击过程（图）　20

Z

早期 Tarian 装甲（图）　313
增加界面　93
增强纤维阻止裂纹扩展（图）　159
扎斯龙主动防护系统　300、301
　　对抗模块（图）　301
轧制均质装甲钢　63、125、248
　　抗大口径弹丸的倾角效应（表）　63
栅栏屏蔽装甲　308、309（图）、310
炸药爆炸后爆轰波起始参数（表）　32
炸药装药对弹形影响（图）　25
战斗部　12、26
　　侵彻过程　26
"战利品"主动防护系统　299、300（图）

索　引

张开式裙板　316

赵颖华　203

针对爆炸式反应装甲的串联装药结构
（图）　19

整体式反应装甲　268、269（图）

正效应　79

正应力　102

蜘蛛丝防弹衣　338

直径 110 mm 模拟破甲弹对高硬度装甲钢
板的间隙效应（表）　83

直瞄动能反坦克导弹　21、22

　　武器系统（图）　22

智能反坦克子弹　26

智能钢　124

中间层材料　250、262

　　种类影响（表）　262

中间层厚度与残余穿深关系（图）　250

中间层性能　250

中硬度装甲钢　79、153、191

　　不同取样方向的拉伸性能（表）
　　79

　　与 U – 0.75Ti 力学性能对比（表）
　　153、191

重型、中型和轻型"战利品"主动防护
系统（图）　300

重型车载导弹　19

重型反应装甲　286

重型复合装甲　213、215、218

　　基本结构　213

　　抗弹性能　213

　　内部结构　215

　　设计基础　218

重型护体装甲　335、335（图）

轴向载荷作用下的尺寸效应　103

主动防护技术　43、295

主动防护系统　293~296、301（图）、
303、304

　　发展方向　304

　　分类　296

　　工作原理（图）　295

　　构成（图）　296

　　构成与分类　295

　　技术　293

　　应用前景　303

主迎弹面　221

主战坦克　129、221、222

　　车首复合装甲结构（图）　222

　　复合装甲倾角（表）　221

　　炮塔附加装甲（图）　221

　　首上基本装甲变化情况（表）　129

铸石抗弹元件尺寸效应（表）　104

铸石破甲试验　104

铸造铝合金　132、133

铸造镁合金　146

铸造装甲钢　62、63、125、249

　　防护系数与装甲倾角关系（图）
　　62

　　抗大口径弹丸的倾角效应（表）
　　63

转正效应　110

装备"接触"– 5 爆炸反应装甲的 T –
72BM、T – 80US、T – 90S（图）　287

装车结构方案设计　236

装甲板　54、349

　　被击穿　349

　　弹坑边界条件影响　54

装甲背面　357~361

　　毁伤测量方法（表）　359

　　损伤　359

　　损伤结果评定（表）　361

装损伤测量方法　359
装甲背面损伤成因及特点　357
　　崩落孔　358
　　冲孔　358
　　穿孔　357
　　花瓣状孔　358
　　裂纹　357
　　切口　358
　　凸起　357
装甲被击穿　349、352
　　基本类型　352
　　基本形式　349、352
装甲材料　46、64、122、211、230、235、332
　　飞溅（图）　332
　　结构综合优化结果　235
　　抗杆式穿甲弹防护系数（表）　230
　　抗杆式破甲弹防护系数（表）　230
　　匹配的破甲试验结果（表）　211
　　强度　64
　　制造工艺　122
装甲材料结构综合优化　233
　　分析研究　233
　　评定　234
　　试验　234
　　试验验证　235
　　选定因素及位级　233
　　选用正交表　234
　　作趋势图　235
装甲材质　63
装甲侧裙板　317
装甲车辆风挡玻璃上的弹坑（图）　337
装甲车辆透明装甲及承受多次打击后的
　　透明装甲样品（图）　178
装甲穿深测量方法　359

装甲垂直厚度　51、57～59、216
　　对抗弹性能的影响　216
　　与倾角关系　51
　　与装甲倾角关系（图）　57～59
装甲防护　40、45～47、99、294、348
　　材料技术　46
　　单元　294
　　抗破甲性能　99
　　能力增加途径　243
　　系统　45
　　应用基础技术　47
　　综合性能　348
装甲防护技术　39～46
　　发展　42
　　集成技术　46
　　体系　39、44、45（图）
　　系统构成（图）　45
装甲防护结构单元　46
　　技术　46
装甲防护系数　52、58、59
　　与倾角关系　52
　　与装甲倾角关系（图）　58、59
装甲钢　42、76、123～129、137
　　成分与性能　125
　　纯净度　127
　　淬透性　126
　　分类　125
　　基本特点　124
　　抗弹能力　137
　　抗弹性能　124
　　抗破甲弹倾角效应　76
　　性能和用途　123
　　应用　129
　　种类　125
装甲钢板抗穿甲炮弹的典型损伤模式照

片及简化模型（图） 349
装甲钢硬度 125、130
 范围 125
装甲钢种 43
装甲厚度 129、218
 变化（表） 218
装甲截面均匀性 64
 对倾角效应影响（图） 64
装甲结构 205、206
 试验结果（图） 206
 最后一层内的应力对比（表） 206
装甲抗长杆形穿甲弹倾角效应影响因素 69
 弹丸速度 70
 装甲材料强度 69
装甲抗弹极限与装甲倾角关系（图） 59
装甲抗弹能力 224~226
 三要素（图） 226
 设计程序（图） 224
 指标 224
装甲抗弹效应 49
装甲抗破甲的能力 81
装甲抗弹性能评定 345、347
装甲铝合金 130~138
 材料 133
 成分与性能 135
 防弹片能力 138
 分类 132
 基本特点 131
 抗弹能力 137
 力学特性 136、136（表）
 应用 137
装甲镁合金 145~148、151
 成分与性能 147

 分类 146
 基本特点 145
 军标 151
 应用 148
装甲内衬 342
 防主装甲背部崩落物示意（图） 342
装甲破坏形式变化 55
装甲倾角 51、57、64~68、88、89
 变化 51
 对间隙效应影响（表） 89
 影响 81、88
 与穿深关系（图） 66
 与防护系数关系（图） 64、65、67
 与抗弹极限 V_{50} 关系（图） 57
 与抗弹极限关系（图） 65、66、68
 与抗弹极限和水平穿甲深度关系（图） 68
 与水平穿甲深度关系（图） 68
装甲倾角、穿深、防护系数关系（图） 74
装甲倾角、穿深与防护系数关系（图） 77、82、83
装甲倾角、防护系数、穿深关系（图） 78
装甲裙板 318
装甲射击试验 358
装甲设计方案参数 235
装甲实际穿深与倾角关系 51、57（图）
装甲水平厚度 64
装甲损伤 351、355、355（表）、356、358、361
 按塑性分类 356

测量方法 358
测量及其结果表示方法 358
分类 351、355
结果评定 361
装甲钛合金 140~145
成分与性能 142
防护系数及厚度系数（表） 144
分类 141
基本特点 140
抗弹性能（表） 145
应用 144
装甲陶瓷材料 154
装甲用铝合金成分（表） 135
装甲在结构和性能上的显著特点 244
装甲正面毁伤测量方法（表） 359
装甲正面损伤 358
测量方法 358
装甲正面损伤成因及特点 356
崩落 356
弹坑 356
碟形变形 356

翻唇 357
裂纹 356
装甲装车应用程序（图） 236
装甲总厚度与面板厚度配比关系（图） 94
装药 276
装药量 278
自动装弹机 343
自锻成型弹穿甲过程（图） 35
自锻成型弹头 25
综合防护系统 41
综合杀伤主动防护系统 303
综合优化 233
总体抗力 91
组织精细调控 128
最佳厚度配比因素影响 93
背板韧性 94
防御弹种 94
面板强度 94
装甲总厚度 93

内 容 简 介

本书介绍了典型反装甲弹药、装甲防护技术体系、装甲防护基本原理、装甲材料以及几种特种装甲的发展和应用。在掌握近年来国外装甲防护技术的基础上，根据多年工作经验，侧重于应用和近年来的发展，对装甲防护技术尽可能全面系统地进行了详细介绍。

本书可供从事装甲与反装甲以及坦克装甲车辆研究、设计、生产和管理人员参考，也可作为高等院校相关专业师生的参考书籍。

版权专有　侵权必究

图书在版编目（CIP）数据

装甲防护技术研究/曹贺全等编著.—北京：北京理工大学出版社，2019.4

（陆战装备科学与技术·坦克装甲车辆系统丛书）

国家出版基金项目　"十三五"国家重点出版物出版规划项目　国之重器出版工程

ISBN 978-7-5682-6977-3

Ⅰ.①装…　Ⅱ.①曹…　Ⅲ.①装甲防护 – 研究　Ⅳ.①E923

中国版本图书馆 CIP 数据核字（2019）第 078036 号

出版发行 / 北京理工大学出版社有限责任公司
社　　址 / 北京市海淀区中关村南大街 5 号
邮　　编 / 100081
电　　话 /（010）68914775（总编室）
　　　　　（010）82562903（教材售后服务热线）
　　　　　（010）68948351（其他图书服务热线）
网　　址 / http：//www.bitpress.com.cn
经　　销 / 全国各地新华书店
印　　刷 / 北京地大彩印有限公司
开　　本 / 710 毫米 × 1000 毫米　1/16
印　　张 / 26.25　　　　　　　　　　　　　　责任编辑 / 李秀梅
字　　数 / 453 千字　　　　　　　　　　　　　文案编辑 / 李秀梅
版　　次 / 2019 年 4 月第 1 版　2019 年 4 月第 1 次印刷　责任校对 / 周瑞红
定　　价 / 122.00 元　　　　　　　　　　　　　责任印制 / 李志强

图书出现印装质量问题，请拨打售后服务热线，本社负责调换

《国之重器出版工程》
编辑委员会

主　任： 苗　圩

副主任： 刘利华　辛国斌

委　员： 冯长辉　梁志峰　高东升　姜子琨　许科敏
　　　　　陈　因　郑立新　马向晖　高云虎　金　鑫
　　　　　李　巍　高延敏　何　琼　刁石京　谢少锋
　　　　　闻　库　韩　夏　赵志国　谢远生　赵永红
　　　　　韩占武　刘　多　尹丽波　赵　波　卢　山
　　　　　徐惠彬　赵长禄　周　玉　姚　郁　张　炜
　　　　　聂　宏　付梦印　季仲华